国防科技大学惯性技术实验室优秀博士学位论文丛书

GNSS 整数模糊度估计与检验的理论和方法研究

GNSS Integer Ambiguity Estimation and Validation: Theory and Methodology

张晶宇　吴美平　唐康华　于瑞航　著

国防工業出版社

·北京·

内 容 简 介

本书就GNSS精密定位中的模糊度估计与检验问题进行了系统研究。主要解决模糊度快速解算中的高可靠性、快速固定和检验的问题。对整数估计及其质量评估理论进行补充完善,建立了新的整数孔径估计理论框架并完善其质量评估理论;在此基础上,提出系统性的模糊度解算质量控制新方法,解决高可靠性可控的模糊度快速固定问题;通过静态和动态应用中的实测数据验证模糊度解算的质量控制方法,进一步分析整数孔径估计在实际应用中的有效性和必要性。

本书可为从事大地测量、卫星导航以及GNSS数据处理的相关研究人员和大专院校相关专业的师生提供参考。

图书在版编目(CIP)数据

GNSS整数模糊度估计与检验的理论和方法研究/张晶宇等著.
—北京:国防工业出版社,2020.5
ISBN 978-7-118-12080-6

Ⅰ.①G… Ⅱ.①张… Ⅲ.①卫星导航-全球定位系统-整数-模糊度-研究 Ⅳ.①P228.4

中国版本图书馆CIP数据核字(2020)第054194号

※

国防工業出版社 出版发行
(北京市海淀区紫竹院南路23号 邮政编码100048)
北京龙世杰印刷有限公司印刷
新华书店经售

*

开本 710×1000 1/16 **插页** 2 **印张** 12¼ **字数** 210千字
2020年5月第1版第1次印刷 **印数** 1—1500册 **定价** 85.00元

(本书如有印装错误,我社负责调换)

国防书店:(010)88540777 发行邮购:(010)88540776
发行传真:(010)88540755 发行业务:(010)88540717

序

大学之道，在明明德，在亲民，在止于至善。

——《大学》

国防科技大学惯性导航技术实验室，长期从事惯性导航系统、卫星导航技术、重力仪技术及相关领域的人才培养和科学研究工作。实验室在惯性导航系统技术与应用研究上取得显著成绩，先后研制我国第一套激光陀螺定位定向系统、第一台激光陀螺罗经系统、第一套捷联式航空重力仪，在国内率先将激光陀螺定位定向系统用于现役装备改造，首次验证了水下地磁导航技术的可行性，服务于空中、地面、水面和水下等各种平台，有力地支撑了我军装备现代化建设。在持续的技术创新中，实验室一直致力于教育教学和人才培养工作，注重培养从事导航系统分析、设计、研制、测试、维护及综合应用等工作的工程技术人才，毕业的研究生绝大多数战斗于国防科技事业第一线，为“强军兴国”贡献着一己之力。尤其是，培养的一批高水平博士研究生有力地支持了我军信息化装备建设对高层次人才的需求。

博士，是大学教育中的最高层次。而高水平博士学位论文，不仅是全面展现博士研究生创新研究工作最翔实、最直接的资料，也代表着国内相关研究领域的最新水平。近年来，国防科技大学研究生院为了确保博士学位论文的质量，采取了一系列措施，对学位论文评审、答辩的各个环节进行严格把关，有力地保证了博士学位论文的质量。为了展现惯性导航技术实验室博士研究生的创新研究成果，实验室在已授予学位的数十本博士学位论文中，遴选出 12 本具有代表性的优秀博士论文，结集出版，以飨读者。

结集出版的目的有三：其一，不揣浅陋。此次以专著形式出版，是为了尽可能扩大实验室的学术影响，增加学术成果的交流范围，将国防科技大学惯性导航技术实验室的研究成果,以一种“新”的面貌展现在同行面前,希望更多的同仁们和后来者,能够从这套丛书中获得一些启发和借鉴,那将是作者和编辑都倍感欣慰的事。其二,不宁唯是。以此次出版为契机,作者们也对原来的学位论文内容进行诸多修订和补充,特别是针对一些早期不太确定的研究成果,结合近几年的最新研究进展,又进行了必要的修改,使著作更加严谨、客观。其三,不关毁誉,唯求科学与真实。出版之后,诚挚欢迎业内外专家指正、赐教,以便于我们在后续的研究工作中,能够做得更好。

在此,一并感谢各位编委以及国防工业出版社的大力支持!

吴美平

2015 年 10 月 9 日于长沙

前　言

载波相位测量是目前实现 GNSS 快速高精度定位的重要途径,而整数模糊度解算是其中的关键问题。模糊度解算是将模糊度从浮点数恢复为整数的过程,一旦模糊度转化为整数,载波相位测量便可看作厘米级精度以上的测量信息,从而在此基础上实现高精度定位。过去二十多年来,基于载波相位的 GNSS 高精度定位技术已得到广泛的研究和应用,目前的发展趋势已从追求高精度向高精度、高可靠性转变,从而更好地与无人驾驶、无人飞行器等智能应用相结合。

本书以 GNSS 整数模糊度解算的可靠性研究为重点,以实现 GNSS 模糊度解算的实时质量控制为出发点,对整数模糊度解算现有的两大基础理论:整数估计和整数孔径估计,进行完善和拓展,在更加完整的理论基础上提出新的模糊度解算质量控制方法,降低原有方法的保守性,提高了模糊度固定率,保证定位定姿的精度,在多种应用场景下进行充分检验。同时,深入分析 GNSS 观测中的偏差对模糊度解算的影响,从理论和实际应用的角度证明分离偏差对于提高模糊度解算成功率的重要性。

全书分为 7 章,第 1 章简述整数模糊度解算和质量控制理论和技术的发展现状;第 2 章主要介绍 GNSS 数据处理涉及的主要理论;第 3 章整理完善整数估计理论,并从质量评估和偏差干扰影响的角度发展整数估计理论;第 4 章发展现有的整数孔径估计理论,建立各类整数孔径估计之间的关系框架和系统性评估方法,分析偏差干扰对整数孔径估计的影响;第 5 章提出新的普适性更强的模糊度解算快速质量控制方法并进行仿真验证;第 6 章对新的模糊度解算质量控制方法在各种条件下进行比较和应用。

本书的出版得到了国防工业出版社和国防科技大学惯性技术实验室“优秀博士学位论文丛书”的支持,在此致谢。

限于作者的水平有限,书中错误和不足之处在所难免,恳请读者指正。

作　者

2018 年 11 月

目　录

缩 略 语

GNSS	Global Navigation Satellite System	全球卫星导航系统
GPS	Global Positioning System	全球定位系统
BDS	BeiDou System	北斗系统
PNT	Positioning, Navigation and Timing	定位、导航与授时
SA	Selective Availability	选择性可用
PPP	Precise Point Positioning	精密单点定位
RTK	Real-time Kinematic	实时动态
CORS	Continuous Operation Reference Station	连续运行参考站
DIA	Detection, Identification and Adaptation	检测、辨识、处理
IAG	International Association of Geodesy	国际大地测量协会
LSAST	Least-squares ambiguity search technique	最小二乘模糊度搜索法
FARA	Fast Ambiguity Resolution Approach	快速模糊度解算法
FASF	Fast Ambiguity Search Filter	快速模糊度搜索滤波器
TCAR	Three Carrier Ambiguity Resolution	三频载波模糊度解算
CIR	Cascade Integer Resolution	级联整周解算
IPB	Initial Phase Bias	初始相位偏差
PAR	Partial Ambiguity Resolution	部分模糊度解算
FCB	Fractional Cycle Bias	小数周偏差
LEO	Low Earth Orbiting	低轨卫星
IRC	Integer Recovery Clock	整数恢复钟法
DSC	Decoupled Satellite Clock	解耦钟法
RTPP	Real-time Pilot Project	实时服务系统

PMF	Probability Mass Function	块概率分布
HEO	High Elliptic Orbit	高椭圆轨道
GEO	Geostationary Orbit	地球静止轨道
IOV	In-Orbit Validation	在轨验证
FOC	Full Operational Capability	全运行
ICD	Interface Control Document	接口控制文件
IRNSS	Indian Regional Navigation Satellite System	印度区域卫星导航系统
QZSS	Quasi-Zenith Satellite System	准天定卫星系统
GBAS/SBAS	Ground/Space-based Satellite Augmentation Systems	陆/天基卫星增强系统
EGNOS	European Geostationary Navigation Overlay Service	欧洲静止轨道卫星导航覆盖服务
GAGAN	GPS Aided GEO Augmented Navigation	GPS 辅助增强导航
IR	Integer Rounding	整数归约估计
IB	Integer Bootstrapping	自举估计
ILS	Integer Least-Square	整数最小二乘
ADOP	Ambiguity Dilution of Precision	模糊度精度衰减因子
IAB	Integer Aperture Bootstrapping	整数孔径自举
DTIA	Difference Test Integer Aperture	差分孔径估计
DTIAB	Difference Test Integer Aperture Bootstrapping	差分孔径自举估计
PTIA	Projector Test Integer Aperture	投影检测估计
IALS	Integer Aperture Least-Square	整数最小二乘
RTIA	Ratio Test Integer Aperture	比例孔径估计
WTIA	W-test Integer Aperture	W-比例孔径估计
OIA	Optimal Integer Aperture	最优整数孔径估计

PIA	Penalized Integer Aperture	惩罚孔径估计
LIAE	Linear Integer Aperture Estimator	线性整数孔径估计
iCON	Instantaneous and Controllable	实时可控
ZTD	Zenith Troposphere Delay	天顶对流层延迟
EBE	Epoch by Epoch	逐历元
KF	Kalman Filtering	卡尔曼滤波

第1章 绪 论

1.1 引 言

从世界上第一个卫星定位系统诞生至今,卫星导航定位技术已经走过了几十年的发展历程,逐渐成为国家和社会活动中不可缺少的重要组成部分。从单一的全球定位系统(Global Positioning System, GPS)到目前多个系统提供全球性区域性的定位、导航和授时(Positioning, Navigation and Timing, PNT)服务, GNSS(Global Navigation Satellite System, GNSS)在大地测量[1,2]、地质勘探[3]、卫星定轨[4]、环境监测[5]、交通控制[6]、电网运行[7]、灾害预警[8]等涉及到国计民生的方方面面发挥着不可或缺的重要作用。随着第四次工业革命的兴起以及泛位置服务技术的快速发展,作为空间地理信息系统的重要组成部分,GNSS 的影响力也将与日俱增。

在早期的卫星定位应用中,只有美国可以提供相关服务且精度较差。尽管在 2001 年美国取消了选择可用性(Selective Availability, SA)政策[9],其他国家在高精度的导航定位,以及特殊的军事应用中仍面临难以预料的可用性风险。因此,俄罗斯、欧盟和中国各自建设了诸如 GLONASS、Galileo 和北斗等独立的卫星定位系统。不同的卫星导航系统既能独立提供服务,又能实现一定的兼容互操作,大大提高了 GNSS 的应用范围和可靠性[7,10]。目前,GPS 和 GLONASS 均可以提供全球性 PNT 服务,北斗可以提供亚太地区的区域性标准定位导航服务以及部分地区的高精度定位服务[11],还有多个区域性卫星导航系统正在建设或已提供服务。

随着卫星导航技术和位置服务的普及,GNSS 的用户需求在迅速扩大,相应的服务标准也在逐步提高。从早期的米级标准定位服务到厘米或毫米级的精密单点定位(Precise Point Positioning, PPP)服务[12],从静态环境监测[13]到广域实时动态[14],从单载体定向[15-17]到多载体协同定位定姿[18,19],从空间水汽和大地形变监测[20]到反演大范围的电离层时空变化趋势,以及电离层闪烁、中小尺度行扰等局部特性[21],高精度、高可靠性和实时应用(Real - time

Service)[22,23]成为未来 GNSS 应用技术发展的主要方向。

在高精度 GNSS 定位技术中,PPP 和网络 RTK(Real-time Kinematic)[14,24]最具有代表性。PPP 利用先验的卫星轨道及钟差改正信息,可以实现单接收机高精度的绝对定位[25],但其缺点在于收敛时间相对较长。网络 RTK 通过 GNSS 观测网络提取区域性的大气延迟,把相应的大气延迟改正信息发布给用户,实现区域内的高精度相对定位,但网络 RTK 依赖于大规模的站点布设,建设成本较高,且服务的范围是区域性的。为了弥补二者的不足,PPP-RTK 技术[26]应运而生,其本质在于利用额外的改正信息,采用一定的办法固定 PPP 浮点模糊度[27-29],进而实现快速的高精度相对定位[30]。目前,已经有专门的研究机构和公司发布面向 PPP-RTK 的数据产品[31,32],可以满足地震预警[33]、远洋勘测[34]、气象预报等重要的高精度应用需求。

在 GNSS 精密定位中,载波相位通常是必须的,一方面,相对于码观测而言,载波相位的精度更高,可以对码观测提供必要的平滑;另一方面,实现载波相位的模糊度固定就能实现快速的高精度定位。目前,已经出现的各种精密定位技术基本发掘了 GNSS 定位精度的极限,未来的发展将更趋于保证快速高精度应用中的高可靠性[22]。

GNSS 的可靠性控制,即质量控制,通常包含两类:一类是 GNSS 原始数据预处理的质量控制,如钟跳和周跳的探测和去除[35];另一类是 GNSS 数据处理中的质量控制,包括码观测和载波相位数据处理中的质量控制等,本书将主要讨论载波相位数据处理中模糊度解算的质量控制[36,37]。

由于 GNSS 属于被动式导航,受众多环境因素的影响。在树木和建筑较多的环境下,尤其是城市地区,容易出现码观测粗差和载波相位周跳,多路径效应等问题[38,39]。对于 GNSS 观测中的粗差和周跳,无论单接收机还是多接收机,各种粗差和周跳的检测、辨识、处理均有相应的解决方案[40,41],代表性技术包括 DIA(Detection、Identification and Adaptation)方法[42,43]、抗差自适应滤波[44]、惯性辅助[45]等,这些粗差和周跳处理方法隐含的假设是存在观测冗余,一旦粗差和周跳过多则容易失效。对此,多系统 GNSS 组合可以缓解此类问题:一方面,多个卫星系统提供了更多的可见卫星,数据冗余充足;另一方面,多个系统的共存有助于推动导航定位技术的进一步发展,验证相关技术的可用性[46]。

模糊度解算的质量控制,又称模糊度检验,可类比为参数估计中的检验(Validation)问题[36,47,48]。参数检验的本质并非检验估计结果的正确性,而是对观测数据和数学模型的一致性进行检验分析[49]。早期的模糊度检验依循经典的假设检验理论,力图从统计分布的角度出发确定检验过程中所需的检测阈值[50-52],使结果的可靠性满足一定的统计指标。受限于对模糊度统计特性的认识[53]，各种模糊度检验的方法缺乏严谨统一的理论基础，一方面检验效果难以进行统一评估；另一方面检验方法本身的设计没有清晰的框架。随着载波观测和码观测的统计特性逐步得到认识[54]，以及模糊度统计特性的明确[53,55]，基于经典假设检验理论的检验方法有了几何观点上的新解释，即整数孔径估计理论[56]。整数孔径估计属于推广的整数估计[57]，它将传统的模糊度检验看作子集选择的过程，仅接受符合约束的围绕在核心整数点附近的浮点解。至此，模糊度检验有了相对严谨的理论解释[58]。

浮点模糊度的正态分布特性，使得整数估计的性能评估有了理论依据[59-63]，在此基础上，一些明显继承整数估计特性的整数孔径估计也得到初步研究[64,65]。受限于对整数孔径估计各方面性质研究的欠缺，整数孔径估计性能评估方法只能通过蒙特卡洛仿真实现[66]。通过大规模 GNSS 样本的蒙特卡洛仿真，系统化总结出的模糊度检验速查表（Look-up table）[67]或拟合函数[68,69]，可以解决实时应用中检测阈值的获取问题。

尽管从模糊度解算方法出现伊始其质量控制问题就受到关注，但时至今日在实际应用中该问题仍未彻底解决，尤其是在高精度定位中，模糊度解算的质量控制方法仍然面临一系列问题：

（1）对于 GNSS 数据处理中的质量控制，以往的研究者很少单纯地关心模糊度解算问题。一方面是由于不同应用背景下的模糊度解算问题需要解决，另一方面模糊度解算的质量评估理论尚未系统化，仍然处于莫衷一是的阶段，发展出系统完善的质量评估理论是解决模糊度解算质量控制问题的前提。

（2）目前，虽然出现了通过查表实现的实时质量控制方法，但仅有的针对比例检测的阈值表仍然相对保守，这主要是由制表过程中保守的阈值选择方法造成的。另外，蒙特卡洛仿真的时间成本很高，实施过程中需要占用大量的计算资源，往往需要采用并行计算或利用超级计算机[70]。这些问题使得该类方法本身未达到推而广之的程度，更为重要的是由于缺乏广泛深入的实践检验，整数孔径估计的应用特点，实际作用并未得到全面认识。

（3）观测中的偏差是影响模糊度解算的重要因素之一，而质量控制的重要目的在于抑制偏差的影响，目前，已经有学者认识到偏差在模糊度解算中的重要影响，但对质量控制的影响尚缺乏系统性的分析，研究偏差对于模糊度解算质量控制的影响有助于更好地认识质量控制问题的本质，实现更高的导航定位精度。

模糊度解算是高精度快速定位的关键。无论 RTK 还是 PPP 的应用，模糊度的质量控制都是其中的重要问题，有效的质量控制方法对于高精度定位技术的普及应用具有重要意义。

1.2 GNSS 模糊度解算及质量控制研究现状

1.2.1 模糊度解算

作为GNSS高精度定位定姿中的关键技术,模糊度解算的研究一直是GNSS研究中的热点。按照模糊度解算技术的总体发展进程,可以将其分为无约束解算技术和有约束解算技术两个先后的阶段,二者存在共存交叉的部分。

根据国际大地测量协会在1999年的统计[71],模糊度解算技术的研究最早出现在20世纪80年代初期[72],B. W. Remondi[73]详细分析了GPS系统基于载波相位相对测量技术的建模、处理及实验结果,由此关于模糊度解算的研究开始形成持续的热点[74]。

到目前为止,虽然已经出现了各种各样的模糊度解算方法,但各种方法间的比较研究相对较少,现存的比较研究往往也因研究者对不同方法的理解和算法复现程度的差异导致比较研究不够深入严谨。因此,这里仅介绍各类方法的基本原理,无意于比较各类方法的计算效率和性能。

模糊度解算技术大致分为三类:测量域的解算,坐标域的解算以及模糊度域的搜索。

第一类是最简单的模糊度解算技术,主要利用C/A码或P-码观测直接确定载波相位观测对应的模糊度。显然,受制于码观测的精度,通常需要通过频间组合来平滑被估计出的模糊度,公开发表的相关成果也比较少[75,76]。

第二类解算方法是最早出现的模糊度解算技术,通常称为模糊度函数法[72,77]。这一技术仅采用实时载波观测的模糊度中不满足整周的小数部分,因而模糊度函数的值不受整数变化或周跳的影响。尽管在Han and Rizos[78]的推动下该方法有了很大改进,但其计算效率相对而言仍然不够理想,关注率也相对不高。

第三类则是关注最多的一类方法,其基本原理源于整数最小二乘理论[79-81]。这类方法中,模糊度解算被分成三个步骤:浮点解、整数估计和模糊度固定。不同方法间的区别在于利用浮点解和浮点协方差矩阵进行模糊度搜索的策略不同,最近十多年来涌现出的各类知名的方法包括:最小二乘模糊度搜索法(Least-squares Ambiguity Search Technique, LSAST)[79]、快速模糊度解算法(Fast Ambiguity Resolution Approach, FARA)[51]、改进的乔列斯基分解法(Modified Cholesky Decomposition Method)[82]、Least-square AMBiguity Decorrelation

Adjustment(LAMBDA)[80,83]、零空间法(The Null Space Method)[84]、快速模糊度搜索滤波器(Fast Ambiguity Search Filter, FASF)[85]、三频载波模糊度解算(Three Carrier Ambiguity Resolution, TCAR)[86]、组合 TCAR[87]、级联整周解算(Cascade Integer Resolution, CIR)[88]、最优 GPS 模糊度估计法(Optimal Method for Estimating GPS Ambiguities, OMEGA)[89]。随着与整数最小二乘估计等价的格上最近向量问题[90]研究的深入,研究者开始将 LLL(Lenstra-Lenstra-Lovasz, LLL)规约[91]算法引入模糊度解算中,如证明 LLL 算法和 LAMBDA 算法的等价性[92],比较 LLL 算法和 LAMBDA 算法之间的差异[93],出现了基于 LLL 算法提高模糊度解算效率的改进算法,但相对而言仍是小规模面向应用的研究[94]。采用不同的模糊度解算方法最终得到的模糊度解算效率和解算成功率不尽相同。模糊度解算效率的区别主要在于搜索效率上的差异,如在去(降)相关后进行搜索的效率显著高于未去相关的搜索效率[95],而模糊度解算成功率的差别主要在于 GNSS 模型信息的利用率不同,如利用先验约束信息的模糊度解算成功率明显高于无约束条件下的模糊度解算成功率。另外,这类模糊度解算方法的共性体现在目标函数均为模糊度残差均方差的最小化。由于此类方法有一个共同的处理框架,因而不同方法间可以进行有效对比,且相应的算法改进更具继承性[81,96-98]。这类算法中,由于 LAMBDA 算法被关注较多,也在实践中应用最广,目前已成为模糊度解算中的标准算法。

需要说明,这里讨论的模糊度搜索技术仅限于单历元模糊度解算的性能比较,多历元情况下的模糊度估计性能要好于单历元的情况,且历元个数越多,模糊度解算越容易,这是由于采用多历元进行参数估计的观测冗余较大,可以看作是一种全局的而非局部的最优化。

无辅助的单历元模糊度解算对解算方法的性能要求很高,否则无法顺利解出模糊度。在实践中,研究者发现短基线条件下基线的长度可以准确获得,如果电离层或平流层等信息已知,同样可以作为先验约束信息[99],这些先验信息都可用于提高模糊度的搜索效率。对于利用基线约束的方法中,早期的方法有三类,分别是基线检验法,伪观测量法和压缩搜索空间法。

(1) 基线检验法主要是利用已知的基线长度信息对模糊度固定后的基线长度进行比较,当二者的差异大于一定阈值时,说明模糊度固定错误[100-102]。这种方法实际是一种模糊度检验的方法,并没有有效利用基线信息来提高模糊度的解算效率,且该法受检验阈值的影响较大。

(2) 伪观测量法的思想是将基线长度的信息作为一类额外的观测信息加入观测模型中,最终提高了模糊度估计的精度特别是基线矢量的精度[103,104]。需要指出,基线长度信息转化为伪观测量的过程中涉及到线性化的过程,往往会带来基线信息的损失,且长度信息约束与浮点模糊度方差模型的相关性有限,最终对模糊度解算的性能提升也很有限。

(3) 压缩搜索空间法将基线矢量的搜索空间转化为一个退化的椭圆球面,但由于没有考虑到基线解和模糊度解之间的相关性,其模糊度的搜索空间设计并不完备,因而并非全局最优解,但该类方法在搜索效率上有很大提高[105-109]。

经过对前述方法较为详细的分析,Teunissen[83]最终提出基于二次方程约束下的整数最小二乘法,该方法充分考虑模糊度和基线矢量间的条件相关性,将基线长度作为最优化函数的一个等式约束予以考虑,顾及了基线长度信息的权重,同时将约束条件引入搜索过程以提高搜索效率。在短基线条件下,该方法能实现快速准确的 GNSS 定向[110-113]。

在单基线约束的基础上,多基线条件下的约束[97,114-117]以及仿射约束下的 GNSS 定姿[98,118,119]也得到进一步应用。有别于单基线的长度约束,多基线约束包含了长度信息和不同基线间的几何构型约束信息,这两类信息可以抽象概括为姿态旋转矩阵的正交约束和基线几何约束。正交约束的强度远远强于几何约束,且几何约束仅当存在几何冗余,即基线个数超过三条时才有效果[120]。在充分发掘各类先验约束信息的基础上,约束条件下的快速模糊度解算也可以通过不同 GNSS 数据处理技术的组合实现实时定位定姿,如快速收敛的阵列式 PPP(Array-PPP)[121-123]等。此类约束模糊度解算方法还可以用于通过基准站网估计出各个卫星的初始相位偏差(Initial Phase Bias, IPB),并将其用作 PPP 相位观测值的改正信息,最终快速固定模糊度,实现高精度定位,即前文所述的 PPP-RTK[124,125]。

在多 GNSS 应用中,可见卫星个数的增加使得观测冗余充足,由于数据处理规模的增大以及观测冗余对定位精度提高的边际效应,有必要从中选择满足需求的可见卫星进行数据处理。而在中长基线的条件下,由于大气延迟误差的显著影响,将导致单历元条件下无法实现全部模糊度的固定,需要累积很多历元才能降低偏差影响实现模糊度固定。为了缩短模糊度首次固定时间,部分模糊度解算(Partial Ambiguity Resolution, PAR)的方法应运而生[126-129]。通过采用不同的策略选取模糊度子集,可以实现在全部模糊度无法解算出来时部分模糊度的固定,从而加快全部模糊度的首次固定时间,最终加快定位精度的收敛。从一定意义上讲,PAR 的部分策略类似于选星。需要指出,PAR 在应用中要求卫星观测冗余充分,卫星观测冗余增加的边际效应显著,在观测卫星冗余较少和偏差影响较小的情况下,盲目使用 PAR 的策略等同于减少观测卫星数,对模糊度解算并无益处。

随着 PPP 技术的快速发展和广泛应用,PPP 中的模糊度解算成为一个重要的研究热点。受 GNSS 载波相位观测中相位偏差小数部分(Fractional Cycle Bias, FCB)的影响,PPP 无法恢复模糊度的整数特性,导致了 PPP 需要较长时间的收敛。已经有研究表明,通过加密钟差产品的采样率可以加快 PPP 的收敛过程[131],但增加采样率带来的益处有限,比如 30s 间隔的钟差产品与 5s 间隔的产品对 PPP 收敛效果和定位精度影响不大,但对于动态 PPP 和卫星定轨而言,加密后的钟差产品可以提高定位定轨的精度。为了满足特定的应用需求,如低轨卫星(Low Earth Orbiting, LEO)的精密定轨,已经出现了高达 1Hz 的钟差产品[130]。为了实现类似于 RTK 相对定位的实时模糊度解算,可以首先通过区域或全球性的网络 RTK 获得相位偏差以及其他改正信息,将其进一步应用于 PPP 中未知参数的改正,从而实现模糊度的实时固定,即 PPP-RTK[132,133]。从 2005 年 PPP-RTK 的概念提出以来,已经出现了多种 PPP-RTK 的实现方法,包括独立钟差改正、公共钟差改正、整数恢复钟差法(Integer Recovery Clock, IRC)、解耦钟法(Decoupled Satellite Clock, DSC)、分数偏差改正法等五类[30]。各种比较性的理论研究表明,这五类方法本质上是等价的,最终也将取得相同的定位结果,但实现方法各有差异[134,135]。后三种方法采用的消电离层组合观测量,虽然消除了电离层的影响,但无法利用可能获得的电离层约束信息,而前两种方法则可以通过采用非组合观测的方法引入电离层约束,从而取得更好的模糊度固定效果。目前,IGS (International GNSS Service)正在建设实时服务系统(Real-time Pilot Project, RTPP)[136,137],实时的精密卫星轨道和钟差产品服务使得实时 PPP 模糊度解算成为了可能,可以实现在气象分析[130]、地震和海啸预警[138]中的应用。

1.2.2　模糊度解算的质量控制

进入多 GNSS 时代后,数据处理中观测冗余的增加使得质量控制有了更大的操作空间,但更多的卫星观测也将带来参差不齐的观测质量,出现粗差或周跳的概率大大增加,质量控制的必要性更加凸显。粗差(周跳)探测是 GNSS 数据处理质量控制的重要内容,理论上主要有两种途径:一种是将粗差归入函数模型,采用假设检验方法;另一种是将粗差归入随机模型,采用抗差估计方法。前者的思想被引入到模糊度解算中,逐渐发展出相应的模糊度解算质量控制理论,通常将其称为模糊度检验。

有别于传统的假设检验方法,模糊度检验主要面临两个方面的问题:一是整数模糊度特殊的统计分布特性,即块概率分布(Probability Mass Function, PMF)[53],造成经典的统计检验方法的不适用[139];二是实际中模糊度真值往往未知,而检验方法又依赖于模糊度的统计特性,使得大多数研究者容易简单地套用传统的参数检验方法[140-142]。从模糊度检验这一问题的提出到现在,研究者讨论该问题的出发点通常也集中在这两方面。

模糊度检验方法提出的伊始,仍是从数理统计中的假设检验出发,构造符合相应统计量的检验函数,再根据特定的显著性水平选取检测阈值,如较早提出且目前应用最广的比例检测[143-147],Wang 基于 W 检验思想提出的 W-比例检测[141],Han 和 Rizos 提出的 F-比例检验[142]等。这些沿袭经典假设检验理论所提出的模糊度检验方法均基于相同的假设,即固定后的模糊度是常值。实际上,随着对 GNSS 观测量和模糊度统计特性认识的逐步深入,研究者开始认识到浮点模糊度也是一种符合正态分布的随机变量,固定的整数模糊度则符合特殊的离散式块状概率分布。浮点和固定模糊度统计特性的明晰使得之前对于检验函数符合特定概率分布的假设均不成立。

明确了浮点模糊度和整数模糊度的统计特性后,便可以通过仿真的方法对模糊度解算的各种特性进行深入研究[148]。在此基础上,作为模糊度解算基础的整数估计理论被正式提出,这进一步推动了模糊度解算技术的发展。该理论将模糊度解算转化为投影问题,实数域被划分为以各个整数向量为核心具有相同大小的投影空间,又称为归整区域(Pull-in region)[60,61,149,150]。距离浮点解最近的整数向量即为所在归整区域对应的整数向量。与归整区域的概念等价的还有格理论的搜索问题[151-153],在对应的概率评估上具有类似的性质[154]。

基于整数估计理论,Teunissen 在放宽归整区域各理论条件的基础上提出了整数等价估计[56,155],以及整数孔径估计[56],最后形成了统一的理论框架[57]。Verhagen 则尝试从几何构型的角度解释模糊度检验和模糊度估计的关系[58]。通过对模糊度检验后的结果进行仿真分析,发现固定的整数解对应的浮点区域实际为归整区域的子区域,该子区域与归整区域对应同一个整数向量。在二维条件下,该子区域表现为一个孔径形状的区域(Aperture region),不同模糊度检验方法所对应孔径区域的几何构型也不同。在此基础上提出的整数孔径估计(Integer aperture estimation)成为模糊度检验新的理论基础。在整数孔径理论中,整数估计成为一种特例,不同的模糊度检验方法在取特定的极限值时,均能实现整数估计和整数孔径估计的等价。基于不同的准则,研究者又先后提出几种结构简单的孔径估计,如椭圆孔径估计[156]、整数孔径最小二乘[65]、整数孔径自举估计[64]等,第一种的特点在于构造简单,仅包含最优模糊度,后两种的特点在于直接借鉴了对应的整数估计的性质[157]。

尽管在整数孔径估计理论中,经典的假设检验并不适用,但受假设检验中显著性水平的启发,Teunissen 提出了固定失败率的概念[158],即通过选取恰当的检测阈值实现对模糊度固定失败率的控制。固定失败率概念的提出,实际推广了经典的假设检验理论,使得假设检验方法不再仅仅依赖于符合特定统计特性的检验函数,但这种方法面临的问题是确定检测阈值的难度较大,无法像传统方法那样直接根据检验函数和显著性水平确定阈值。

通过阈值控制失败率的前提是一个完整的质量评估体系,包括整数估计的质量评估理论,以及整数孔径估计的质量评估理论。除了理想环境下的质量评估,偏差干扰下的质量评估理论也具有重要意义[159-161],它是衔接质量评估理论和实际应用的关键。在各类整数估计中,整数自举估计具有解析的评估公式,整数最小二乘虽然理论最优但缺乏解析的评估办法[61],只能借助其性能的上下界进行逼近(近似)[37,162-164]。在不同的条件下,逼近的效果也不同,如在去相关的条件下可以实现更有效的逼近[63,165]。对于整数孔径估计,则无法完全借鉴整数估计质量评估的思路[36],这是由于整数孔径估计的质量评估理论很不健全。

由于检测阈值与最终的质量评估结果之间是一个多维积分的过程,因而无法通过解析的办法求解。针对这一问题,Verhagen 首先采用随机仿真,即蒙特卡洛积分的方法解决根据固定失败率求解对应阈值的问题[36]。由于蒙特卡洛积分依赖大量的仿真样本才能实现高精度的逼近[166],因而该方法的时间成本很高,但大量的样本数对应了高精度的逼近结果,可以在数据后处理中作为一种参考。基于蒙特卡洛积分的固定失败率法,研究者们先后对各类整数孔径估计的性能进行了分析比较[58,167,168],在同等失败率的条件下对不同整数孔径估计的性能优劣进行了分析。需要指出,尽管有研究者给出了性能优劣的对比结果,但对于导致性能差异的机理并未给出严格的讨论说明。

至此,模糊度检验中三个根本性的问题基本得到了澄清[169,170],即

(1) 模糊度检验的目的是什么?

(2) 模糊度检验会犯怎样的错误?

(3) 不同模糊度检验方法的阈值如何选取?

在理论上完成模糊度检验的铺垫后,基于固定失败率的模糊度检验开始寻求实际应用的方法。由于固定失败率方法时间成本过高,即便事后处理也非常不实用。借鉴各类分布函数制定的速查表,Verhagen 提出了针对比例检测的固定失败率速查表,根据模糊度之间的协方差信息,维数以及失败率等信息,可以实现满足两类固定失败率要求(0.01 和 0.001)的比例检测阈值的实时获取[67],实现了在精密定位中的应用[161,171]。需要指出,这种速查表是通过仿真将各类常见的 GNSS 场景的结果进行分类,取每一类场景中最保守的 GNSS 模型,计算其对应的固定失败率阈值,因而最终得到的阈值也相对保守。由此可见,根据各类 GNSS 场景进行大规模仿真制定阈值速查表的方法本质上是一种

统计归纳的方法,又被称为数据驱动(data-driven)方法,与根据分布函数和显著性水平确定阈值的方法存在显著区别[169,172]。分布函数的阈值速查表基于标准化的分布函数,排除了协方差矩阵的影响,而数据驱动的方法直接受到各种类型的模糊度协方差矩阵影响,因而必须通过人为措施排除模糊度协方差矩阵的影响。

认识到固定失败率速查表的缺陷后,其他研究者开始从其他检测函数的研究中寻求突破。Wang[69] 在对差分检测孔径估计的研究中利用了模型强度信息,即整数最小二乘的成功率信息,通过解非线性方程,得到差分检测阈值的拟合函数,本质上而言,这是一种基于数据驱动和模型驱动(model-driven)的联合方法,最终落脚点在基于大规模数据仿真总结出的拟合函数而非速查表,类似方法还可在 Andreas Barack[68] 中见到。最近几年来的研究进展之所以无法脱离数据驱动的方法或者大规模仿真,关键原因在于对于整数孔径估计的概率特性缺乏深入研究,只能依靠蒙特卡洛仿真来获得非线性积分过程的数值解。

综上所述,尽管当前模糊度解算质量控制方面已经取得一定进展,但受限于质量评估理论方面的缺陷,实际应用的方法仍难以摆脱对大规模仿真的依赖。另一个备受诟病的缺陷是该领域的研究长期依赖仿真验证,实际应用的检验几乎为零。目前,除了比例检测外,其他检测方法的研究要么几乎空白,要么处于支离破碎的状态,亟待建立统一的基础理论,突破实际应用的瓶颈,认清模糊度解算质量控制在提高定位精度的过程中发挥的作用,为高可靠性的精密定位提供重要保障。

1.3 本书的研究目标和研究内容

1.3.1 研究目标

为了解决模糊度解算质量控制的实际应用瓶颈,本书从理论体系构建和应用方法上着手,重点解决的关键问题和研究目标如下:

(1) 完善整数估计质量评估的理论框架,明确整数估计质量评估的应用方法。

(2) 构建整数孔径估计质量评估的理论体系,发展针对各类整数孔径估计质量评估的应用方法。

(3) 建立偏差干扰下的质量评估理论,明确偏差对模糊度解算质量控制的影响。

(4) 探讨研究具有通用性且简单可行的实时质量控制方法,摆脱对大规模仿真的依赖,并通过实际应用检验其有效性。

1.3.2 研究内容

针对前述研究目标,本书主要研究如下内容:

(1) 现有的整数估计理论仅关注最优模糊度,忽略次优模糊度的研究,而次优模糊度是进行失败率评估的关键,本书首次关注并研究次优模糊度的性质,充实整数估计的理论体系;分析整数估计的各类质量评估方法,通过仿真实验对整数最小二乘的各种评估方法进行比较,结果表明在去相关条件下,基于下界的逼近方法效果更好。

(2) 针对整数孔径估计及其质量评估理论零散化的现状,建立了整数孔径估计理论的新框架,发展出系统化的质量评估方法。首次从线性和非线性几何放缩的角度解释整数孔径估计的形成,利用放缩因子建立起各类整数孔径估计和整数估计之间的数学关系,形成了清晰直观的整数孔径估计理论新框架;改造并推广了整数孔径自举估计,首次提出线性整数孔径自举估计的定义及质量评估方法;首次研究了偏差干扰对整数孔径估计的影响,推导出偏差干扰下整数孔径估计的质量评估方法,通过仿真实验验证了上述评估方法的有效性。

(3) 针对固定失败率方法时间成本高以及阈值表缺乏客观评估的问题,从发展出的整数孔径质量评估理论出发,首次提出新的模糊度解算实时失败率可控新方法,新方法比固定失败率法的计算效率在同等硬件条件下提高十倍以上;基于多种仿真实验比较了新方法和基于阈值表的固定失败率法的性能,结果表明,基于新方法的整数孔径估计性能明显优于基于阈值表的整数孔径估计。

(4) 针对各类整数孔径估计性能差异的问题,以差分孔径估计和比例孔径估计为例,详细分析了二者的差异和关系,并首次给出两种孔径估计性能差异的机理,通过仿真实验证明了此类性能差异具有统计性特征,即差分孔径估计在大多数GNSS场景下优于比例孔径估计。基于该机理的分析方法可推广至其他整数孔径估计的比较研究中。

(5) 针对模糊度解算质量控制方法缺少实际应用的缺陷,将新的质量控制方法和固定失败率法应用于GNSS定位和定向中,多个实验的结果表明,新方法大大降低了基于阈值表的固定失败率法的保守性。同时,首次通过实验验证了偏差干扰与模糊度解算质量控制的关系,实验结果表明,分离偏差、降低偏差干扰对于模糊度解算的质量控制具有重要意义。

全书的总体安排如图1.1所示,内容框架和核心贡献如图1.1所示。

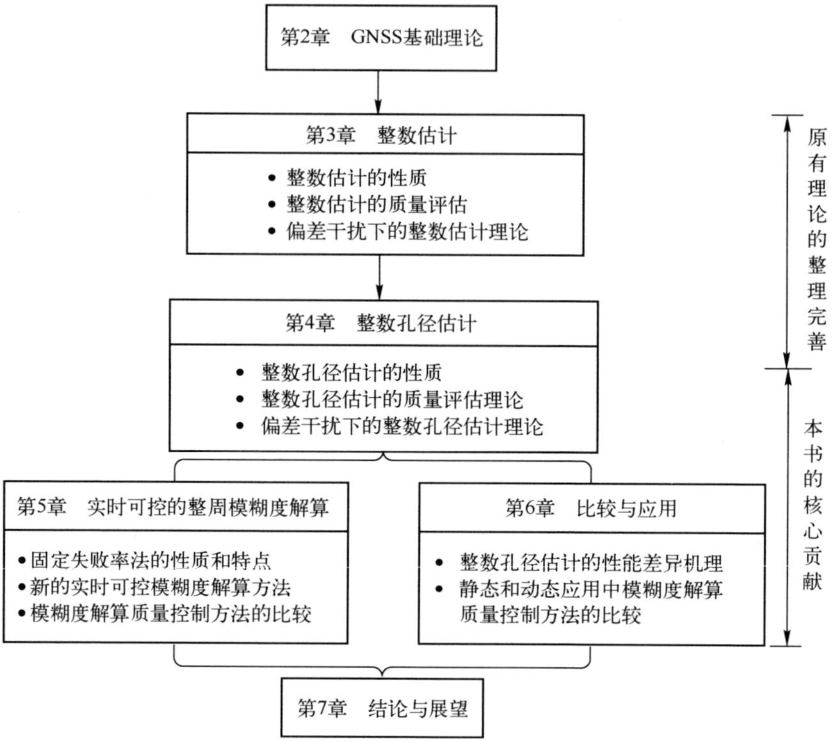
第2章 GNSS基础理论
第3章 整数估计
• 整数估计的性质
• 整数估计的质量评估
• 偏差干扰下的整数估计理论
第4章 整数孔径估计
• 整数孔径估计的性质
• 整数孔径估计的质量评估理论
• 偏差干扰下的整数孔径估计理论
第5章 实时可控的整周模糊度解算
• 固定失败率法的性质和特点
• 新的实时可控模糊度解算方法
• 模糊度解算质量控制方法的比较
第6章 比较与应用
• 整数孔径估计的性能差异机理
• 静态和动态应用中模糊度解算质量控制方法的比较
第7章 结论与展望
原有理论的整理完善
本书的核心贡献

图 1.1 本书的组织结构图和贡献

第2章　GNSS基础理论

2.1　GNSS数据处理模型

卫星定位技术是通过GNSS接收机接收来自GNSS卫星信号，对相应的观测数据进行处理得到定位导航的信息。卫星的观测数据主要来自于连续跟踪GNSS卫星获得的码观测或载波相位（简称载波）观测，其他观测包括多普勒和信噪比等信息。本书仅考虑伪距和载波观测在定位、定姿中的应用。

2.1.1　GNSS模型的分类

根据码观测和载波观测信息，通过最小二乘估计等方法可以获得用户感兴趣的未知参数，包括接收机三维坐标、大气延迟及钟差等。根据模型是否对接收机坐标进行估计，可以将GNSS数据处理模型分为几何（定位）模型和无几何（非定位）模型[186]，具体分类和相关应用见图2.1。本书涉及的GNSS数据处理默认采用几何模型。

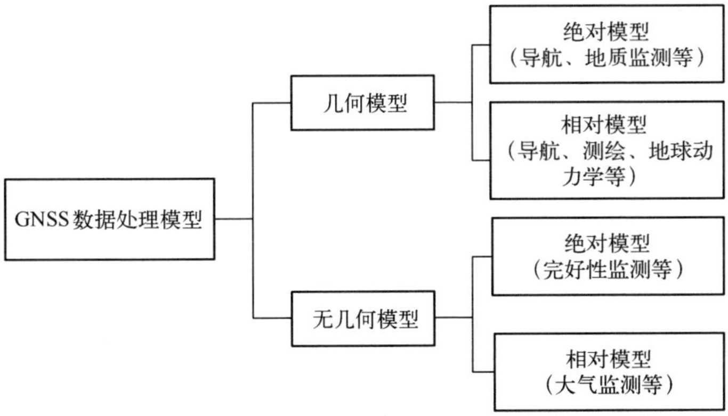

图2.1　GNSS数据处理模型及应用类型

2.1.1.1 几何(定位)模型

由于卫星到接收机的几何距离为非线性函数,为了从卫星观测中估计未知参数,需要将卫星观测方程线性化,再利用线性化后的观测方程估计相应的位置参数或基线矢量。几何模型可以仅利用单个接收机的数据进行绝对定位,也可以同时采用多个接收机的观测进行相对定位。

绝对定位通常用于各类导航和大地测量中。根据不同应用场合的精度需求,需要采用相应的定位算法来提高定位精度。例如,普通的标准定位算法通常可以实现米级乃至分米级的定位。为了满足大地测量,形变监测等厘米甚至毫米级的精密定位需求,PPP 技术得到了广泛的研究和应用。为了精确校正位置估计过程中的各项误差,PPP 技术通常需要额外获得卫星的轨道误差、卫星钟差及大气延迟等改正信息。尽管 PPP 技术能够最终获得满意的定位精度,但由于相应的高精度数据产品发布时间的延迟,导致 PPP 技术无法在实时性要求较高的场合得到应用。这也是目前 PPP 技术重点解决的瓶颈问题,除了 IGS 正在建设的实时 PPP 服务外,提供卫星导航定位服务的公司也在积极发展此类业务[187,188],可以实现厘米级的全球精密位置服务。

由于 PPP 高度依赖外部改正信息,但精度越高的产品往往时效性越差,相比而言,对此要求不高的相对定位技术在过去十多年中得到快速发展,广域差分 GNSS(Wide Area Differential GNSS, WADGNSS)技术在 GPS 建成后不久就实现了广泛应用。

2.1.1.2 无几何(非定位)模型

如果用户对位置参数并不感兴趣,可以仅估计卫星到接收机的几何距离,其他的观测冗余可以用来估计钟差、大气延迟等参数。相比于几何模型,非几何模型最大的特点是不受可见卫星几何构型的影响。

类似于几何模型,无几何模型同样也有绝对模型和相对模型之分。绝对模型主要处理来自单接收机的观测信息,可以用于检测载波观测中的周跳和码观测中的粗差等,即完好性监测。而采用多个接收机或观测站,可以实现区域性的大气监测。

2.1.2 GNSS 观测方程

2.1.2.1 无几何的观测方程

GNSS 接收机实现对卫星的连续跟踪后,在收到的观测信息中通常重点关注其中的两类:码和载波相位。码,通常又称为伪距,通过精确测量卫星信号传播的时间,从而间接得到卫星到用户接收机的距离,载波观测给出了接收到的载波相位与接收机时钟产生的正弦信号相位之差。这两种观测都能计算出用户到卫星的瞬时几何距离，但都受到各种误差的影响。顾及主要误差的影响，不考虑观测方程的推导过程，这里直接给出两种观测量的解析方程

$$P_{r,f}^{s}(t)=\rho_{r}^{s}(t,t-\tau_{r}^{s})+c[dt_{r}(t)-dt^{s}(t-\tau_{r}^{s})+d_{r,f}(t)+d_{f}^{s}(t-\tau_{r}^{s})]+I_{r,f}^{s}+T_{r}^{s}+\varepsilon_{r,f}^{s} \tag{2.1}$$

$$\Phi_{r,f}^{s}(t)=\rho_{r}^{s}(t,t-\tau_{r}^{s})+c[dt_{r}(t)-dt^{s}(t-\tau_{r}^{s})+\delta_{r,f}(t)+\delta_{f}^{s}(t-\tau_{r}^{s})]-I_{r,f}^{s}+T_{r}^{s}+\lambda_{f}[\phi_{r,f}(t_{0})+\phi_{f}^{s}(t_{0})]+\lambda_{f}N_{r,f}^{s}+e_{r,f}^{s} \tag{2.2}$$

这里的上标 s 表示卫星，下标 r 和 f 分别表示接收机和频率。式中：P，Φ 为码观测和载波观测[m]；τ 为信号传播时间[s]；t_0为相位同步的参考时间[s]；ρ 为卫星和接收机间的几何距离[m]；I，T 为电离层延迟和平流层延迟[m]；c 为光速299792458[m/s]；dt 为钟差[s]；d，δ 为硬件延迟[s]；$\phi(t_0)$ 为初始相位[cycles]；λ_f 为频率 f 上的信号波长；N 为整数模糊度；ε，e 为伪距和载波观测中的未建模误差及噪声[m]。

对于观测方程中各类误差的分析，可以参考文献[7，10]，这里主要对两种难以建模的误差效应进行介绍。

第一种是相位缠绕效应。这是由于发射信号的卫星天线和接收天线之间的相对旋转引起观测距离测量的偏差，本质上是由 GNSS 伪距传输的圆极化信号产生的。这种效应产生的漂移误差部分被接收机钟差所吸收，最终会累积产生一个整数模糊度的周跳，所引入的距离测量误差可能达到分米级[189]。

对于静态接收机，相位缠绕误差仅由 GNSS 卫星旋转和地球之间相对运动产生，相对较小且变化缓慢。而对于动态接收机，接收机的运动加剧了这种效应，特别是在长基线时会造成较大影响。而对于短基线来说，当接收机天线固联在相同的平台上时，通过采用观测的双差组合可以最终消除缠绕效应的影响。

第二种误差效应是多径效应。多径效应是指卫星信号通过两个或两个以上路径到达天线的现象。多径效应主要有两类，一种是大气性质引起的信号反射或折射，另一类是由于接收机观测环境中的物体造成的信号反射，诸如水面，山体，建筑等。多径效应对于伪距和载波测量均有影响，但产生的误差大小却不相同。多径对伪距测量造成的误差通常在 1~5m，而对载波相位观测则通常在几厘米，最多不超过三分之一的波长。

多径误差难以消减或完全抑制，原因在于多径效应的影响因素很多，包括：卫星、天线和周围环境之间的相对几何关系，接收信号的幅值，频率和极化属性，接收机的动态属性。目前对于多径误差抑制的研究主要通过改进信号处理

方法以及接收机的设计等方面进行[190]。

由于方程(2.1)中仅对卫星到接收机的几何距离 ρ_r^s 进行了参数化,因而该类方程又被称为无几何观测方程。

2.1.2.2 基于几何的观测方程

基于几何的观测方程来自于对方程(2.1)中卫星和接收机的几何距离这一非线性距离参数进行的线性化。几何距离 ρ_r^s 表示为

$$\rho_r^s = \| \boldsymbol{r}^s - \boldsymbol{r}_r \| \tag{2.3}$$

式中:$\| \cdot \|$为向量的模;$\boldsymbol{r}^s = [x^s, y^s, z^s]^{\mathrm{T}}$ 为卫星的位置向量;$\boldsymbol{r}_r = [x_r, y_r, z_r]^{\mathrm{T}}$ 为接收机的位置向量。

取接收机的初值为 r_r^0,如果初值未知,则也可以设置为地心位置。卫星的初始位置为 $r^{s,0}$,可以通过星历数据进行插值获得,对式(2.3)进行一阶泰勒展开可以得

$$\rho_r^s \approx \| \boldsymbol{r}^{s,0} - \boldsymbol{r}_r^0 \| + \boldsymbol{u}_r^s (\boldsymbol{r}^s - \boldsymbol{r}^{s,0}) - \boldsymbol{u}_r^s (\boldsymbol{r}_r - \boldsymbol{r}_r^0) \tag{2.4}$$

式中:u_r^s 为接收机到卫星的视线向量(Line Of Sight, LOS),具体为

$$\boldsymbol{u}_r^s = \frac{\boldsymbol{r}^{s,0} - \boldsymbol{r}_r^0}{\| \boldsymbol{r}^{s,0} - \boldsymbol{r}_r^0 \|} = \left[\frac{x^{s,0} - x_r^0}{\| \boldsymbol{r}^{s,0} - \boldsymbol{r}_r^0 \|} \quad \frac{y^{s,0} - y_r^0}{\| \boldsymbol{r}^{s,0} - \boldsymbol{r}_r^0 \|} \quad \frac{z^{s,0} - z_r^0}{\| \boldsymbol{r}^{s,0} - \boldsymbol{r}_r^0 \|} \right]^{\mathrm{T}} \tag{2.5}$$

将式(2.4)代入观测方程式(2.1),整理后可得

$$\begin{aligned} \Delta P_{r,f}^s(t) = &(\boldsymbol{u}_r^s)^{\mathrm{T}} \Delta \boldsymbol{r}^s - (\boldsymbol{u}_r^s)^{\mathrm{T}} \Delta r_r + c[dt_r(t) - dt^s(t-\tau_r^s) + d_{r,f}(t) + d_f^s(t-\tau_r^s)] + \\ &I_{r,f}^s + T_r^s + \varepsilon_{r,f}^s \end{aligned} \tag{2.6}$$

$$\begin{aligned} \Delta \Phi_{r,f}^s(t) = &(\boldsymbol{u}_r^s)^{\mathrm{T}} \Delta \boldsymbol{r}^s - (\boldsymbol{u}_r^s)^{\mathrm{T}} \Delta r_r + c[dt_r(t) - dt^s(t-\tau_r^s) + \delta_{r,f}(t) + \delta^s_{,f}(t-\tau_r^s)] - \\ &I_{r,f}^s + T_r^s + \lambda_f [\phi_{r,f}(t_0) + \phi^s_{,f}(t_0)] + \lambda_f N_{r,f}^s + e_{r,f}^s \end{aligned} \tag{2.7}$$

式中:$\Delta P_{r,f}^s = P_{r,f}^s - \| \boldsymbol{r}^{s,0} - \boldsymbol{r}_r^0 \|$,$\Delta \Phi_{r,f}^s = \Phi_{r,f}^s - \| r^{s,0} - r_r^0 \|$。

由于线性化后解析出了接收机和卫星的坐标以及几何视线矢量,因而称式(2.6)为基于几何的观测方程。

2.1.3 差分观测模型

2.1.3.1 单差观测模型

如果来自 $m+1$ 颗卫星的观测信息被 $n+1$ 个接收机同时观测到,可以对这些观测量做差,以消去观测模型中的公共误差项。本节将给出单历元的单差观测模型,两个接收机间的无几何单差观测方程为

$$
\begin{aligned}
P^s_{ur,f} &= P^s_{u,f} - P^s_{r,f} = \rho^s_{ur,f} + T^s_{ur} + I^s_{ur} + cdt_{ur,f} + \varepsilon^s_{ur,f} \\
\Phi^s_{ur,f} &= \Phi^s_{u,f} - \Phi^s_{r,f} = \rho^s_{ur,f} + T^s_{ur} - I^s_{ur} + c\delta t_{ur,f} + \lambda_f \phi_{ur,f} + \lambda_j N^s_{ur,f} + e^s_{ur,f}
\end{aligned}
\tag{2.8}
$$

其中：u 为移动接收机；r 为参考接收机，$(\cdot)_{ur}=(\cdot)_u-(\cdot)_r$。

注意到，相对于观测方程式(2.1)，卫星间的钟差误差项被消去，与此同时，载波观测中的初始相位误差也被消去。另外，大气误差如平流层误差和电离层误差虽然并未完全消除，但对于短基线而言，经过单差后，大气误差将得到明显抑制。

两个接收机间在 f 频点上所有卫星的单差观测方程组成的观测向量表示为

$$
\boldsymbol{Y}^s_{ur} = \begin{pmatrix} \boldsymbol{P}^s_{ur,f} \\ \boldsymbol{\Phi}^s_{ur,f} \end{pmatrix} = \begin{bmatrix} [P^s_{ur,1} & \cdots & P^s_{ur,1}]^{\mathrm{T}} & \cdots & [P^s_{ur,N} & \cdots & P^s_{ur,N}]^{\mathrm{T}} \\ [\Phi^s_{ur,1} & \cdots & \Phi^s_{ur,1}]^{\mathrm{T}} & \cdots & [\Phi^s_{ur,N} & \cdots & \Phi^s_{ur,N}]^{\mathrm{T}} \end{bmatrix}, s=1,\cdots,m+1
\tag{2.9}
$$

将观测方程中的误差参数向量化为

$$
\begin{aligned}
\boldsymbol{\rho}_{ur} &= [\rho^1_{ur} \quad \cdots \quad \rho^{m+1}_{ur}]^{\mathrm{T}} \\
\boldsymbol{T}_{ur} &= [T^1_{ur} \quad \cdots \quad T^{m+1}_{ur}]^{\mathrm{T}} \\
\boldsymbol{I}_{ur} &= [[I^1_{ur,1} \quad \cdots \quad I^{m+1}_{ur,1}] \quad \cdots \quad [I^1_{ur,N} \quad \cdots \quad I^{m+1}_{ur,N}]]^{\mathrm{T}} \\
\boldsymbol{dt}_{ur} &= c\cdot[[dt_{ur,1} \quad \cdots \quad dt_{ur,N}] \quad \cdots \quad [\delta t_{ur,1} \quad \cdots \quad \delta t_{ur,N}]]^{\mathrm{T}} \\
\boldsymbol{a}_{ur} &= [[M^1_{ur,1} \quad \cdots \quad M^{m+1}_{ur,1}] \quad \cdots \quad [M^1_{ur,N} \quad \cdots \quad M^{m+1}_{ur,N}]]^{\mathrm{T}}
\end{aligned}
\tag{2.10}
$$

对于不同频率下的电离层延迟有对应的变换关系 $I^1_{ur,j}=\dfrac{f_1^2}{f_j^2}I^1_{ur,1}, j=1,\cdots,N$，且 $M^i_{ur}=\phi_{ur}+N^i_{ur}$。

最终，接收机间的单差观测方程模型为

$$
E\{\boldsymbol{Y}^s_{ur}\} = [\boldsymbol{e}_{2N}\otimes E_{m+1}]\boldsymbol{\rho}_{ur} + [\boldsymbol{e}_{2N}\otimes E_{m+1}]\boldsymbol{T}_{ur} + \left[\begin{bmatrix} \boldsymbol{e}_N \\ -\boldsymbol{e}_N \end{bmatrix}\otimes E_{m+1}\right]\boldsymbol{I}_{ur} + [E_{2N}\otimes \boldsymbol{e}_{m+1}]\boldsymbol{dt}_{ur} + \left[\begin{bmatrix} \boldsymbol{0}_{N\times N} \\ \boldsymbol{\Lambda} \end{bmatrix}\otimes E_{m+1}\right]\boldsymbol{a}_{ur}
\tag{2.11}
$$

式中：$\boldsymbol{e}_{2N}$ 为 $2N\times 1$ 且元素均为 1 的向量，且 $\boldsymbol{\Lambda}=\begin{pmatrix} \lambda_1 & & \\ & \ddots & \\ & & \lambda_N \end{pmatrix}$，$\boldsymbol{E}_{m+1}$ 为 $(m+1)\times(m+1)$ 维的单位矩阵。

方程式(2.11)给出的是无几何模型,将式(2.11)线性化整理后便可以得到几何模型

$$
\begin{aligned}
E\{\Delta \boldsymbol{Y}_{ur}^{s}\} = & [\boldsymbol{e}_{2N}\otimes G_{ur}]\Delta \boldsymbol{r}_{ur} + [\boldsymbol{e}_{2N}\otimes E_{m+1}]\boldsymbol{T}_{ur} + \begin{bmatrix} E_{m+1} \\ -E_{m+1} \end{bmatrix}\boldsymbol{I}_{ur} + \\
& [E_{2N}\otimes \boldsymbol{e}_{m+1}]\boldsymbol{dt}_{ur} + \left[\begin{bmatrix} 0_{N\times N} \\ \Lambda \end{bmatrix}\otimes E_{m+1}\right]\boldsymbol{a}_{ur}
\end{aligned}
\tag{2.12}
$$

式中:$\boldsymbol{G}_{ur} = [-u_r^1 \quad \cdots \quad -u_r^{m+1}]^{\mathrm{T}}$,最终$(m+1)$个接收机将会得到$2Nn(m+1)$个观测方程。

式(2.12)中的基线部分实际是一种简化处理,简化过程的几何解释参见文献[36],注意由于本书所涉及的基线均为短基线(小于 10km),此时有单位视线向量

$$
\| u_1^s \| \cong \cdots \| u_i^s \| \cdots \cong \| u_{n+1}^s \|, i = 1, \cdots, n+1
$$

接收机间单差观测方程与原始观测方程组之间的关系可以表示为

$$
\boldsymbol{y}_{ur}^{s} = [-\boldsymbol{E}_{2(m+1)N} \quad \boldsymbol{E}_{2(m+1)N}] \begin{pmatrix} P_r \\ \boldsymbol{\Phi}_r \\ P_u \\ \boldsymbol{\Phi}_u \end{pmatrix}
\tag{2.13}
$$

其中,

$$
\begin{cases}
\boldsymbol{P}_i = [P_{i,1}^1 \quad \cdots \quad P_{i,1}^{m+1} \quad \cdots \quad P_{i,1}^1 \quad \cdots \quad P_{i,N}^{m+1}]^{\mathrm{T}} \\
\boldsymbol{\Phi}_i = [\Phi_{i,1}^1 \quad \cdots \quad \Phi_{i,1}^{m+1} \quad \cdots \quad \Phi_{i,1}^1 \quad \cdots \quad \Phi_{i,N}^{m+1}]^{\mathrm{T}}
\end{cases}, (1 \leqslant i \leqslant n+1)
$$

式中:$\boldsymbol{E}_{2(m+1)N}$为$2(m+1)N\times 2(m+1)N$维的单位阵。

类似于接收机间的单差观测方程,两个共视卫星间也可以形成单差观测。通常,首先选取一颗卫星作为参考星,其他卫星作为辅星。需要指出,参考星的选择并无定式,原则上选取任何共视卫星作为参考星得到的单差观测方程间都存在数学等价关系,但由于卫星在视野中停留的时间有限,为了减少卫星消失后更换参考星的麻烦,通常取仰角最高的卫星作为参考卫星。卫星间的单差观测方程为

$$
\begin{cases}
P_{r,f}^{ak} = P_{r,f}^{a} - P_{r,f}^{k} = \rho_{r,f}^{ak} + T_r^{ak} + I_{r,f}^{ak} + cdt^{ak} + \varepsilon_{r,f}^{ak} \\
\Phi_{r,f}^{ak} = \Phi_{r,f}^{a} - \Phi_{r,f}^{k} = \rho_{r,f}^{ak} + T_r^{ak} - I_{r,f}^{ak} + c\delta t^{ak} + \lambda_f \phi^{ak} + \lambda_f N_{r,f}^{ak} + e_{r,f}^{ak}
\end{cases}
\tag{2.14}
$$

其中,a 为辅星,k 为参考卫星。有别于接收机间的单差观测方程,卫星间的单差观测方程最终消除了接收机钟差的影响,载波观测中接收机的初始相位误差也被消除。

类似的，$m+1$ 个卫星间的观测最终形成 m 个单差方程，在 f 频点上的单差观测方程表示为

$$\boldsymbol{Y}_r^{ak}=\begin{pmatrix}\boldsymbol{P}_{r,f}^{ak}\\ \boldsymbol{\Phi}_{r,f}^{ak}\end{pmatrix}=\begin{bmatrix}[P_{r,f}^{1k} & \cdots & P_{r,f}^{(m+1)k}]^{\mathrm{T}}\\ [\Phi_{r,f}^{1k} & \cdots & \Phi_{r,f}^{(m+1)k}]^{\mathrm{T}}\end{bmatrix} \tag{2.15}$$

最终，N 个频点的星间无几何单差观测模型写为

$$E\{\boldsymbol{Y}_r^{ak}\}=[\boldsymbol{e}_{2N}\otimes E_m]\boldsymbol{\rho}^{ak}+[e_{2N}\otimes E_m]\boldsymbol{T}^{ak}+\left[\begin{bmatrix}\boldsymbol{e}_N\\ -\boldsymbol{e}_N\end{bmatrix}\otimes E_m\right]\boldsymbol{I}^{ak}+[E_{2N}\otimes\boldsymbol{e}_m]\boldsymbol{dt}_{ur}+\left[\begin{bmatrix}0_{N\times N}\\ \Lambda\end{bmatrix}\otimes E_m\right]\boldsymbol{a}^{ak} \tag{2.16}$$

同理，卫星间的几何单差观测模型记为

$$E\{\Delta\boldsymbol{Y}_r^{ak}\}=[\boldsymbol{e}_{2N}\otimes G^{ak}]\Delta\boldsymbol{r}^{ak}+[\boldsymbol{e}_{2N}\otimes E_m]\boldsymbol{T}^{ak}+\left[\begin{bmatrix}\boldsymbol{e}_N\\ -\boldsymbol{e}_N\end{bmatrix}\otimes E_m\right]\boldsymbol{I}^{ak}+[E_{2N}\otimes e_m]\boldsymbol{dt}_{ur}+\left[\begin{bmatrix}0_{N\times N}\\ \Lambda\end{bmatrix}\otimes E_m\right]\boldsymbol{a}^{ak} \tag{2.17}$$

其中，$\boldsymbol{G}^{ak}=[-u_r^{a1} \quad \cdots \quad -u_r^{a(m+1)}]^{\mathrm{T}}$，最终 $(n+1)$ 个接收机将会得到 $2N(n+1)m$ 个观测方程。

类似于式(2.10)，方程式(2.16)和式(2.17)中的 T^{ak}，I^{ak}，dt^{ak}，a^{ak} 均采用卫星间的误差参数向量化方法。

同样，卫星间的单差观测方程和原始观测方程间的关系表示为

$$\begin{pmatrix}y_{r,1}^{ak}\\ \vdots\\ y_{r,N}^{ak}\end{pmatrix}=[\boldsymbol{E}_{2N}\otimes\boldsymbol{D}]\begin{pmatrix}\boldsymbol{P}_r\\ \boldsymbol{\Phi}_r\end{pmatrix} \tag{2.18}$$

式中：$\boldsymbol{E}_{2N}$ 为 $2N\times2N$ 的单位矩阵；$\boldsymbol{D}$ 为单差算子；$\otimes$ 表示 Kronecker 算子。若 k 为参考星，单差算子矩阵可以构造为

$$\boldsymbol{D}=\left[\begin{bmatrix}-\boldsymbol{E}_{k-1}\\ 0\end{bmatrix}; \quad e_m \quad ;\begin{bmatrix}0\\ -\boldsymbol{E}_{m+1-k}\end{bmatrix}\right] \tag{2.19}$$

需要指出，接收机间的单差观测模型可以用于非差相对定位中，而卫星间的单差观测模型则在 PPP 的一些研究应用中更为常见。

2.1.3.2　双差观测模型

事实上，单差观测模型仅能消去部分误差参数，仍然无法解决估计中的秩亏问题。因而，在单差观测模型的基础上，可以再进行一次差分，消去更多的误

差参数。在接收机间的单差观测的基础上，再选取一颗参考星，计算卫星间的观测差分，便可以得到双差观测

$$\begin{aligned} P_{ur,f}^{ak} &= P_{ur,f}^{a} - P_{ur,f}^{k} = \rho_{ur}^{ak} + T_{ur}^{ak} + I_{ur,f}^{ak} + \varepsilon_{ur,f}^{ak} \\ \Phi_{ur,f}^{ak} &= \Phi_{ur,f}^{a} - \Phi_{ur,f}^{k} = \rho_{ur}^{ak} + T_{ur}^{ak} - I_{ur,f}^{ak} + \lambda_f N_{ur,f}^{ak} + e_{ur,f}^{ak} \end{aligned} \tag{2.20}$$

显然，经过双差计算后，硬件延迟、接收机的初始相位误差和接收机钟差均已抵消。载波双差观测和伪距双差观测相比，仅多出双差模糊度参数，且一旦双差模糊度得到确定，载波观测可以被看作精密的(毫米级)码观测，从而实现高精度定位。模糊度解算的本质在于引入模糊度的整数约束，确定浮点模糊度的整数解。在基于载波相位的精密定姿定位中，模糊度解算是其中的核心和难点，下一章将对这一问题进行详细论述。

基于式(2.20)得到的无几何双差函数模型记为

$$E\{\boldsymbol{Y}_{ur}^{ak}\} = [\boldsymbol{e}_{2N} \otimes E_m]\boldsymbol{\rho}_{ur}^{ak} + [\boldsymbol{e}_{2N} \otimes E_m]\boldsymbol{T}_{ur}^{ak} + \left[\begin{bmatrix} \boldsymbol{e}_N \\ -\boldsymbol{e}_N \end{bmatrix} \otimes E_m\right]\boldsymbol{I}_{ur}^{ak} + \left[\begin{bmatrix} 0_{N\times N} \\ \Lambda \end{bmatrix} \otimes E_m\right]\boldsymbol{N}_{ur}^{ak} \tag{2.21}$$

其中

$$\begin{cases} \boldsymbol{\rho}_{ur}^{ak} = D\rho_{ur} \\ \boldsymbol{T}_{ur}^{ak} = DT_{ur} \\ \boldsymbol{I}_{ur}^{ak} = (I_N \otimes D) I_{ur} \\ \boldsymbol{N}_{ur}^{ak} = (I_N \otimes D) N_{ur} \end{cases} \tag{2.22}$$

相应的，基于几何的双差函数模型为

$$E\{\boldsymbol{Y}_{ur}^{ak}\} = [\boldsymbol{e}_{2N} \otimes \bar{G}]\Delta\boldsymbol{r}_{ur} + [\boldsymbol{e}_{2N} \otimes E_m]\boldsymbol{T}_{ur}^{ak} + \left[\begin{bmatrix} \boldsymbol{e}_N \\ -\boldsymbol{e}_N \end{bmatrix} \otimes E_m\right]\boldsymbol{I}_{ur}^{ak} + \left[\begin{bmatrix} 0 \\ \Lambda \end{bmatrix} \otimes E_m\right]\boldsymbol{N}_{ur}^{ak} \tag{2.23}$$

其中，$\bar{G}=DG$，$(n+1)$个接收机得到的双差观测方程的个数为 $2Nnm$。

最终，双接收机的双差观测方程和原始观测方程间的关系可以表示为

$$\boldsymbol{Y}_{ur}^{ak} = [-I_{2N} \otimes D \quad I_{2N} \otimes D] \begin{pmatrix} \boldsymbol{P}_r \\ \boldsymbol{\Phi}_r \\ \boldsymbol{P}_u \\ \boldsymbol{\Phi}_u \end{pmatrix} = [I_{2N} \otimes D]\boldsymbol{Y}_{ur}^{s} \tag{2.24}$$

对于 $n+1$ 个接收机而言，双差观测方程和原始观测方程间的关系则为

$$\begin{pmatrix} \boldsymbol{Y}_{u1}^{ak} \\ \vdots \\ \boldsymbol{Y}_{un}^{ak} \end{pmatrix} = \overline{D}^{\mathrm{T}} \otimes (I_{2N} \otimes D) \begin{pmatrix} \boldsymbol{Y}_1 \\ \vdots \\ \boldsymbol{Y}_{n+1} \end{pmatrix} \tag{2.25}$$

其中，$\overline{\boldsymbol{D}}^{\mathrm{T}} = [\, e_{j-1}^{\mathrm{T}} \quad -1 \quad e_{n+1-j}^{\mathrm{T}} \,]$，$\boldsymbol{Y}_i = \begin{pmatrix} P_i \\ \boldsymbol{\Phi}_i \end{pmatrix}$，$1 \leqslant i \leqslant n+1$，$i \in \mathbb{Z}^n$，此时取第 j 个接收机为参考接收机。

2.1.4　非差观测模型

对于差分模型，特别是双差模型而言，一个重要的缺点在于只有接收机间的共视卫星之间才能进行差分计算，而在实际中，很可能由于接收机间距离较远造成接收机间共视卫星过少，此时采用差分模型会造成观测信息的损失[191]。因而，在长基线情形，特别是在 GNSS 网络数据处理时，通常采用非差观测模型。同样，相对于双差模型，非差模型的缺点在于估计各类误差参数时模型是秩亏的，为了实现对未知参数的估计，必须采用特定的方法消秩亏[192]。

由于非差观测方程式（2.1）和式（2.6）秩亏，通过将线性相关的误差参数归结在一起估计，引入平差基准，可以达到降低秩亏的目的。为了消去式（2.1）和式（2.6）的秩亏，分别取相应的参考接收机和参考星作为基准，进行逐步消秩亏，最后可得满秩的误差观测模型如下

$$E\{\boldsymbol{Y}\} = [\, \boldsymbol{e}_{2N} \otimes A \,] \Delta \boldsymbol{r} + [\, E_{2N} \otimes \overline{D} \,] \begin{pmatrix} dt \\ \delta t \end{pmatrix} + \left[\begin{bmatrix} 0_{N \times N} \\ \Lambda \end{bmatrix} \otimes C \right] \boldsymbol{M} \tag{2.26}$$

模型中的各个矩阵表示如下

$$\boldsymbol{A} = \begin{bmatrix} 0_{(m+1) \times 3n} \\ blkdiag[\, G_2, \quad \cdots, \quad G_{m+1} \,] \end{bmatrix},$$

$$\boldsymbol{C} = \boldsymbol{\Gamma}_{n+1} \otimes \boldsymbol{\Gamma}_{m+1}, \boldsymbol{\Gamma}_{n+1} = \begin{bmatrix} 0_{1 \times n} \\ I_n \end{bmatrix}, \boldsymbol{\Gamma}_{m+1} = \begin{bmatrix} 0_{1 \times m} \\ I_m \end{bmatrix},$$

$$\overline{\boldsymbol{D}} = [\, \boldsymbol{\Gamma}_{(n+1)} \otimes e_{m+1}, \quad -e_{n+1} \otimes \boldsymbol{I}_{m+1} \,],$$

$$\boldsymbol{Y} = \begin{bmatrix} [\, P_1 & \cdots & P_N \,] \\ [\, \boldsymbol{\Phi}_1 & \cdots & \boldsymbol{\Phi}_N \,] \end{bmatrix}^{\mathrm{T}}, \quad \begin{matrix} \boldsymbol{P}_f = [\, [\, \Delta P_{1,f}^{1} \quad \cdots \quad \Delta P_{1,f}^{m+1} \,], \quad \cdots \quad [\, \Delta P_{n,f}^{1} \quad \cdots \quad \Delta P_{n,f}^{m+1} \,] \,]^{\mathrm{T}} \\ \boldsymbol{\Phi}_f = [\, [\, \Delta \boldsymbol{\Phi}_{1,f}^{1} \quad \cdots \quad \Delta P_{1,f}^{m+1} \,], \quad \cdots \quad [\, \Delta \boldsymbol{\Phi}_{n,f}^{1} \quad \cdots \quad \Delta \boldsymbol{\Phi}_{n,f}^{m+1} \,] \,]^{\mathrm{T}}, \end{matrix}$$

$$\boldsymbol{M} = [\, [\, M_{1r,f}^{1k} \quad \cdots \quad M_{1r,f}^{(m+1)k} \,] \quad \cdots \quad [\, M_{1(n+1),f}^{1k} \quad \cdots \quad M_{1(n+1),f}^{(m+1)k} \,] \,]^{\mathrm{T}},$$

$\boldsymbol{\Delta r}=[\Delta r_{12}^{\mathrm{T}} \quad \cdots \quad \Delta r_{1(n+1)}^{\mathrm{T}}]^{\mathrm{T}}$, $dt=[dt_1 \quad \cdots \quad dt_N]^{\mathrm{T}}$, $\delta t=[\delta t_1 \quad \cdots \quad \delta t_N]^{\mathrm{T}}$,

$\boldsymbol{dt}_f=[[cdt_{1r,f} \quad \cdots \quad cdt_{1(n+1),f}] \quad \cdots \quad [cdt_{1,f}^{1} \quad \cdots \quad cdt_{1,f}^{m+1}]]^{\mathrm{T}}$,

$\boldsymbol{\delta t}_f=[[c\delta t_{1r,f} \quad \cdots \quad c\delta t_{1(n+1),f}] \quad \cdots \quad [c\delta t_{1,f}^{1} \quad \cdots \quad c\delta t_{1,f}^{m+1}]]^{\mathrm{T}}$。

式中：Δr 为相对于参考站的坐标向量；dt 为码观测钟差；δt 为载波钟差。

经过消秩亏处理后，非差观测方程便具有解的唯一性。注意到，不同的接收机数量和观测到的卫星数量会带来不同的观测冗余。模型的观测冗余是进行模型检验和粗差剔除的必要条件，对于式（2.26）的非差几何模型而言，在 $m+1$ 个可见卫星，采用 $n+1$ 个接收机进行观测时，其模型冗余为 $n(Nm(2k-1)-3)$，其中 k 为历元个数，对于无几何模型而言，其模型冗余为 $mnN(2k-1)$。

除了非差模型，差分模型外，研究者还先后提出了几种组合观测模型，包括消电离层模型，UofC 模型[193]等，研究表明，这两种模型与非差观测模型等价[194]，具体数学模型可以参考相关文献。

2.1.5 随机模型

除了 GNSS 函数观测模型外，随机模型在参数估计或平差算法中也发挥着重要作用。它以协方差矩阵的形式描述了观测量的统计特性。GNSS 的伪距和载波观测量由于噪声和偏差的影响表现为随机变量，对这些不确定因素进行充分建模，有助于提高参数估计的质量，获得更准确的统计检验的结果。

1. GNSS 观测量的随机特性

通常认为，载波观测和码观测符合不相关的正态分布，其观测量的标准差通常保持恒定。但实际情况中，这些观测量的统计特性通常体现为和接收机以及观测类型相关，因而通常 GNSS 的随机模型需要考虑下列因素：

（1）观测量的精度。研究表明，载波观测的标准差通常要好于 3mm，高质量接收机的实验结果甚至达到亚毫米级。受反欺骗技术（Anti-Spoofing, AS）加密带来的交叉相关效应的影响，L2 频段的观测标准差要优于 L1 频段。另外码观测的标准差通常优于 10cm。受多径等多种难以建模的误差的影响，最终得到的载波观测的精度大约在 3mm，而码观测精度与载波相比差两个数量级，低仰角的卫星可能达到 60cm[195,196]。

（2）卫星仰角相关。低仰角卫星的信号在传播过程中，更容易受到地面多径和遮挡的影响，因而对于不同仰角的卫星应该设置不同的观测精度权值。通常采用的仰角相关加权为

$$\begin{cases}\overline{\sigma}_{P_{r,f}^s}=\sigma_{P_{r,f}^s}(1+ae^{-\frac{\varepsilon^s}{\varepsilon_0}})\\ \overline{\sigma}_{\Phi_{r,f}^s}=\sigma_{\Phi_{r,f}^s}(1+ae^{-\frac{\varepsilon^s}{\varepsilon_0}})\end{cases} \tag{2.27}$$

式中：$\overline{\sigma}_{P_{r,f}^s}$，$\overline{\sigma}_{\Phi_{r,f}^s}$加权后的方差；$\sigma_{P_{r,f}^s}$，$\sigma_{\Phi_{r,f}^s}$为额定方差；$a$ 为膨胀因子；ε^s 为卫星仰角；ε_0 为仰角初值[197]。

(3) 交叉相关和时间相关。

前文指出，受反欺骗技术加密的影响，在同类型不同频率的观测之间通常存在相关性，如 L1 和 L2 的码观测和载波观测之间可能存在交叉相关，但通常认为码观测和载波观测之间不存在交叉相关。

不同观测历元间的相关性和历元之间的采样频率有关。采样频率越高，历元之间的相关性越强。研究表明，5Hz 的数据频率将产生严重的时间相关。反之，随着数据采样频率的降低，时间相关性迅速衰减，30s 的时间间隔以上通常认为不存在时间相关性。对于单历元数据处理的实时应用而言，则完全不受时间相关的影响[186]。

2. 协方差矩阵

根据前面对观测量随机特性的分析，对于在接收机 r 上获得的包含码和载波的观测向量 y，其观测协方差矩阵为

$$\boldsymbol{Q}_{yy,r}=\begin{bmatrix}Q_{P_r} & 0\\ 0 & Q_{\Phi_r}\end{bmatrix} \tag{2.28}$$

其中

$$Q_{P_r}=diag(\sigma^2_{P^s_{r,1}} \quad \cdots \quad \sigma^2_{P^s_{r,N}}),E\{\varepsilon^s_{r,f}(\varepsilon^s_{r,f})^{\mathrm{T}}\}=\sigma^2_{P^s_{r,f}}$$

$$Q_{P_r}=diag(\sigma^2_{\Phi^s_{r,1}} \quad \cdots \quad \sigma^2_{\Phi^s_{r,N}}),E\{e^s_{r,f}(e^s_{r,f})^{\mathrm{T}}\}=\sigma^2_{\Phi^s_{r,f}}$$

式中：$\varepsilon^s_{r,f}$和 $e^s_{r,f}$分别为均值为 0 的码观测和载波观测噪声。

假设不同接收机，在不同频率上的随机模型是相同的，非差随机模型可以简写为 $Q_P=\sigma^2_P I_{m+1}$，$Q_\Phi=\sigma^2_\Phi I_{m+1}$。

假设码观测和载波观测不相关，根据误差传递方程，接收机间单差观测的协防差矩阵表示为

$$\boldsymbol{Q}_{yy}^{SD}=\begin{bmatrix}Q_{P^s_{r,f}}+Q_{P^s_{u,f}} & 0\\ 0 & Q_{\Phi^s_{r,f}}+Q_{\Phi^s_{u,f}}\end{bmatrix} \tag{2.29}$$

进一步可以简化为

$$\boldsymbol{Q}_{yy}^{SD}=\begin{bmatrix}2Q_P & 0\\ 0 & 2Q_\Phi\end{bmatrix}=\begin{bmatrix}2\sigma_P^2 I_{m+1} & 0\\ 0 & 2\sigma_\Phi^2 I_{m+1}\end{bmatrix}$$

再进行星间单差后获得双差协防矩阵为

$$\boldsymbol{Q}_{yy}^{DD}=[I_{2N}\otimes D]Q_{yy}^{SD}[I_{2N}\otimes D]^{\mathrm{T}} \tag{2.30}$$

通常$[I_{2N}\otimes D]$为块对角阵,可以简化为$\begin{bmatrix}\widetilde{D} & 0\\ 0 & \widetilde{D}\end{bmatrix}$,最后式(2.30)简化为

$$\boldsymbol{Q}_{yy}^{DD}=\begin{bmatrix}2\widetilde{D}Q_P\widetilde{D}^{\mathrm{T}} & 0\\ 0 & 2\widetilde{D}Q_\Phi\widetilde{D}^{\mathrm{T}}\end{bmatrix} \tag{2.31}$$

接收机观测量的协方差矩阵通常可以通过采集观测数据,分离各种偏差,然后分析残差的统计特性获得,也可以通过经验直接给定。

2.2 GNSS 定姿(定向)模型

若接收机间的基线向量已知,则可以从中提取载体的航向甚至姿态信息。对于姿态确定问题,目前已经形成了一系列通用的方法,而 GNSS 定姿问题,也适用于这些通用的算法框架。有别于其他定姿问题,GNSS 定姿的关键在于实现快速准确的模糊度解算,这通常需要引入其他先验信息来实现。本节主要介绍适用于 GNSS 的定姿模型。

2.2.1 GNSS 多基线模型

鉴于基线和载体姿态的关系,首先直接给出多基线下的观测模型。需要指出,GNSS 定姿中通常采用的是双差短基线观测,在短基线条件下,接收机共视卫星的观测条件类似,因而双差后的大气延迟、钟差、模糊度初始相位偏差等误差均可以忽略,且双差模糊度具备整数特性,可以独立估计。

基于双差观测的 GNSS 多基线模型简化为

$$\begin{cases}E(Y)=AZ+GB; \quad Z\in\mathbb{Z}^{mN\times n}; \quad B\in\mathbb{R}^{3\times n}; B^{\mathrm{T}}B=C\\ \boldsymbol{D}[vec(Y)]=\boldsymbol{Q}_{YY}\end{cases} \tag{2.32}$$

式中:$Y=[y_1 \quad \cdots \quad y_n]$为各基线的双差线性化观测量;$Z=[N_1 \quad \cdots \quad N_n]$为各基线的双差模糊度;$\boldsymbol{B}=[b_1 \quad \cdots \quad b_n]$为各基线矢量;$\boldsymbol{A}$ 和 $\boldsymbol{G}$ 为系数矩阵;$\boldsymbol{C}$ 为 $n\times n$的对称正定矩阵,包含的各基线长度和几何关系信息,且 $c_{ij}=b_i^{\mathrm{T}}b_j$,对于 n 条

基线而言，包含了$\frac{n(n+1)}{2}$个先验约束信息。

由于各个基线的双差观测间存在相关性，因而随机模型 $\boldsymbol{Q}_{YY}$ 为非对角阵。由于

$$vec(Y)=\begin{pmatrix} y_1^{SD}-y_r^{SD} \\ \vdots \\ y_{n+1}^{SD}-y_r^{SD} \end{pmatrix} \tag{2.33}$$

因而根据方差传递公式，观测协方差阵为

$$\begin{aligned}\boldsymbol{D}(vec(Y)) &= \begin{bmatrix} Q_1^{SD}+Q_r^{SD} & Q_r^{SD} & \cdots & Q_r^{SD} \\ Q_r^{SD} & Q_2^{SD}+Q_r^{SD} & & \vdots \\ \vdots & & \ddots & Q_r^{SD} \\ Q_r^{SD} & \cdots & Q_r^{SD} & Q_{n+1}^{SD}+Q_r^{SD} \end{bmatrix} \\ &= \boldsymbol{P}_n \otimes \boldsymbol{Q}_{yy}\end{aligned}$$

这里，$\boldsymbol{P}_n=\begin{bmatrix} 2 & 1 & \cdots & 1 \\ 1 & 2 & & \vdots \\ \vdots & & \ddots & 1 \\ 1 & \cdots & 1 & 2 \end{bmatrix}$。

2.2.2　GNSS 姿态模型

由于定姿问题的本质是求接收机所处的载体坐标系与给定的地心地固(Earth Centered Earth Fixed, ECEF)坐标系的相对关系，因而为了更好地表示接收机间的相对关系，可以将所有接收机间的几何关系表示在体坐标系中的基线矩阵 $\boldsymbol{F}$，假设体坐标与 ECEF 坐标系间的转换关系矩阵为 $\boldsymbol{R}$，则

$$B=\boldsymbol{RF} \tag{2.35}$$

因此，多基线模型可以转化为[97]

$$\begin{cases} E(Y)=AZ+G\boldsymbol{RF}; \quad Z\in\mathbb{Z}^{mN\times n}; \quad R\in\boldsymbol{O}^{3\times3} \\ \boldsymbol{D}(vec(Y))=\boldsymbol{Q}_{YY} \end{cases} \tag{2.36}$$

式中：$\boldsymbol{O}^{3\times3}$表示实数域中的正交矩阵类。由于 $\boldsymbol{F}$ 矩阵可以根据基线间的长度和几何关系给出，因而 GNSS 定姿最终明确地转化为求解姿态转换矩阵 $\boldsymbol{R}$。

为了避免式(2.36)在不同基线数目的条件下可能出现的不一致性，这里给出不同基线数量下的姿态转换矩阵 $\boldsymbol{R}$ 和基线矩阵 $\boldsymbol{F}$

$$\begin{cases} \boldsymbol{RF}=[r_1]f_{11};\boldsymbol{R}\in\boldsymbol{O}^{3\times1},n=1 \\ \boldsymbol{RF}=[r_1\quad r_2]\begin{bmatrix} f_{11} & f_{21} \\ 0 & f_{22} \end{bmatrix};\quad \boldsymbol{R}\in\boldsymbol{O}^{3\times2},n=2 \\ \boldsymbol{RF}=[r_1\quad r_2\quad r_3]\begin{bmatrix} f_{11} & f_{21} & f_{31} & \cdots & f_{n1} \\ 0 & f_{22} & f_{32} & \cdots & f_{n2} \\ 0 & 0 & f_{33} & \cdots & f_{n3} \end{bmatrix};\quad \boldsymbol{R}\in\boldsymbol{O}^{3\times3},n\geqslant3 \end{cases} \tag{2.37}$$

当 $n=1$ 时，姿态模型转化为定向模型。需要指出，并不是任意的基线组合都可以估计出姿态转换矩阵 $\boldsymbol{R}$，例如当基线数目 $n\geqslant2$ 时，所有天线位于一条直线上时无法估计姿态矩阵，这一基线矩阵的要求可以描述为

$$\boldsymbol{p}=\mathrm{rank}(B)\geqslant\min(3,n) \tag{2.38}$$

与此同时，为了便于矩阵运算，通常将未知参数矩阵向量化。因而，不失一般性，常用的 GNSS 姿态模型为

$$\begin{aligned} &E(vec(Y))=[I_n\otimes A]vec(Z)+[\boldsymbol{F}^{\mathrm{T}}\otimes\boldsymbol{G}]vec(\boldsymbol{R});Z\in\mathbb{Z}^{mN\times n};\boldsymbol{R}\in\boldsymbol{O}^{3\times p};\boldsymbol{R}^{\mathrm{T}}\boldsymbol{R}=I_3 \\ &D(vec(Y))=\boldsymbol{Q}_{YY} \end{aligned} \tag{2.39}$$

可以看到，GNSS 姿态模型含有两类约束，模糊度的整数特性约束和姿态转换矩阵的正交约束。除此之外，当 $n>3$ 时，GNSS 姿态模型还会产生额外的线性约束，称为仿射约束。为了统一描述 p 在不同取值时姿态模型的各种有效约束，这里给出引理。

引理 1（正交矩阵参数化）[98]　令 $\boldsymbol{B}$ 为 $3\times n$ 的矩阵，$\boldsymbol{F}$ 为 $p\times n$ 且 $\boldsymbol{p}=\mathrm{rank}(\boldsymbol{F})$。那么，矩阵方程

$$\boldsymbol{X}=\boldsymbol{RF},\quad \boldsymbol{R}\in\boldsymbol{O}^{3\times p} \tag{2.40}$$

等价于下列方程

$$\boldsymbol{BS}=0 \text{ and } (\boldsymbol{BT})^{\mathrm{T}}\boldsymbol{BT}=I_p \tag{2.41}$$

式中：$\boldsymbol{S}$ 为 $r\times(r-p)$ 矩阵 $\boldsymbol{F}$ 零空间的基矩阵；$\boldsymbol{T}$ 为 $\boldsymbol{F}$ 的右逆矩阵。

这一引理将线性约束和二次非线性约束进行了分离。由式(2.40)描述的方程，共有 $\frac{1}{2}p(p-5)+3n$ 个约束，其中，$3(n-p)$ 个线性约束，$\frac{1}{2}p(p+1)$ 个非线性约束。非线性约束的最多个数为 6，线性约束仅在基线数目大于其几何构型的维数时出现，即为 $p=\min(3,n)$，$n>3$。

仿射约束也是一类重要约束，相关探讨和应用见文献[98,118]。篇幅所限，在后文的应用中，将仅涉及非线性约束，即基线长度约束在 GNSS 定向中的应用。

2.3　GNSS 数据处理中的质量控制

2.3.1　GNSS 质量控制理论简述

GNSS 数据处理中的质量控制通常是为了满足较高的精度需求、确保服务的可用性、连续性和完好性，通过利用观测数据资源和其他信息，设计相关算法对 GNSS 数据、算法、产品和服务实施持续的监控、探测、诊断和改进的过程[178]。具体而言，在利用观测量进行参数估计的过程中，当观测量的统计模型与给定的先验数学模型出现偏差时，需要采取措施消除二者间偏差带来的影响，从而确保定位精度和可用性，这类措施均可称为质量控制。

粗差的探测和消除通常是 GNSS 数据处理质量控制的首要任务。作为一种观测误差，粗差可以从两个角度进行理解和处理：一是将粗差看作是期望发生了变化，但观测协方差矩阵保持不变的观测值；二是将其看作是协方差矩阵发生变化，但和其他观测值保持同样数学期望的观测值。前者把粗差看作是观测函数模型的一部分，因而称为均值漂移模型，通常采用数据探测法或递归 DIA 质量控制法进行处理；后者则将粗差看作随机模型的一部分，称为方差膨胀模型，通常引入抗差估计的方法。

基于均值漂移的质量控制法与基于方差膨胀的抗差估计具有相同的目的，都是通过分析观测数据和模型的一致性，当二者不一致时采取措施减弱或消除两者间偏差的影响。另外，二者研究的对象相同，均是从观测值入手进行分析。

数据探测法和 DIA 质量控制法主要建立在假设检验的基础上，能够实现对观测值中粗差的准确定位。不同的是前者假设平差系统只存在一个粗差，无法处理多粗差的情况，后者针对此问题设计了递归的动态探测和处理过程。这两种方法存在的缺点在于粗差探测和平差计算(参数估计)是分开进行的，计算效率相对较低，特别是在处理多粗差问题时，需反复进行探测和处理，计算量较大。另外，这两种方法的实现都要求数据本身具备一定冗余，否则将对数据处理质量产生较大影响。

抗差估计具有严密的理论体系，在进行参数估计的同时，通常对粗差采用折中的连续降权法抑制粗差的影响，即便存在多个粗差，也无需反复计算，实现了误差处理和参数估计同步进行的效果。但是，抗差估计在应用中也存在一些难题，如权函数或自适应因子的选择存在一定的经验性，宽松的选择标准容易带来粗差的漏判，而过于严格的选择标准可能导致正常观测值的剔除，影响结果的可靠性。此外，初始权矩阵的选取和参数初值对参数估计的结果也有显著的影响。

对于 GNSS 观测而言，受信号遮挡、多径等因素的影响，码观测容易受粗差的影响，而载波观测中容易出现周跳的问题。本书将其统一看作为粗差，并采用基于 DIA 的质量控制方法进行处理。在模糊度解算的过程中，采取逐历元的解算方法，因而不考虑周跳的影响。

2.3.2 DIA 质量控制方法

假设观测向量服从正态分布

$$\boldsymbol{y} \sim N(E(\boldsymbol{y}), \boldsymbol{Q}_{yy}) \tag{2.42}$$

粗差和周跳的探测过程实际为对观测量进行假设检验的过程，通常给出如下两种假设

$$\begin{aligned} &H_0: E(\boldsymbol{y}) = \boldsymbol{A}\boldsymbol{x}; D(y) = \boldsymbol{Q}_{yy} \\ &H_a: E(\boldsymbol{y}) = \boldsymbol{A}\boldsymbol{x} + \boldsymbol{C}_y \nabla; D(\boldsymbol{y}) = \boldsymbol{Q}_{yy} \end{aligned} \tag{2.43}$$

式中：$\boldsymbol{A}$ 为 $m\times n$ 的系统矩阵；m 和 n 分别为观测个数和未知参数的个数；$\boldsymbol{x}$ 为待估参数向量；$\boldsymbol{C}_y$ 为 $m\times q$ 的系数矩阵；∇为 $q\times 1$ 的粗差，$1 \leqslant q \leqslant m-n$。式(2.43)中，原假设表示不受粗差影响的正常观测，备择假设则是受到粗差干扰的观测。

构造广义似然检验统计量 T_q：

$$T_q = \hat{\boldsymbol{e}}_0^{\mathrm{T}} Q_{yy}^{-1} \hat{\boldsymbol{e}}_0 - \hat{\boldsymbol{e}}_a^{\mathrm{T}} Q_{yy}^{-1} \hat{\boldsymbol{e}}_a \tag{2.44}$$

式中：$\hat{\boldsymbol{e}}_0 = \boldsymbol{y} - \boldsymbol{A}\hat{\boldsymbol{x}}_0$，$\hat{\boldsymbol{e}}_a = \boldsymbol{y} - \boldsymbol{A}\hat{\boldsymbol{x}}_0 - \boldsymbol{C}_y \nabla$分别为原假设和备择假设的残差序列。

进一步整理后得

$$T_q = \hat{\boldsymbol{e}}_0^{\mathrm{T}} Q_{yy}^{-1} C_y (\boldsymbol{C}_y^{\mathrm{T}} \boldsymbol{Q}_{yy}^{-1} Q_{\hat{e}_0\hat{e}_0} \boldsymbol{Q}_{yy}^{-1})^{-1} \boldsymbol{C}_y^{\mathrm{T}} \boldsymbol{Q}_{yy}^{-1} \hat{\boldsymbol{e}}_0 \tag{2.45}$$

实际上，当把粗差作为未知参数进行估计时，有[166]

$$\hat{\nabla} = (\boldsymbol{C}_y^{\mathrm{T}} \boldsymbol{Q}_{yy}^{-1} Q_{\hat{e}_0\hat{e}_0} \boldsymbol{Q}_{yy}^{-1})^{-1} \boldsymbol{C}_y^{\mathrm{T}} \boldsymbol{Q}_{yy}^{-1} \hat{\boldsymbol{e}}_0 \tag{2.46}$$

根据误差传播定理，可得粗差参数的协方差矩阵为

$$\boldsymbol{Q}_{\hat{\nabla}\hat{\nabla}} = (\boldsymbol{C}_y^{\mathrm{T}} \boldsymbol{Q}_{yy}^{-1} Q_{\hat{e}_0\hat{e}_0} \boldsymbol{Q}_{yy}^{-1})^{-1} \tag{2.47}$$

最终，式(2.44)简化为

$$T_q = \hat{\nabla}^{\mathrm{T}} Q_{\hat{\nabla}\hat{\nabla}}^{-1} \hat{\nabla} \tag{2.48}$$

根据原假设 $E(\hat{\boldsymbol{e}}_0) = 0$ 可知 $E(\hat{\nabla}) = 0$。但当备择假设成立时，有

$$\begin{aligned} &E(\hat{\boldsymbol{e}}_0) = Q_{\hat{e}_0\hat{e}_0} \boldsymbol{Q}_{yy}^{-1} \boldsymbol{C}_y \nabla \\ &E(\hat{\nabla}) = (\boldsymbol{C}_y^{\mathrm{T}} \boldsymbol{Q}_{yy}^{-1} Q_{\hat{e}_0\hat{e}_0} \boldsymbol{Q}_{yy}^{-1} \boldsymbol{C}_y)^{-1} \boldsymbol{C}_y^{\mathrm{T}} \boldsymbol{Q}_{yy}^{-1} E(\hat{\boldsymbol{e}}_0) = \nabla \end{aligned} \tag{2.49}$$

最终，根据粗差参数的性质，原假设和备择假设可等价转化为基于粗差参数估计的假设检验

$$H_0:\underline{\hat{\nabla}}\sim N_q(0,Q_{\hat{\nabla}\hat{\nabla}})\quad H_a:\underline{\hat{\nabla}}\sim N_q(\nabla,Q_{\hat{\nabla}\hat{\nabla}}) \tag{2.50}$$

式中：$\underline{\hat{\nabla}}$为粗差参数的统计量。

最终，二次型的检验统计量 $T_q=\hat{\nabla}^{\mathrm{T}}Q_{\hat{\nabla}\hat{\nabla}}^{-1}\hat{\nabla}$实际符合卡方分布，即

$$H_0:T_q\sim\chi_\alpha^2(q,0)\quad H_a:T_q\sim\chi_\alpha^2(q,\lambda) \tag{2.51}$$

式中：非中心偏移量 $\lambda=\nabla^{\mathrm{T}}Q_{\hat{\nabla}\hat{\nabla}}^{-1}\nabla$。

当 $q=m-n$ 时，称 T_q 为全局模型检验，而当 $q\neq m-n$ 时，称 T_q 为局部模型检验。

基于以上的假设检验理论，综合利用全局模型检验和局部模型检验即可实现异常误差的检测、定位和处理过程，即所谓的 DIA（Detection，Identification and Adaptation，DIA）方法，具体分为三步[42,198]：

（1）**检测（Detection）**：取全局模型检验量作为检验函数模型整体有效性的准则，当 $T_{m-n}\leqslant\chi_\alpha^2(m-n,0)$时，认为观测量中不存在粗差，停止 DIA 质量控制；否则拒绝原假设，进入异常误差的辨识环节。

（2）**辨识（Identification）**：如果全局模型检验未通过，表示原假设被拒绝，观测中存在粗差。为了对粗差的位置进行辨识，采用以下辨识统计量

$$t_k=\frac{\boldsymbol{C}_i^{\mathrm{T}}\boldsymbol{Q}_{yy}^{-1}\boldsymbol{e}_0}{\sqrt{\boldsymbol{C}_i^{\mathrm{T}}\boldsymbol{Q}_{yy}^{-1}Q_{\hat{e}_0\hat{e}_0}\boldsymbol{Q}_{yy}^{-1}\boldsymbol{C}_i}}\sim N_\beta\left(\sqrt{\boldsymbol{C}_i^{\mathrm{T}}\boldsymbol{Q}_{yy}^{-1}Q_{\hat{e}_0\hat{e}_0}\boldsymbol{Q}_{yy}^{-1}\boldsymbol{C}_i}\,\nabla,1\right),i=1,\cdots,q_k \tag{2.52}$$

这里的 $\boldsymbol{C}_i$ 表示第 i 个元素为单位 1 的标准向量，q_k 表示辨识检验执行的次数，当存在粗差时，其最大值等于观测余度，这是由于辨识粗差后需要对粗差大小进行估计并扣去影响，观测余度的大小限制了能够估计出的粗差个数。

（3）**处理（Adaptation）**：辨识出粗差的位置后，首先基于残差向量估计粗差的大小，即

$$\hat{\nabla}_i=(\boldsymbol{C}_i^{\mathrm{T}}\boldsymbol{Q}_{yy}^{-1}Q_{\hat{e}_0\hat{e}_0}\boldsymbol{Q}_{yy}^{-1}\boldsymbol{C}_i)^{-1}\boldsymbol{C}_i^{\mathrm{T}}\boldsymbol{Q}_{yy}^{-1}\boldsymbol{e}_0 \tag{2.53}$$

$\boldsymbol{C}_i$ 表示粗差位置的标准向量，此时估计粗差参数的协方差矩阵

$$\boldsymbol{Q}_{\hat{\nabla}_i\hat{\nabla}_i}=(\boldsymbol{C}_y^{\mathrm{T}}\boldsymbol{Q}_{yy}^{-1}Q_{\hat{e}_0\hat{e}_0}\boldsymbol{Q}_{yy}^{-1})^{-1} \tag{2.54}$$

将估计的粗差误差代入

$$X_k^a=X_k-K_k\boldsymbol{C}_i\hat{\nabla}_i \tag{2.55}$$

其中，$\boldsymbol{K}_k=(\boldsymbol{A}^{\mathrm{T}}Q_{yy}^{-1}\boldsymbol{A})^{-1}\boldsymbol{A}^{\mathrm{T}}\boldsymbol{Q}_{yy}^{-1}$。

新的协方差矩阵更新为

$$\boldsymbol{P}_k^a=\boldsymbol{P}_k+K_k\boldsymbol{C}_iQ_{\hat{\nabla}_i\hat{\nabla}_i}\boldsymbol{C}_i^k\boldsymbol{K}_k^{\mathrm{T}} \tag{2.56}$$

式中:$\boldsymbol{P}_k$为状态变量的协方差矩阵;$\boldsymbol{P}_k^a$ 为处理粗差后状态变量的协方差矩阵。

当存在多个粗差时,DIA 的三个步骤可以循环多次,循环的最大次数为当前的观测余度[43]。这里的 DIA 方法既可以对码观测中的粗差进行检测,又可以对周跳进行检测[199],对周跳进行修复可以采用诸如 Turboedit[200] 等方法。

2.4 本章小结

本章首先回顾了 GNSS 数据处理涉及的各类数学模型,包括各类观测函数模型以及随机模型,然后对 GNSS 定姿(定向)中应用的数学模型进行了总结,最后对比分析了常见的 GNSS 数据处理质量控制方法,介绍了本书所采用的质量控制方法。

第 3 章　整数估计理论

整数估计是模糊度解算的理论基础,一直是重点关注的研究热点。相比而言,整数估计的质量评估关注较少,且关注点集中在模糊度解算的成功率。实际上,在质量评估的过程中,模糊度解算成功率和失败率是紧密相关的,为了实现模糊度解算的质量可控,必须充分研究包括成功率和失败率在内的各方面性质。因此,本章将对整数估计理论进行重新整理和探讨,特别关注次优模糊度及其对应的概率特性。同时,比较目前常用的整数估计质量评估方法,给出具有实用价值的实现途径。

3.1　模糊度解算基本过程

由于模糊度的整数特性,通常将估计模糊度的算法统称为整数估计。

为了统一描述,各类 GNSS 模型均可以归结到如下线性化模型中

$$\boldsymbol{y}=A\boldsymbol{a}+B\boldsymbol{b}+e,\ \boldsymbol{a}\in\mathbb{Z}^{m} \tag{3.1}$$

式中:y 为 GNSS 观测量线性化后包含码和载波的双差观测,$\boldsymbol{a}$ 和 $\boldsymbol{b}$ 分别为具备整数特性的双差模糊度和非整数的其他未知参数,在双差观测的条件下 $\boldsymbol{b}$ 可看作基线矢量。

注意,模糊度在式(3.1)中的单位为周(cycles)而非米等距离单位,因而固定的整数模糊度又被称为整周模糊度。估计 $\boldsymbol{a}$ 和 $\boldsymbol{b}$ 的实数解(或浮点解)通常很容易,经典的线性估计方法均适用,但估计模糊度的整数解并不容易,这一系列过程统称为模糊度解算。

模糊度解算的过程通常分为四步:

(1) 忽略模糊度整数属性,利用最小二乘法等估计出模糊度,基线矢量的浮点解及协方差矩阵,记为

$$\begin{pmatrix}\hat{\boldsymbol{a}}\\ \hat{\boldsymbol{b}}\end{pmatrix};\begin{pmatrix}Q_{\hat{a}\hat{a}} & Q_{\hat{a}\hat{b}}\\ Q_{\hat{b}\hat{a}} & Q_{\hat{b}\hat{b}}\end{pmatrix} \tag{3.2}$$

其中

$$\begin{aligned}\hat{\boldsymbol{a}} &= (\overline{\boldsymbol{A}}^{\mathrm{T}}\boldsymbol{Q}_{yy}^{-1}\overline{\boldsymbol{A}})\overline{\boldsymbol{A}}^{\mathrm{T}}\boldsymbol{Q}_{yy}^{-1}\boldsymbol{y} \\ \hat{\boldsymbol{b}} &= (\boldsymbol{B}^{\mathrm{T}}\boldsymbol{Q}_{yy}^{-1}\boldsymbol{B})\boldsymbol{B}^{\mathrm{T}}\boldsymbol{Q}_{yy}^{-1}(\boldsymbol{y}-A\,\hat{\boldsymbol{a}})\end{aligned} \tag{3.3}$$

式中：$\overline{A}=P_B^{\perp}A$，$P_B^{\perp}=I_m-P_B$，$P_B=\boldsymbol{B}(\boldsymbol{B}^{\mathrm{T}}\boldsymbol{Q}_{yy}^{-1}\boldsymbol{B})^{\mathrm{T}}\boldsymbol{B}^{\mathrm{T}}\boldsymbol{Q}_{yy}^{-1}$。通常对于观测数据的质量控制，如粗差检测和处理也在这一步完成。

（2）顾及模糊度的整数约束，利用整数估计进行模糊度固定。通常认为，整数估计是一个一对多的映射过程，即

$$\check{\boldsymbol{a}}=S(\hat{\boldsymbol{a}}),\ \check{\boldsymbol{a}}\in\mathbb{Z}^m \tag{3.4}$$

式中 $S:\mathbb{R}^m\mapsto\mathbb{Z}^m$ 为映射算子。根据整数估计的实现方法，产生了不同类型的估计，性能不一，后文将对常见的几种整数估计进行介绍和研究。

（3）实现模糊度固定后需要根据确定是否接受模糊度的整数解，通常又称为模糊度检验（ambiguity validation）。模糊度检验的本质是选择性接受模糊度集合中的一个子集，从几何构型上看通常是整数模糊度附近的区域，因而包含模糊度检验的整数估计又被称为整数孔径估计。

（4）接受固定的模糊度后，便可以采用模糊度固定解精确地确定基线矢量

$$\check{\boldsymbol{b}}=\hat{\boldsymbol{b}}-Q_{\hat{b}\hat{a}}Q_{\hat{a}\hat{a}}^{-1}(\hat{\boldsymbol{a}}-\check{\boldsymbol{a}}) \tag{3.5}$$

如果拒绝步骤（3）中固定的模糊度，则采用浮点解并进入下一个历元的解算。

模糊度解算的难点和研究热点在第（2）步和第（3）步，即整数估计和整数孔径估计，这也是后文重点讨论的两个问题。

3.2 整数估计

3.2.1 归整区域

整数估计可以看作是多对一的映射过程，这里的“多”可以看做是浮点解所构成的集合，又称之为归整区域。根据式（3.4）的粗略定义，进一步给出归整区域（Pull-in region）S_z 的定义

$$S_z=\{\boldsymbol{x}\in\mathbb{R}^m \mid z=S(\boldsymbol{x}),z\in\mathbb{Z}^m\} \tag{3.6}$$

且 $S_z\subset\mathbb{R}^m$。整数估计可以进一步表示为

$$\check{\boldsymbol{a}}=\sum_{z\in\mathbb{Z}^m} z s_z(\hat{\boldsymbol{a}}) \tag{3.7}$$

s_z 为指示函数，有 $s_z(\boldsymbol{x})=\begin{cases}1, & \boldsymbol{x}\in S_z\\ 0, & \text{其它}\end{cases}$。

根据 S_z 的定义,它通常具有如下性质:

(1) $\bigcup_{z\in\mathbb{Z}^m} S_z=\mathbb{R}^m$

(2) $\mathrm{Int}(S_u)\cap\mathrm{Int}(S_v)=\varnothing,\ \forall \boldsymbol{u},\boldsymbol{v}\in\mathbb{Z}^m,\boldsymbol{u}\neq\boldsymbol{v}$

(3) $S_z=\boldsymbol{z}+S_0,\ \forall \boldsymbol{z}\in\mathbb{Z}^m$

式中:'Int'为内部区域。

第一个性质说明所有归整区域的并集应覆盖完整的实数域,使得所有的浮点向量均能映射到各自的整数向量;第二个性质表明各个归整区域不存在重叠,一个浮点向量只能映射为一个整数向量;第三个性质表明归整区域具有平移不变性,即任何归整区域都可以通过零整数区域平移得到,这条性质是模糊度解算中整数平移–恢复的理论基础。

整数归整区域反映了整数估计的基本性质,其几何构型则体现了不同整数估计的区别。

3.2.2　整数归约估计

最简单的整数估计是直接对浮点解的每个元素进行四舍五入,得到距离浮点解最近的整数向量,这一过程称为归约估计(Integer Rounding, IR),其估计过程可以简单描述为

$$\breve{\boldsymbol{a}}_R=\begin{pmatrix}[\hat{a}_1]\\ \vdots \\ [\hat{a}_m]\end{pmatrix} \tag{3.8}$$

式中:[·]为元素的取整运算。

整数归约估计二维条件下的几何构型如图 3.1 所示。图中,每个四边形中均包含一个整数候选解,位于四边形的中心位置,这个四边形就是前文所定义的归整区域。后文还将看到,归整区域在二维条件下还可以表现为平行四边形,六边形等。对于每一个归整区域,区域内部的浮点解均将固定为归整区域中心的整数解。

由于浮点模糊度的每个元素均被归整到最近的整数,因而二者相差最大的欧几里得距离的绝对值为 0.5。根据这一性质,整数归约估计的归整区域可以写为

$$S_{z,R}=\bigcap_{i=1}^{m}\left\{\boldsymbol{x}\in\mathbb{R}^m \,\middle|\, |x_i-z_i|\leqslant\frac{1}{2}\right\},\ \forall \boldsymbol{z}\in\mathbb{Z}^m,\boldsymbol{x}=[x_1\ \ \cdots\ \ x_m]^{\mathrm{T}} \tag{3.9}$$

可以看到,整数归约估计默认各个维度上的模糊度元素是独立的,因而一个整数解最多有 2m 个相邻的次优解。但实际上,双差模糊度间是存在相关性

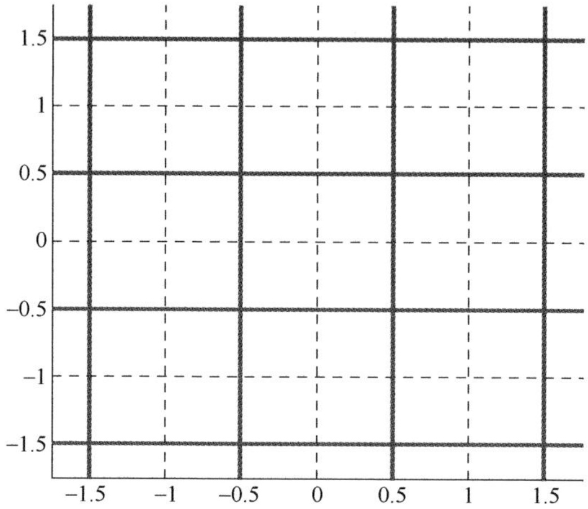

图 3.1　整数归约估计的二维几何构型

的,基于独立假设的整数归约估计没有考虑相关性的约束信息,实际降低了模糊度解算的成功率。

3.2.3　整数自举估计

由于双差模糊度向量的元素间存在相关性,因而一个元素的取整将会对下一个元素的固定产生影响。考虑到这一联系,有学者提出了序贯归约估计,又称为整数自举估计(Integer Bootstrapping, IB)。整数自举估计在依次固定模糊度元素的过程中利用它们之间的相关信息,这一过程可以描述为

$$\begin{cases} \breve{a}_{1,B} = [\hat{a}_1] \\ \vdots \\ \breve{a}_{m,B} = [\hat{a}_{m|N}] = \left[\hat{a}_m - \sum_{i=1}^{m-1} \sigma_{\hat{a}_m\hat{a}_{i|I}} \sigma_{\hat{a}_{i|I}}^{-2} (\hat{a}_{i|I} - \breve{a}_{i,B})\right] \end{cases} \tag{3.10}$$

式中:$\hat{a}_{i|I}$为经过$I=\{1,\cdots,i-1\}$个元素依次固定后待固定的第i个模糊度元素。由于第一个元素最容易固定,且对每一个后续元素都有影响,因而第一个元素应该取最精确的浮点元素。

根据序贯条件最小二乘的基本原理,式(3.10)中的协方差元素系数实际为模糊度协方差矩阵分解$Q_{\hat{a}\hat{a}} = LDL^{\mathrm{T}}$中$L$的元素,即

$$l_{j,i} = \sigma_{\hat{a}_j\hat{a}_{i|I}} \sigma_{\hat{a}_{i|I}}^{-2} \tag{3.11}$$

且$\boldsymbol{D}$为对角阵,其元素为$\sigma_{\hat{a}_{i|I}}^2$。

对于式(3.11),根据条件最小二乘,有

$$|\hat{a}_{i|I}-[\hat{a}_{i|I}]|\leqslant\frac{1}{2} \tag{3.12}$$

当模糊度之间不相关时，式(3.12)转化为式(3.9)。

根据式(3.10)和式(3.11)，式(3.12)可转化为

$$S_{z,B}=\bigcap_{i=1}^{m}\left\{\boldsymbol{x}\in\mathbb{Z}^m \mid |\boldsymbol{c}_i^{\mathrm{T}}L^{-1}(\boldsymbol{x}-\boldsymbol{z})|\leqslant\frac{1}{2},\forall\boldsymbol{z}\in\mathbb{Z}^m\right\} \tag{3.13}$$

式中：$\boldsymbol{c}_i$ 为第 i 个元素为 1 的基本向量。当模糊度协方差矩阵为对角阵，即模糊度间相互独立时，整数自举估计等价于整数归约估计。

这里同样给出整数自举估计的二维几何构型，如图 3.2 所示。相比于图 3.1中的正方形，由于考虑了部分模糊度之间的相关信息，导致归整区域变化为平行四边形。

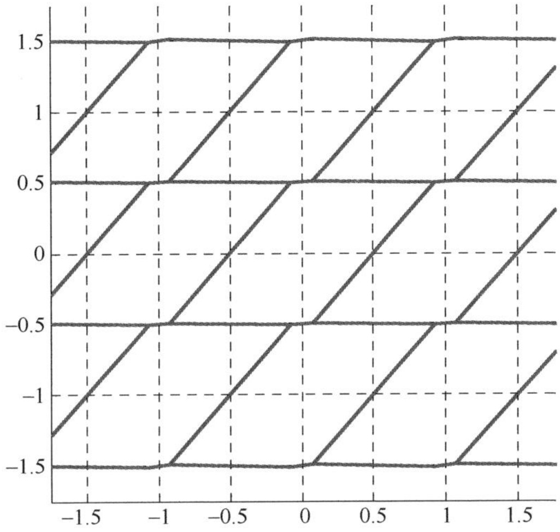

图 3.2　整数自举估计二维条件下的几何构型

3.2.4　整数最小二乘

尽管整数自举估计考虑到了模糊度间的相关性，但序贯最小二乘估计实际仅利用了单方向上的相关信息，仍然有一部分相关信息的损失。为了最优化模糊度解算的过程，类似于最小二乘，可以构造相应的最小残差目标函数

$$\min_{a,b}\|\boldsymbol{y}-A\breve{\boldsymbol{a}}-B\breve{\boldsymbol{b}}\|_{Q_{yy}}^2,\ \breve{\boldsymbol{a}}\in\mathbb{Z}^m \tag{3.14}$$

式中：$\|\cdot\|_Q^2=(\cdot)^{\mathrm{T}}Q^{-1}(\cdot)$；$\breve{\boldsymbol{b}}$为模糊度固定后的基线向量。

根据正交分解定理，可得

$$\|\boldsymbol{y}-A\,\breve{\boldsymbol{a}}-B\,\breve{\boldsymbol{b}}\|_{Q_{yy}}^2=\|\hat{\boldsymbol{e}}\|_{Q_{yy}}^2+\|\hat{\boldsymbol{a}}-\breve{\boldsymbol{a}}\|_{Q_{\hat{a}\hat{a}}}^2+\|\hat{b}(\breve{\boldsymbol{a}})-\breve{\boldsymbol{b}}\|_{Q_{\hat{b}|\hat{a}}}^2 \tag{3.15}$$

式中：$\hat{\boldsymbol{e}}=\boldsymbol{y}-A\,\hat{\boldsymbol{a}}-B\,\hat{\boldsymbol{b}}$为浮点解的残差向量，条件基线解为$\hat{b}(\breve{\boldsymbol{a}})=\hat{\boldsymbol{b}}-Q_{\hat{b}\hat{a}}Q_{\hat{a}\hat{a}}^{-1}(\hat{\boldsymbol{a}}-\breve{\boldsymbol{a}})$。

将式(3.15)代入式(3.14)，式(3.14)最终可转化为

$$\breve{\boldsymbol{a}}=\arg\min_{z\in\mathbb{Z}^m}\|\hat{\boldsymbol{a}}-\boldsymbol{z}\|_{Q_{\hat{a}\hat{a}}}^2\text{且}\breve{\boldsymbol{b}}=\hat{\boldsymbol{b}}(\breve{a}) \tag{3.16}$$

式中：$\breve{\boldsymbol{a}}$为模糊度解算的固定解。

式(3.16)揭示了最小二乘的整数解实际上是距离浮点解最近的整数。有别于整数归约估计和整数自举估计，整数最小二乘的固定解具有最优性，因而整数最小二乘(Integer Least-Square, ILS)又被称为最优整数估计。它的固定解通常无法用解析的方法得到，必须通过搜索实现。

根据整数最小二乘解的数学定义，它的归整区域定义如下

$$S_{z,ILS}=\{\boldsymbol{x}\in\mathbb{R}^m\mid\|\boldsymbol{x}-\boldsymbol{z}\|_{Q_{\hat{a}\hat{a}}}^2\leqslant\|\boldsymbol{x}-\boldsymbol{u}\|_{Q_{\hat{a}\hat{a}}}^2,\forall\,\boldsymbol{u}\in\mathbb{Z}^m,\boldsymbol{u}\neq\boldsymbol{z}\} \tag{3.17}$$

为了与整数归约估计和整数自举估计实现统一，可以对式(3.17)进行简化

$$\|\boldsymbol{x}-\boldsymbol{z}\|_{Q_{\hat{a}\hat{a}}}^2\leqslant\|\boldsymbol{x}-\boldsymbol{u}\|_{Q_{\hat{a}\hat{a}}}^2\Leftrightarrow\boldsymbol{c}^{\mathrm{T}}Q_{\hat{a}\hat{a}}^{-1}(\boldsymbol{x}-\boldsymbol{z})\leqslant\frac{1}{2}\|\boldsymbol{c}\|_{Q_{\hat{a}\hat{a}}}^2 \tag{3.18}$$

式中：$\boldsymbol{c}=\boldsymbol{u}-\boldsymbol{z}$。

最终，整数最小二乘的归整区域记为

$$S_{z,ILS}=\bigcap_{c\in\mathbb{Z}^m\setminus\{0\}}\left\{\boldsymbol{x}\in\mathbb{R}^m\;\middle|\;|\boldsymbol{c}^{\mathrm{T}}\boldsymbol{Q}_{\hat{a}\hat{a}}^{-1}(\boldsymbol{x}-\boldsymbol{z})|\leqslant\frac{1}{2}\|\boldsymbol{c}\|_{Q_{\hat{a}\hat{a}}}^2,\forall\,\boldsymbol{z}\in\mathbb{Z}^m\right\} \tag{3.19}$$

从式(3.19)可以看到，当模糊度之间相互独立时，即 $Q_{\hat{a}\hat{a}}$ 为对角阵，整数最小二乘将等价于整数归约估计和整数自举估计。由于(3.19)中 c 整数向量取值的任意性，式(3.19)可以进一步简化为

$$S_{z,ILS}=\bigcap_{c\in\mathbb{Z}^m\setminus\{0\}}\left\{\boldsymbol{x}\in\mathbb{R}^m\;\middle|\;\boldsymbol{c}^{\mathrm{T}}Q_{\hat{a}\hat{a}}^{-1}(\boldsymbol{x}-\boldsymbol{z})\leqslant\frac{1}{2}\|\boldsymbol{c}\|_{Q_{\hat{a}\hat{a}}}^2,\forall\,\boldsymbol{z}\in\mathbb{Z}^m\right\} \tag{3.20}$$

后文将看到，这种简化处理更有助于建立整数估计和整数孔径估计的代数关系。

其二维几何构型见图 3.3。由于搜索时充分考虑了模糊度与其他相邻模糊度的相关性，因而归整区域最终表现为六边形。

方程式(3.19)表明，整数最小二乘的归整区域由线性方程或超平面的交集构成，因而最终归整区域为凸集[201]。类似的，前面整数归约估计，整数自举估计的归整区域构成实际均由各个超平面的交集构成，因而其归整区域也均为凸集。

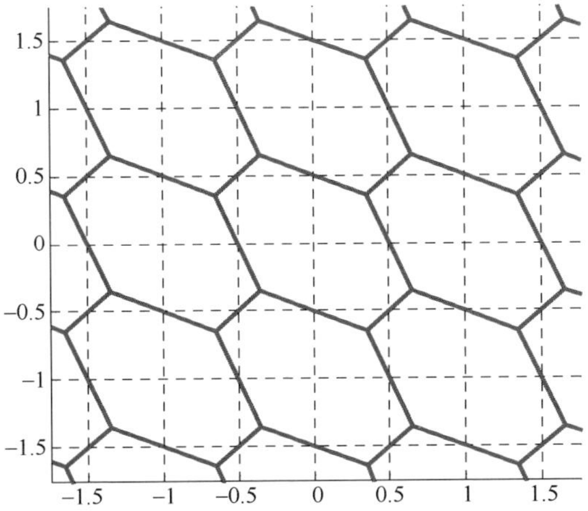

图 3.3　整数最小二乘的二维几何构型

可以看到,整数最小二乘的归整区域由多个面围成,这些平面经过$\frac{1}{2}(\boldsymbol{u}+\boldsymbol{z})$,且平面的个数最多为 $2^{m+1}-2$,即最优整数解有 $2^{m+1}-2$ 个相邻的次优解,次优解数目的下限为 $2m$,因而次优解数目 N_{a_2} 的区间为

$$2m \leqslant N_{\check{a}_2} \leqslant 2^{m+1}-2 \tag{3.21}$$

3.2.5　LAMBDA 方法

前文对三种常见的整数估计进行了分析,可以看到,虽然充分利用模糊度相关的约束信息可以优化估计(搜索)的结果,但同时也增大了估计的复杂度,模型维数越高,模糊度最优解对应的次优解越多,搜索的复杂度越高。因而直观的方法是通过降低模糊度相关性来降低搜索复杂度。LAMBDA 是这类方法的代表,也是目前应用最广的方法之一[81,202]。

模糊度的搜索区域通常定义为

$$\Omega_a = \{\boldsymbol{a} \in \mathbb{Z}^m \mid (\hat{\boldsymbol{a}}-\boldsymbol{a})^{\mathrm{T}} Q_{\hat{a}\hat{a}}^{-1} (\hat{\boldsymbol{a}}-\boldsymbol{a}) \leqslant \chi^2\} \tag{3.22}$$

式中:χ^2 为自主设定的常数,用来限定搜索范围。

从式(3.22)可以看到,搜索区域 Ω_a 为中心在$\hat{\boldsymbol{a}}$处的 m 维超椭球。当模糊度间存在强相关时,超椭球 Ω_a 将趋于扁平,这将导致过多地搜索模糊度。因而,为了减少模糊度搜索的个数,可以采用如下的去相关变换

$$\hat{z}=Z^{\mathrm{T}}\hat{\boldsymbol{a}},\ Q_{\hat{z}\hat{z}}=Z^{\mathrm{T}}\boldsymbol{Q}_{\hat{a}\hat{a}}Z,\ \check{\boldsymbol{a}}=Z^{-\mathrm{T}}\check{z} \tag{3.23}$$

去相关变换应满足如下性质:

(1) 满秩,可进行正向变换和反向变换;

(2) 保体积,变换前后,超椭球的体积应保持不变,即 $|Z|=\pm 1$;

(3) 保整数,要确保固定的模糊度在反变换后保持整数特性。

经过去相关变换后,二维椭圆的形状变化如图 3.4 所示。图中,各个点表示整数向量,椭圆表示模糊度搜索空间的几何形状。对于图(a)而言,去相关变换前,模糊度解算过程中需要搜索椭圆周围相邻的所有整数向量,模糊度候选解至少为 6 个,而去相关变换后,则最少仅搜索中间的 1 个整数向量就能满足要求。

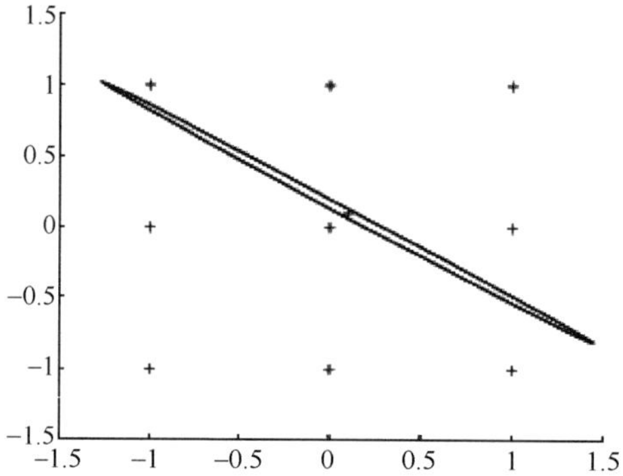

(a) 去相关变换前

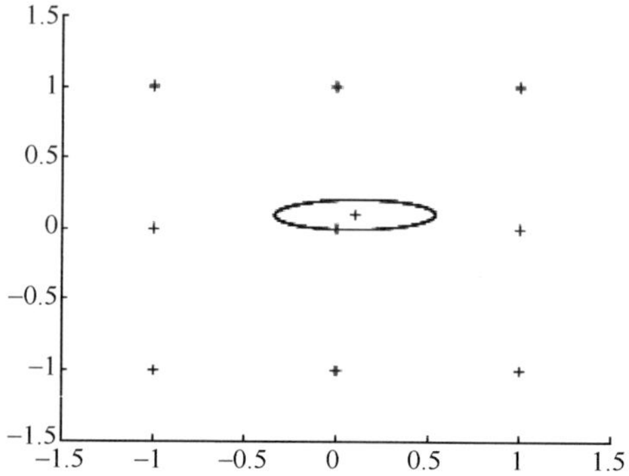

(b) 去相关变换后

图 3.4 去相关前后二维搜索椭圆的变化

去相关变换后,搜索区域变为

$$\Omega_z = \{ z \in \mathbb{Z}^m \mid (\hat{z}-z)^{\mathrm{T}} Q_{\hat{z}\hat{z}}^{-1} (\hat{z}-z) \leqslant \chi^2 \} \tag{3.24}$$

根据 $Q_{\hat{z}\hat{z}}$ 的 LDL^{T} 分解,按照整数自举估计中对 L 和 D 各元素的定义,有

$$\sum_{i=1}^{m} \frac{(\hat{z}_{i|I} - z_i)^2}{\sigma_{\hat{z}_{i|I}}^2} \leqslant \chi^2 \tag{3.25}$$

因而对各个模糊度元素的固定可按照条件最小二乘的方法逐元素对式(3.25)进行。完成模糊度固定后,只要再对固定的去相关模糊度进行反变换便可得到原来实数域的整数模糊度。

为了尽可能加快搜索速度,缩小搜索区域是最直接有效的方法,即恰当地选择 χ^2。由于整数自举估计在去相关条件下可以更好地逼近整数最小二乘,可以采用

$$\chi^2 = (\hat{z}-\breve{z}_B)^{\mathrm{T}} Q_{\hat{z}\hat{z}}^{-1} (\hat{z}-\breve{z}_B) \tag{3.26}$$

式中:$\breve{z}_B$ 为整数自举估计得到的整数固定解。

搜索的模糊度备选个数与超椭球的体积正相关,通常认为

$$N_z \approx [V_m] \tag{3.27}$$

式中：$V_m=\lambda^m U_m\sqrt{|Q_{\hat{z}\hat{z}}|}$；$U^m$ 为实数域中单位球的体积，且

$$U_m=\frac{\pi^{\frac{m}{2}}}{\Gamma\left(\frac{m}{2}+1\right)} \tag{3.28}$$

式中：$\Gamma(x)$ 为伽玛函数。

3.2.6　去相关条件下整数估计的性质

上节指出，引入去相关过程有助于提高模糊度解算的效率。实际上，各个整数估计通过去相关，可以建立一定的等价性。

这里从各个整数估计数学模型的角度分析。不考虑整数变换下去相关的不完全性，假设去相关是充分的，则

$$Q_{\hat{z}\hat{z}}=Z^{\mathrm{T}}LDL^{\mathrm{T}}Z=D \tag{3.29}$$

对 $Q_{\hat{z}\hat{z}}$ 分别进行整数自举估计和整数最小二乘，则此时 $\boldsymbol{L}_z=I_m$ 为单位阵，整数自举估计转变为

$$\begin{aligned} S_{z,IB}&=\bigcap_{i=1}^{m}\left\{\boldsymbol{x}\in\mathbb{R}^m\,\middle|\,|\boldsymbol{c}_i^{\mathrm{T}}\boldsymbol{L}_z^{-1}(\boldsymbol{x}-\boldsymbol{z})|\leqslant\frac{1}{2},\forall\boldsymbol{z}\in\mathbb{Z}^m\right\}\\ &=\bigcap_{i=1}^{m}\left\{\boldsymbol{x}\in\mathbb{R}^m\,\middle|\,|x_i-z_i|\leqslant\frac{1}{2},\forall\boldsymbol{z}\in\mathbb{Z}^m\right\} \end{aligned} \tag{3.30}$$

式中：$z_i=\boldsymbol{c}_i^{\mathrm{T}}z$，$x_i=\boldsymbol{c}_i^{\mathrm{T}}x$。

整数最小二乘可以简化为

$$\begin{aligned} S_{z,ILS}&=\bigcap_{\boldsymbol{c}\in\mathbb{Z}^m\setminus\{0\}}\left\{\boldsymbol{x}\in\mathbb{R}^m\,\middle|\,|\boldsymbol{c}^{\mathrm{T}}Q_{\hat{z}\hat{z}}^{-1}(\boldsymbol{x}-\boldsymbol{z})|\leqslant\frac{1}{2}\|\boldsymbol{c}\|_{Q_{\hat{z}\hat{z}}}^2,\forall\boldsymbol{z}\in\mathbb{Z}^m\right\}\\ &=\bigcap_{\boldsymbol{c}\in\mathbb{Z}^m\setminus\{0\}}\left\{\boldsymbol{x}\in\mathbb{R}^m\,\middle|\,|\boldsymbol{c}^{\mathrm{T}}D^{-1}(\boldsymbol{x}-\boldsymbol{z})|\leqslant\frac{1}{2}\|\boldsymbol{c}\|_D^2,\forall\boldsymbol{z}\in\mathbb{Z}^m\right\} \end{aligned} \tag{3.31}$$

由于模糊度间已不相关，因此次优模糊度 $\boldsymbol{c}$ 的个数减少为 $2m$，此时式(3.31)中的 c 将变为各个坐标轴上的基本向量，进一步有

$$\begin{aligned} S_{z,ILS}&=\bigcap_{\boldsymbol{c}\in\mathbb{Z}^m\setminus\{0\}}\left\{\boldsymbol{x}\in\mathbb{R}^m\,\middle|\,|\boldsymbol{c}^{\mathrm{T}}D^{-1}(\boldsymbol{x}-\boldsymbol{z})|\leqslant\frac{1}{2}\|c\|_D^2,\forall\boldsymbol{z}\in\mathbb{Z}^m\right\}\\ &=\bigcap_{i=1}^{m}\left\{\boldsymbol{x}\in\mathbb{R}^m\,\middle|\,|\boldsymbol{c}_i^{\mathrm{T}}(\boldsymbol{x}-\boldsymbol{z})|\leqslant\frac{1}{2}\boldsymbol{c}_i^{\mathrm{T}}\boldsymbol{c}_i,\forall\boldsymbol{z}\in\mathbb{Z}^m\right\}\\ &=\bigcap_{i=1}^{m}\left\{\boldsymbol{x}\in\mathbb{R}^m\,\middle|\,|x_i-z_i|\leqslant\frac{1}{2},\forall\boldsymbol{z}\in\mathbb{Z}^m\right\} \end{aligned} \tag{3.32}$$

可以看到，当去相关充分的时候，整数自举估计和整数最小二乘完全转化为整数归约估计。但实际中，受限于去相关变换的保整性，去相关通常不彻底，

$L_z \neq I_m$,但在相关性较弱的时候,可以近似地认为整数估计的归整区域

$$S_{z,ILS} \approx S_{z,IB} \approx S_{z,IR} \tag{3.33}$$

在去相关条件下,整数估计之间的近似性为不同整数估计间的性能近似奠定了基础。

3.2.7 次优模糊度的性质

前面提及了次优模糊度,即模糊度解算的次优解。通常在模糊度解算中,研究者一般仅关注最优解,实际上次优解也具有重要意义,特别在模糊度检验中是经常用到的。研究次优解,对于拓展整数估计各方面性质的认知具有重要作用。

次优解也可以看作是与最优解相邻的整数模糊度,距浮点模糊度的距离仅次于最优解,可以像最优解那样搜索到,但随着模糊度维数的递增,计算和搜索量会呈级数递增。相邻模糊度可以通过式(3.34)进行检验

$$\left\| \frac{1}{2}\boldsymbol{c} - 0 \right\|_{Q_{\hat{a}\hat{a}}}^2 = \min_{z \in \mathbb{Z}^m} \left\| \frac{1}{2}\boldsymbol{c} - \boldsymbol{z} \right\|_{Q_{\hat{a}\hat{a}}}^2 \tag{3.34}$$

这里的 $\boldsymbol{c}$ 即为相邻模糊度,$\frac{1}{2}\boldsymbol{c}$ 可以看作是位于归整区域 S_0 和 S_c 分界上的点,即 $\boldsymbol{c} = \arg \min_{z \in \mathbb{Z}^m \setminus \{0\}} \|x - z\|_{Q_{\hat{a}\hat{a}}}^2$。

模糊度最优解和其他解(含次优解)的不同之处在于,去相关变换前后,最优解通常不变,但其他解的顺序可能会发生很大变化。与此同时,次优解的数量在变换前后也可能有所变化。这里对去相关前后的次优模糊度进行比较,如图 3.5 所示,图中的二维 GNSS 模型为 $\begin{bmatrix} 0.0640 & -0.0350 \\ -0.0350 & 0.0200 \end{bmatrix}$,图 3.5(a)为去相关前,图 3.5(b)为去相关后的归整区域,表示固定成功的最优模糊度的归整区域,标记为 S,其他相邻模糊度的归整区域,标记为 F。

对比左右两幅图可以看到,去相关变换前后,最优解不变,但其他模糊度候选解发生很大变化,这里仅关注次优解。

去相关变换后,整数最小二乘的归整区域非常接近于整数自举估计及整数归约估计,这也验证了去相关条件下整数最小二乘,整数自举估计和整数归约估计相互近似的可行性。但由于目前去相关变换矩阵的保整数特性,并不能实现完全的去相关,因而三个整数估计在模糊度存在相关时可以相互近似,但不等价。

在图 3.5(b)中,由于最优解为零向量,其最佳的次优解分别是各坐标轴的

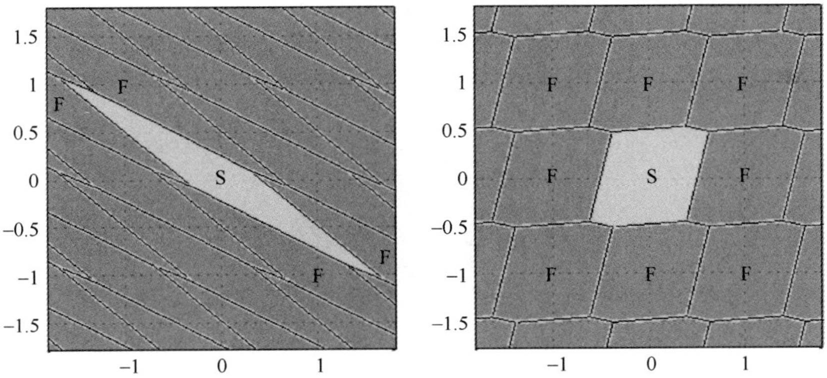

(a) 去相关变换前　　(b) 去相关变换后

图 3.5　去相关前后,最优模糊度和次优模糊度归整区域的变化

基本向量,这表明,次优解与最优解整数向量之间的最小欧几里得距离为 1。这一性质扩展至各坐标轴,可以归纳如下

$$\begin{cases}\breve{z}_1=\arg\min\limits_{z\in\mathbf{Z}^m}\|\hat{z}-z\|^2_{Q_{\hat{z}\hat{z}}}\\ \breve{z}_2=\arg\min\limits_{z\in\mathbf{Z}^m\setminus\{\breve{z}_1\}}\|\breve{z}_1-z\|^2_{Q_{\hat{z}\hat{z}}}\\ \min\,(\breve{z}_2-\breve{z}_1)^{\mathrm{T}}(\breve{z}_2-\breve{z}_1)=1\end{cases}\tag{3.35}$$

这里$\breve{z}_2$ 和$\breve{z}_1$ 分别是模糊度的次优解和最优解。式(3.35)中,对于各个坐标轴上的模糊度次优解,与最优解的欧几里得距离均为 1,而对由于去相关的不完全性产生的次优解,与最优解的欧几里得距离将大于 1,因而,这里采用“min”表示最优解与次优解的最小欧几里得距离。

进一步,对于次优解和最优解的每一个元素,在去相关条件下的关系为

$$(\breve{z}_2^i-\breve{z}_1^i)^{\mathrm{T}}(\breve{z}_2^i-\breve{z}_1^i)\leqslant 1\quad(i=1,2,\cdots,m)\tag{3.36}$$

式中:$\breve{z}_2^i$ 和$\breve{z}_1^i$ 分别为次优解和最优解的第 i 个元素。

注意,式(3.36)成立的条件是在去相关空间中,此时整数最小二乘可以实现对整数自举估计和整数归约估计的近似,而在非去相关条件下,式(3.36)大多数情况下是不成立的。

由于最优解的相邻模糊度有多个,因而实际上在最优解的归整区域内,不同的子区域对应不同的次优解。为了更形象地表示最优解的归整区域和次优解之间的关系,这里给出去相关条件下最优解归整区域的各个子区域对应的模糊度次优解,如图 3.6 所示,其中蓝色对应(0,1),标记为 1;黑色对应(0,-1),标记为 2;赭色对应(1,0),标记为 3;红色对应(-1,0),标记为 4;青色对应(-1,1),标记为 5;黄色对应(1,-1),标记为 6。

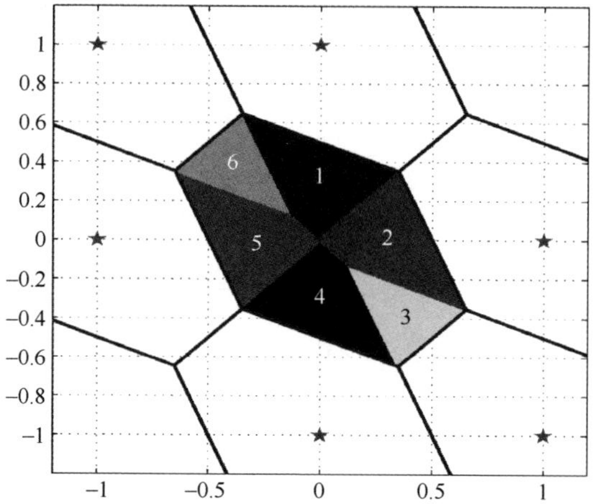

图 3.6　去相关后，最优解归整区域中的不同子区域所对应的次优解（见彩图）

为了表示次优解和最优归整区域间的联系，可以将最优归整区域记为

$$S_{0,ILS}=\bigcup_{c\in\mathbb{Z}^m/\{0\}}S_{0,ILS}(c) \tag{3.37}$$

式中：c 为次优模糊度；$S_{0,ILS}(c)$ 为次优解对应的最优解的归整子区域。

3.3 整数估计的质量评估

参数估计的不确定性来自于待估参数的统计分布特征。对于具有正态分布的观测量，其不确定性可以仅用二阶矩，即协方差矩阵来描述。由于模糊度的整数性，基于实数域的连续分布函数已不能用于描述其统计特性，因此本节对模糊度特殊的统计特性进行探讨，并给出其质量评估方法。

3.3.1 浮点模糊度的概率分布

由于 GNSS 的码观测和载波观测均符合正态分布，因而基于线性估计的模糊度浮点解也符合正态分布特性。这里定义浮点模糊度符合分布 $\hat{a}\sim N(a,Q_{\hat{a}\hat{a}})$，其概率密度函数为

$$f_{\hat{a}}(\boldsymbol{x})=\frac{1}{\sqrt{|Q_{\hat{a}\hat{a}}|(2\pi)^{\frac{m}{2}}}}\exp\left\{-\frac{1}{2}\|\boldsymbol{x}-\boldsymbol{a}\|^2_{Q_{\hat{a}\hat{a}}}\right\} \tag{3.38}$$

式中：$\exp\{\cdot\}$ 为指数函数。

因而，浮点模糊度和整数模糊度的联合概率密度函数为

$$f_{\hat{a},\check{a}}(\boldsymbol{x},\boldsymbol{z})=f_{\hat{a}}(\boldsymbol{x})s_z(\boldsymbol{x}),\boldsymbol{x}\in\mathbb{R}^m,\boldsymbol{z}\in\mathbb{Z}^m \tag{3.39}$$

式中：$s_z(x)$ 为定义在式(3.7)中的指示函数。

整数模糊度的概率密度函数为联合概率密度函数的边际函数，整数向量的概率则是对应归整区域的积分

$$P(\breve{a}=z)=\int_{\mathbb{R}^m} f_{\hat{a},\breve{a}}(\boldsymbol{x},\boldsymbol{z})\,\mathrm{d}\boldsymbol{x}=\int_{S_z} f_{\hat{a}}(\boldsymbol{x})\,\mathrm{d}\boldsymbol{x},z\in\mathbb{Z}^m \tag{3.40}$$

由于整数向量分布的离散性，称式(3.40)为块概率密度函数，或者整数正态分布。

块概率密度函数同样具有一些类似于连续概率密度函数的性质。第一个重要性质是关于一阶矩，即期望值的对称性

$$P(\breve{a}=\boldsymbol{a}-z)=P(\breve{a}=\boldsymbol{a}+z),\ \forall z\in\mathbb{Z}^m \tag{3.41}$$

根据这一性质，可以知道整数估计都是无偏的，即

$$E\{\breve{a}\}=\sum_{z\in\mathbb{Z}^m} zP(\breve{a}=z)=a \tag{3.42}$$

另一个重要的性质是：如果 a 是正确的整数模糊度，那么整数估计得到正确的模糊度估计的概率要高于其他不正确的模糊度的概率

$$P(\breve{a}=\boldsymbol{a})>P(\breve{a}=z),z\in\mathbb{Z}^m\setminus\{\boldsymbol{a}\} \tag{3.43}$$

这一结论可以从浮点概率密度函数的数值几何构型中直观地看出。

最后，整数模糊度的协方差阵为

$$\boldsymbol{D}\{\breve{\boldsymbol{a}}\}=\sum_{z\in\mathbb{Z}^m}(\boldsymbol{x}-\boldsymbol{a})(\boldsymbol{x}-\boldsymbol{a})^{\mathrm{T}}P(\breve{a}=z)=\boldsymbol{Q}_{\breve{a}\breve{a}} \tag{3.44}$$

3.3.2　成功率和失败率

整数估计的成功率定义为模糊度固定正确的概率，通常表示为

$$P_s=P(\hat{a}=\boldsymbol{a})=\int_{S_a} f_{\hat{a}}(\boldsymbol{x})\,\mathrm{d}\boldsymbol{x} \tag{3.45}$$

成功率是非常重要的性能评估尺度，是衡量模糊度解算性能的重要指标。在正确的模糊度未知，而模糊度解算的理论成功率超过特定值时，可以无须模糊度检验，直接固定。另外，由于整数最小二乘的最优性，有

$$P(\breve{a}_{ILS}=\boldsymbol{a})\geqslant P(\breve{a}=\boldsymbol{a}) \tag{3.46}$$

即整数最小二乘的模糊度解算成功率高于其他整数估计。

根据整数自举估计和整数归约估计间的联系，同样可以证明

$$P(\breve{a}_{IB}=\boldsymbol{a})\geqslant P(\breve{a}_{IR}=\boldsymbol{a}) \tag{3.47}$$

这些整数估计之间的联系有助于整数估计实现过程中特定近似方法的应用。

对于整数估计而言，成功率的补集即为失败率，即

$$P_f = 1 - P_s = 1 - P(\check{a} = \boldsymbol{a}) \tag{3.48}$$

鉴于成功率和失败率之间的互补关系，因而对整数估计的性能进行评估时，若未说明，默认其表示整数估计的成功率。这里给出浮点模糊度的概率密度函数、块概率密度函数以及整数估计成功率与失败率的几何表示，如图 3.7 所示，图中采用的 GNSS 数值模型与图 3.5 的相同，其中图 3.7(a)表示浮点模糊度连续的概率密度函数，图 3.7(b)为整数模糊度离散的块概率密度函数，绿色区域对应正确的模糊度归整区域和成功率，红色区域对应错误的模糊度归整区域和失败率，连续的网格则表示浮点模糊度的概率密度函数。

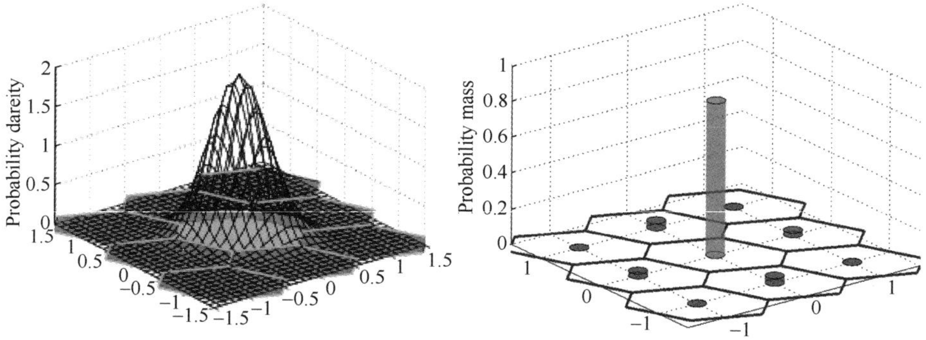

(a) 浮点模糊度的概率密度函数　　(b) 整数模糊度的块概率密度函数

图 3.7　浮点模糊度的概率密度函数与整数模糊度的块概率密度函数

图 3.7(a)直观地给出了成功率和失败率之间的数值关系，需要指出，失败率对应的归整区域数量为无穷，图中主要画出了次优解的归整区域。图 3.7(b)则表明，模糊度固定正确的概率要明显大于固定到其他整数向量的概率。

3.3.3　整数估计的成功率

3.3.3.1　整数归约估计和整数自举估计的成功率上限及下限

基于各个模糊度相互独立以及浮点模糊度正态分布的假设，可以很容易地推出整数归约估计成功率的解析表达式

$$P(\check{a}_{IR} = \boldsymbol{a}) = P\left(\bigcap_{i=1}^{m}\left\{|\hat{a}_i - a_i| \leqslant \frac{1}{2}\right\}\right) \tag{3.49}$$

但由于模糊度之间的相关性，基本不存在直接等价的解析评估。但经过去相关后，整数归约估计可以实现更好的模糊度解算，最终的成功率实际要高于直接的解析评估，因而整数归约估计有下界

$$P(\check{a}_{IR} = \boldsymbol{a}) \geqslant \prod_{i=1}^{m}\left(2\Phi\left(\frac{1}{2\sigma_{\hat{a}_i}}\right) - 1\right) \tag{3.50}$$

根据条件概率密度原理,整数自举估计的成功率解析表达式如下

$$\begin{aligned} P(\breve{a}_{IB}=\boldsymbol{a}) &= P\left(\bigcap_{i=1}^{m}\left\{\left|\hat{a}_{i|I}-a_i\right|\leqslant\frac{1}{2}\right\}\right) \\ &= \prod_{i=1}^{m}\left(2\Phi\left(\frac{1}{2\sigma_{\hat{a}_{i|I}}}\right)-1\right) \end{aligned} \tag{3.51}$$

由于整数自举估计在模糊度间逐元素估计时利用了各元素间的条件相关信息,因而其成功率理论上要高于整数归约估计,可以作为整数归约估计成功率的上限,即

$$\prod_{i=1}^{m}\left(2\Phi\left(\frac{1}{2\sigma_{\hat{a}_i}}\right)-1\right)\leqslant P(\breve{a}_{IR}=\boldsymbol{a})\leqslant P(\breve{a}_{IB}=\boldsymbol{a}) \tag{3.52}$$

根据式(3.52),同样可以导出整数自举估计的成功率上限

$$P\left(\bigcap_{i=1}^{m}\left\{\frac{\left|\hat{a}_{i|I}-a_i\right|}{\sigma_{\hat{a}_{i|I}}}\leqslant\frac{1}{2\sigma_{\hat{a}_{i|I}}}\right\}\right)\leqslant P\left(\bigcap_{i=1}^{m}\left\{\frac{\left|\hat{a}_{i|I}-a_i\right|}{\sigma_{\hat{a}_{i|I}}}\leqslant\frac{1}{2}m\sqrt{\prod_{i=1}^{m}\frac{1}{\sigma_{\hat{a}_{i|I}}}}\right\}\right) \tag{3.53}$$

这里定义模糊度标准差的几何均值度量为[203]

$$ADOP=\sqrt{\left|\boldsymbol{Q}_{\hat{a}\hat{a}}\right|}^{\frac{1}{m}}\,(\text{cycle}) \tag{3.54}$$

模糊度精度衰减因子(Ambiguity Dilution of Precision,ADOP)。因而最终整数自举估计的成功率上限可以简化为

$$P(\breve{a}_{IB}=\boldsymbol{a})\leqslant\left(2\Phi\left(\frac{1}{2ADOP}\right)-1\right)^m \tag{3.55}$$

如果先进行去相关再进行整数自举估计,同样可以提高其性能,此时有

$$P(\breve{a}_{IB}=\boldsymbol{a})\leqslant P(\breve{z}_{IB}=\boldsymbol{z})=\prod_{i=1}^{m}\left(2\Phi\left(\frac{1}{2\sigma_{\hat{z}_{i|I}}}\right)-1\right) \tag{3.56}$$

由于去相关变换的保体积性质,有 $|Q_{\hat{z}\hat{z}}|=|Q_{\hat{a}\hat{a}}|$,综合式(3.55)和式(3.56),最终可得

$$P(\breve{a}_{IB}=\boldsymbol{a})\leqslant P(\breve{z}_{IB}=\boldsymbol{z})\leqslant\left(2\Phi\left(\frac{1}{2ADOP}\right)-1\right)^m \tag{3.57}$$

3.3.3.2　整数最小二乘的成功率下限及近似评估

由于整数最小二乘是最优的整数估计,有

$$\prod_{i=1}^{m}\left(2\Phi\left(\frac{1}{2\sigma_{\hat{a}_{i|I}}}\right)-1\right)\leqslant P_{s,ILS} \tag{3.58}$$

基于前文定义的 ADOP 以及模糊度搜索的空间,可以导出基于 ADOP 的整数最小二乘上限

$$P_{s,ILS} \leqslant P\left(\chi^2(m,0) \leqslant \frac{c_n}{ADOP^2}\right) \tag{3.59}$$

式中：$c_n = \dfrac{\left(\dfrac{m}{2}\Gamma\left(\dfrac{m}{2}\right)\right)^{\frac{2}{m}}}{\pi}$。

根据整数最小二乘，整数自举估计和整数归约估计的联系，其成功率的大小关系为

$$P(\breve{a}_{IR} = \boldsymbol{a}) \leqslant P(\breve{a}_{IB} = \boldsymbol{a}) \leqslant P(\breve{a}_{ILS} = \boldsymbol{a}) \tag{3.60}$$

由于整数自举估计可以看作是整数最小二乘估计的性能下限，因而，可以选择用整数自举估计基于 ADOP 的成功率上限作为对整数最小二乘成功率的近似，如[162]

$$P_{s,ILS} \approx \left(2\Phi\left(\frac{1}{2ADOP}\right) - 1\right)^m \tag{3.61}$$

需要指出，基于 ADOP 的成功率上限可以看作是归整区域在模糊度协方差几何均值这一统计尺度下的区域积分。由于 ADOP 的统计尺度不同于实际的模糊度协方差，因而近似的准确度取决于 ADOP 与各个模糊度元素协方差之间的差异大小。当各个模糊度协方差元素间差异不大时，基于 ADOP 的近似效果较好，反之，则近似效果较差。

3.3.4 整数估计成功率上下界的验证

为了验证整数估计的上下限及近似效果，这里采用多 GNSS 仿真进行实验验证，为整数估计特别是整数最小二乘成功率近似评估提供参考。采用蒙特卡洛仿真的方法逼近整数最小二乘的成功率，蒙特卡洛仿真计算成功率的方法见参见文献[53]，同时采用解析公式计算其对应的上下限及近似值，多 GNSS 观测模型的生成采用基于几何的函数模型，原始观测包括码观测和载波观测。仿真实验各个参数的设置见表 3.1。

表 3.1 多 GNSS 仿真系统参数设置

参　数	设 置 值
GNSS 系统	GPS, BeiDou, Galileo 及相互组合
仿真时间	2014 年 7 月 11~13 日
频率	L1,L2,E1,E2,B1,B2
位置	中国,长沙

(续)

参　　数	设　置　值
采样间隔	600s
模糊度解算方式	单历元
平流层延迟	估计 ZTD
电离层延迟标准差	0.01m
误差观测的标准差	码观测：20cm；载波观测：2mm

仿真实验中,整数模糊度解算采用逐历元的方法进行解算,结果见图 3.8,图中黑线(点)表示整数最小二乘的实际成功率,绿点表示基于整数自举估计的成功率下限,蓝点表示整数自举估计基于 ADOP 的成功率上限,红点表示整数最小二乘基于 ADOP 的成功率近似值。

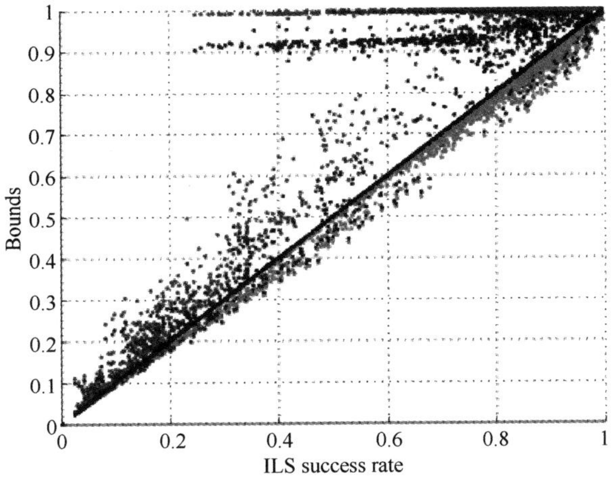

图 3.8　整数最小二乘的成功率及其上下限(见彩图)

从图 3.8 中可以得出以下结论:

(1) 整数自举估计的下限可以对整数最小二乘实现较好的近似。近似误差主要来自于去相关的不充分,模糊度间去相关越充分,近似误差越小。需要注意,整数自举估计成功率的计算需在去相关条件下进行,否则无法实现较好近似。

(2) 整数自举估计基于 ADOP 的上限同样可以作为整数最小二乘成功率的解析近似,但相比于整数自举估计的近似误差,其近似效果略差,且受相关性残留的影响,和实际成功率没有固定的大小关系。但可以看到,基于 ADOP 的上限始终大于整数自举估计的下限值。

(3) 整数最小二乘基于 ADOP 的上限可以作为整数最小二乘的性能上限，同时也可作为整数自举估计的性能上限。

(4) 图中存在很多水平方向的点。这主要是由 BeiDou 星座的几何构型引起的，BeiDou 包含 5 颗地球同步卫星，因而在长沙地区观测到的 BeiDou 卫星要多于其他系统，GNSS 模型强度相应也较强，当其他系统模型的几何构型发生变化时，对组合系统的影响可能并不显著。

除了前文提及的整数估计的上下限，实际还有多种上下限的约束方法，具体可以参见文献[36]。

3.3.5 整数估计失败率的解析近似

通过仿真实验可以看到，去相关条件下基于整数自举估计成功率的下限提供了对整数估计更为精确的近似，因而可以用作对整数估计成功率的近似评估。同样，整数估计的失败率同样可以实现相应的解析近似。

前文已经提到，整数估计失败率是成功率的补集。但明显，这里的失败率实际是笼统地求和，是所有固定失败的模糊度向量概率的求和，即

$$P_f = 1 - P_s = 1 - \int_{S_a} f_{\hat{a}}(\boldsymbol{x} - \boldsymbol{a})\,\mathrm{d}\boldsymbol{x} = \sum_{z \in \mathbb{Z}^m \setminus \{a\}} \int_{S_z} f_{\hat{a}}(\boldsymbol{x} - \boldsymbol{a})\,\mathrm{d}\boldsymbol{x} \tag{3.62}$$

为了获得每个归整区域概率的解析近似，这里同样从整数自举估计出发。整数自举估计的归整区域概率计算公式如下

$$P(\breve{a}_{IB} = \breve{\boldsymbol{a}}_1) = \prod_{i=1}^{m}\left[\Phi\left(\frac{1 - 2\boldsymbol{l}_i^{\mathrm{T}}(\breve{\boldsymbol{a}} - \breve{a}_1)}{2\sigma_{\hat{a}_{i|I}}}\right) + \Phi\left(\frac{1 + 2\boldsymbol{l}_i^{\mathrm{T}}(\breve{\boldsymbol{a}} - \breve{a}_1)}{2\sigma_{\hat{a}_{i|I}}}\right) - 1\right] \tag{3.63}$$

式中：$\breve{\boldsymbol{a}}_1$ 为最优整数解；$\boldsymbol{l}_i$ 为单位上三角矩阵 $\boldsymbol{L}^{-\mathrm{T}}$的第 i 列。

在去相关充分的条件下，有 $\boldsymbol{L}$ 为单位阵。此时，$\boldsymbol{l}_i$ 则转化为基本向量，即 $\boldsymbol{l}_i = \boldsymbol{c}_i$，从而式(3.63)可以改写为

$$P(\breve{z}_{IB} = \breve{\boldsymbol{z}}_1) = \prod_{i=1}^{m}\left[\Phi\left(\frac{1 - 2z_i}{2\sigma_{\hat{z}_{i|I}}}\right) + \Phi\left(\frac{1 + 2z_i}{2\sigma_{\hat{z}_{i|I}}}\right) - 1\right] \tag{3.64}$$

式中：$z_i = \boldsymbol{l}_i^{\mathrm{T}}(\breve{z} - \breve{z}_1)$。

根据正态分布的性质有

$$\boldsymbol{\Phi}\left(\frac{1-2z_i}{2\sigma_{\hat{z}_{i|I}}}\right) = 1 - \boldsymbol{\Phi}\left(\frac{z_i - 0.5}{\sigma_{\hat{z}_{i|I}}}\right) \tag{3.65}$$

将式(3.65)代入式(3.64)，可得

$$P(\breve{z}_{IB} = \breve{\boldsymbol{z}}_1) = \prod_{i=1}^{m}\left[\boldsymbol{\Phi}\left(\frac{z_i + 0.5}{\sigma_{\hat{z}_{i|I}}}\right) - \boldsymbol{\Phi}\left(\frac{z_i - 0.5}{\sigma_{\hat{z}_{i|I}}}\right)\right] \tag{3.66}$$

对于第 k 个模糊度候选解，令 $z(k)=\breve{z}_k-\breve{z}_1$ 且 $z(k)=[z_1(k) \quad \cdots \quad z_m(k)]^{\mathrm{T}}$，有

$$P(\breve{z}_{IB}=\breve{z}_k)=\prod_{i=1}^{m}\left[\boldsymbol{\Phi}\left(\frac{z_i(k)+0.5}{\sigma_{\hat{z}_{i|I}}}\right)-\boldsymbol{\Phi}\left(\frac{z_i(k)-0.5}{\sigma_{\hat{z}_{i|I}}}\right)\right] \tag{3.67}$$

在去相关条件下，可以用整数自举估计的归整区域概率逼近整数最小二乘的概率，因而有

$$P(\breve{z}_{ILS}=\breve{z}_k)\approx P(\breve{z}_{IB}=\breve{z}_k) \tag{3.68}$$

解析近似方法，填补了整数估计质量评估中的重要一环，为整数估计的实际应用做了重要铺垫。

3.4　偏差干扰下的整数估计

实际 GNSS 测量中，经常会遇到各种各样的粗差或周跳干扰，这些不可建模的误差，以及很多简单模型中未进行建模的大气误差或多路径效应，通常会带来式(2.43)所述的偏差，部分偏差有可能无法通过数据预处理的质量控制检测出来。这些干扰的存在，引起了观测量统计特性的变化，最终会影响整数估计的性能。本节将讨论这些偏差干扰对模糊度解算的影响，并给出干扰效应的评估方法。

根据误差理论[185]，观测中的误差可以分为随机误差、系统误差和粗差。本书所讨论的偏差仅限于系统误差，粗差通过前文介绍的 DIA 方法进行处理。

3.4.1　偏差干扰的影响

首先假设偏差干扰下的浮点解的统计分布为

$$\hat{\boldsymbol{a}}\sim N(\boldsymbol{a}+\boldsymbol{b},Q_{\hat{a}\hat{a}}),\ \boldsymbol{a}\in\mathbb{Z}^m,\ \boldsymbol{b}\in\mathbb{R}^m \tag{3.69}$$

式中：$\boldsymbol{a}$ 为模糊度浮点解的整数真值向量；$\boldsymbol{b}$ 为浮点偏差向量。

在正常的 GNSS 数据处理中，当浮点解估计值与 GNSS 函数模型的假设不一致时，将会导致参数检验中出现偏差干扰的结果。浮点解中存在偏差时，特定归整区域的整数估计成功率为

$$P_b(\breve{a}=\boldsymbol{a})=\int_{S_a}(2\pi)^{-\frac{m}{2}}\sqrt{\det(Q_{\hat{a}\hat{a}}^{-1})}\exp\left\{-\frac{1}{2}\|\boldsymbol{x}-\boldsymbol{a}-\boldsymbol{b}\|_{Q_{\hat{a}\hat{a}}}^2\right\}\mathrm{d}\boldsymbol{x} \tag{3.70}$$

式中：下标 $\boldsymbol{b}$ 为偏差干扰。

在不同程度的偏差干扰下，整数估计成功率之间的关系可表述如下

推论　令 $\hat{a}$ 服从(3.69)中的分布，对于严格的整数估计，若 $\breve{a}$ 对应的归整

区域满足整数对称和凸性时，有

$$P_{b=0}(\breve{a}=\boldsymbol{a})>P_{b\neq 0}(\breve{a}=\boldsymbol{a})>P_{\mu b\neq 0}(\breve{a}=\boldsymbol{a}),\ \forall\mu>1 \tag{3.71}$$

推论的证明参见文献[159]。

这一推论表明浮点解中偏差的存在将导致整数估计的性能下降，且性能衰减程度随偏差幅值的增大而加剧。但式(3.71)中并没有量化说明整数估计成功率的衰减程度，实际上，同样幅值的偏差引起的成功率衰减既可能很大，也可能微乎其微。这里给出受偏差影响的整数估计的例子，如图 3.9 所示，其中，图 3.9(a)表示干扰前的浮点模糊度概率密度函数，图 3.9(b)为干扰后的浮点模糊度概率密度函数，绿色区域对应正确的模糊度归整区域，红色区域对应错误的模糊度归整区域。可以看到，受到偏差干扰后，整数估计的概率密度函数出现了明显偏移，导致绿色区域对应的概率密度函数值显著缩小，最终整数估计的模糊度解算成功率明显降低。

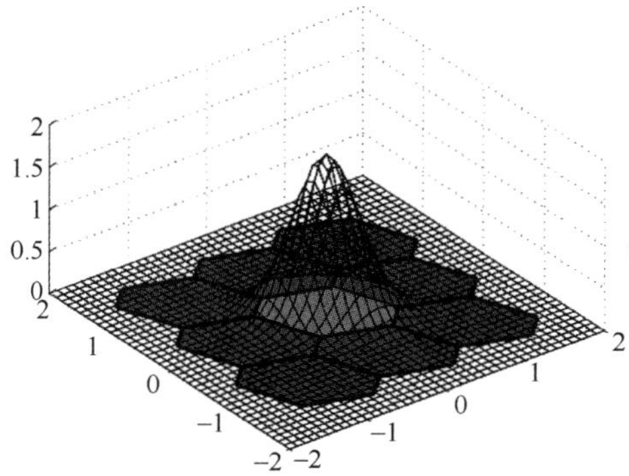

(a) 偏差干扰前的概率密度函数

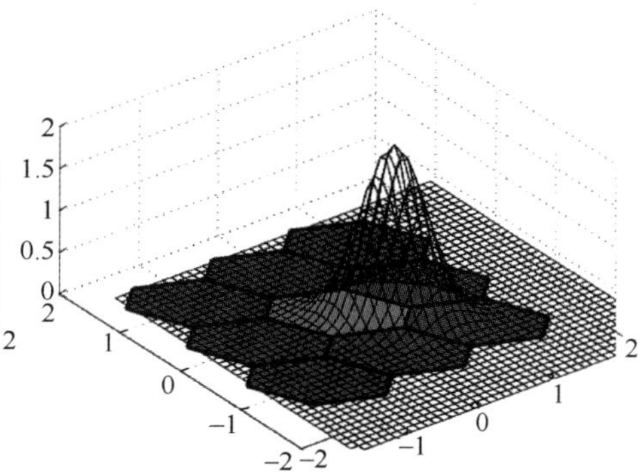

(b) 偏差干扰后的概率密度函数

图 3.9 受偏差影响的浮点模糊度概率密度函数的图例，干扰向量[−0.4 0.4](见彩图)

当 GNSS 模型足够强时，浮点解概率密度函数的尖峰特征明显，特定幅度以内的偏差将不会引起整数估计成功率的明显变化，而当 GNSS 模型不够强时，偏差的存在将导致整数估计成功率出现明显变化。

3.4.2 偏差干扰下整数估计的质量评估

由于整数自举估计良好的概率评估特性以及与整数最小二乘的关系，这里首先推导偏差干扰下整数自举估计的概率表达式。

由前文可知，当存在偏差干扰时，给定 GNSS 模型的整数自举估计成功率记为

$$P_{b,IB}(\breve{a}=\boldsymbol{a})=\int\limits_{S_{IB,0}}(2\pi)^{-\frac{m}{2}}\sqrt{\det(Q_{\hat{a}\hat{a}}^{-1})}\exp\left\{-\frac{1}{2}(\boldsymbol{x}-\boldsymbol{b})Q_{\hat{a}\hat{a}}^{-1}(\boldsymbol{x}-\boldsymbol{b})\right\}\mathrm{d}\boldsymbol{x}$$

(3.72)

基于前文的推论,这里直接给出整数自举估计成功率的解析表达式。

定理(偏差干扰下的整数自举估计成功率)　令 $\hat{a}$ 服从式(3.69)中的分布,$\breve{a}_{IB}$表示对应的整数自举估计,那么其成功率为

$$P_{b,IB,s}=\prod_{i=1}^{m}\left[\Phi\left(\frac{1-2\boldsymbol{c}_i^{\mathrm{T}}L^{-1}\boldsymbol{b}}{2\sigma_{\hat{a}_{i|I}}}\right)+\Phi\left(\frac{1+2\boldsymbol{c}_i^{\mathrm{T}}L^{-1}\boldsymbol{b}}{2\sigma_{\hat{a}_{i|I}}}\right)-1\right]\quad(3.73)$$

式中:$\boldsymbol{b}$ 为偏差向量,$\boldsymbol{c}_i$ 为标准向量,$\sigma_{\hat{a}_{i|I}}^2$ 为经过序贯最小二乘后获得的第 i 个模糊度的方差,且

$$\Phi(\boldsymbol{x})=\int_{-\infty}^{x}\frac{1}{\sqrt{2\pi}}\exp\left\{-\frac{1}{2}v^2\right\}\mathrm{d}v$$

式中:单位下三角矩阵 $\boldsymbol{L}$ 为 $Q_{\hat{a}\hat{a}}=\boldsymbol{LDL}^{\mathrm{T}}$ 中的三角分解矩阵;$\boldsymbol{D}$ 为对角矩阵。

定理的证明见文献[159]。由于式(3.73)中,整数自举估计的成功率与中心归整区域的整数向量无关,因此中心整数向量统一取为零向量。

通过前文可知,模糊度间的强相关性将降低模糊度解算的成功率,为了提高模糊度解算成功率,需要引入去相关,在去相关空间中进行模糊度搜索,此时浮点模糊度的统计特性变为

$$\hat{z}\sim N(\boldsymbol{Z}^{\mathrm{T}}\boldsymbol{a}+\boldsymbol{Z}^{\mathrm{T}}\boldsymbol{b},\boldsymbol{Z}^{\mathrm{T}}Q_{\hat{a}\hat{a}}Z)\quad(3.74)$$

式中:$\boldsymbol{Z}$ 为去相关变换矩阵;简单起见通常取成功率对应的 $\boldsymbol{a}=0$;$\boldsymbol{Z}^{\mathrm{T}}\boldsymbol{b}$ 为变换后的偏差向量。

基于式(3.73)可以得到去相关后受偏差干扰的成功率,去相关的条件下,考虑到 $Q_{\hat{z}\hat{z}}=\widetilde{LDL}^{\mathrm{T}}$,有

$$P_{b,IB,s}=\prod_{i=1}^{m}\left[\Phi\left(\frac{1-2\boldsymbol{c}_i^{\mathrm{T}}\widetilde{L}^{-1}\boldsymbol{Z}^{\mathrm{T}}\boldsymbol{b}}{2\sigma_{\hat{z}_{i|I}}}\right)+\Phi\left(\frac{1+2\boldsymbol{c}_i^{\mathrm{T}}\widetilde{L}^{-1}\boldsymbol{Z}^{\mathrm{T}}\boldsymbol{b}}{2\sigma_{\hat{z}_{i|I}}}\right)-1\right]\quad(3.75)$$

除了中心归整区域的模糊度成功率外,还可以进一步推导出其他归整区域的模糊度解算失败率,按照类似方法,从式(3.73)推导得出

$$P_{b,IB}(\breve{a}=\boldsymbol{a})=\prod_{i=1}^{m}\left[\Phi\left(\frac{1+2\boldsymbol{c}_i^{\mathrm{T}}L^{-1}\boldsymbol{a}-2\boldsymbol{c}_i^{\mathrm{T}}L^{-1}\boldsymbol{b}}{2\sigma_{\hat{a}_{i|I}}}\right)+\Phi\left(\frac{1+2\boldsymbol{c}_i^{\mathrm{T}}L^{-1}\boldsymbol{a}+2\boldsymbol{c}_i^{\mathrm{T}}L^{-1}\boldsymbol{b}}{2\sigma_{\hat{a}_{i|I}}}\right)-1\right]$$

(3.76)

式中:a 为相对于中心归整区域的整数偏移量。

去相关条件下,同样考虑 $Q_{\hat{z}\hat{z}}=\widetilde{LDL}^{\mathrm{T}}$,式(3.76)进一步转化为

$$P_{b,IB}(\breve{z}=z)=\prod_{i=1}^{m}\left[\Phi\left(\frac{1+2\boldsymbol{c}_i^{\mathrm{T}}\widetilde{L}^{-1}\boldsymbol{z}-2\boldsymbol{c}_i^{\mathrm{T}}\widetilde{L}^{-1}\boldsymbol{Z}^{\mathrm{T}}\boldsymbol{b}}{2\sigma_{\hat{z}_{i|I}}}\right)+\Phi\left(\frac{1+2\boldsymbol{c}_i^{\mathrm{T}}\widetilde{L}^{-1}\boldsymbol{z}+2\boldsymbol{c}_i^{\mathrm{T}}\widetilde{L}^{-1}\boldsymbol{Z}^{\mathrm{T}}\boldsymbol{b}}{2\sigma_{\hat{z}_{i|I}}}\right)-1\right] \tag{3.77}$$

其中 $z=\boldsymbol{Z}^{\mathrm{T}}\breve{a}$。式(3.75)和式(3.77)的证明见附录 A.4。

对于不同的整数估计,还可以用上下界约束的办法进行偏差干扰下整数估计成功率的近似,这里直接给出对应于不同整数估计的上下界:

$$P(\chi^2(m,\|\boldsymbol{b}\|^2_{Q_{\hat{a}\hat{a}}})\leqslant\chi^2)\leqslant P_{b,s}\leqslant\Phi\left(\frac{1-2\boldsymbol{f}^{\mathrm{T}}\boldsymbol{b}}{2\|\boldsymbol{f}\|_{Q_{\hat{a}\hat{a}}^{-1}}}\right)+\Phi\left(\frac{1+2\boldsymbol{f}^{\mathrm{T}}\boldsymbol{b}}{2\|\boldsymbol{f}\|_{Q_{\hat{a}\hat{a}}^{-1}}}\right)-1 \tag{3.78}$$

其中

整数归约估计 $\chi^2=\dfrac{1}{4}\dfrac{1}{\max_i\sigma^2_{\hat{a}_i}},\boldsymbol{f}=\boldsymbol{c}_i$

整数自举估计 $\chi^2=\dfrac{1}{4}\dfrac{1}{\max_i\sigma^2_{\hat{a}_{i|I}}},\boldsymbol{f}=L^{-1}\boldsymbol{c}_i$

整数最小二乘 $\chi^2=\dfrac{1}{4}\min\limits_{z\in\mathbb{Z}^m/\{0\}}\|\boldsymbol{z}\|^2_{Q_{\hat{a}\hat{a}}}$, $\boldsymbol{f}=\dfrac{1}{\|z\|^2_{Q_{\hat{a}\hat{a}}}}Q_{\hat{a}\hat{a}}^{-1}\boldsymbol{z}$

引入去相关后,式(3.78)中的上下界同样出现了变化,转化为

$$P(\chi^2(m,\|\boldsymbol{Z}^{\mathrm{T}}\boldsymbol{b}\|^2_{Q_{\hat{z}\hat{z}}})\leqslant\chi_0^2)\leqslant P_{b,s}\leqslant\Phi\left(\frac{1-2\boldsymbol{f}^{\mathrm{T}}\boldsymbol{Z}^{\mathrm{T}}\boldsymbol{b}}{2\|\boldsymbol{f}\|_{Q_{\hat{z}\hat{z}}^{-1}}}\right)+\Phi\left(\frac{1+2\boldsymbol{f}^{\mathrm{T}}\boldsymbol{Z}^{\mathrm{T}}\boldsymbol{b}}{2\|\boldsymbol{f}\|_{Q_{\hat{z}\hat{z}}^{-1}}}\right)-1 \tag{3.79}$$

其中

整数归约估计 $\chi_0^2=\dfrac{1}{4\max\sigma^2_{\hat{z}_i}}$, $\boldsymbol{f}=\boldsymbol{c}_i$

整数自举估计 $\chi_0^2=\dfrac{1}{4\max\sigma^2_{\hat{z}_{i|I}}}$, $\boldsymbol{f}=\widetilde{L}^{-1}\boldsymbol{c}_i$

整数最小二乘 $\chi_0^2=\dfrac{1}{4}\min\limits_{z\in\mathbb{Z}^m/\{0\}}\|z\|^2_{Q_{\hat{z}\hat{z}}}$, $\boldsymbol{f}=\dfrac{1}{\|z\|^2_{Q_{\hat{z}\hat{z}}}}Q_{\hat{z}\hat{z}}^{-1}\boldsymbol{z}$

式(3.79)的证明见附录 A.6。对于整数最小二乘,进一步有

$$\min_{z\in\mathbb{Z}^m/\{0\}}\|\boldsymbol{z}\|^2_{Q_{\hat{z}\hat{z}}}=\frac{1}{\widetilde{\boldsymbol{D}}(1,1)} \tag{3.80}$$

式中:$\widetilde{D}(1,1)$为矩阵 $\widetilde{\boldsymbol{D}}$ 的第一行第一列元素。

研究表明[164],式(3.78)和式(3.79)中的基于椭圆近似的下界约束过于松弛,因而实际中较少用到。除此之外,整数自举估计的下界不适合作为整数最

小二乘的下界，同样，整数归约估计的下界不适合作为整数自举估计的下界，图 3.8 的实验结果也表明，整数自举估计的上界不是整数最小二乘的上界。

对于式(3.78)中的上界，可以从另一个角度来理解。以整数自举估计为例，代入 $\boldsymbol{f}=L^{-1}\boldsymbol{c}_i$，可知

$$\Phi\left(\frac{1-2\boldsymbol{c}_i^{\mathrm{T}}L^{-1}\boldsymbol{b}}{2\sigma_{\hat{a}_{i|I}}}\right)+\Phi\left(\frac{1+2\boldsymbol{c}_i^{\mathrm{T}}L^{-1}\boldsymbol{b}}{2\sigma_{\hat{a}_{i|I}}}\right)-1\geqslant\prod_{i=1}^{n}\left[\Phi\left(\frac{1-2\boldsymbol{c}_i^{\mathrm{T}}L^{-1}\boldsymbol{b}}{2\sigma_{\hat{a}_{i|I}}}\right)+\Phi\left(\frac{1+2\boldsymbol{c}_i^{\mathrm{T}}L^{-1}\boldsymbol{b}}{2\sigma_{\hat{a}_{i|I}}}\right)-1\right] \tag{3.81}$$

可以看到，不等式(3.81)中的左侧实际为右侧的一部分，即整数自举估计的成功率上界实际上仅考虑了浮点解落在某一坐标轴区间内的概率，而其整体的成功率上界则考虑落在各个坐标轴特定区间内的概率。如果式(3.81)左侧的值极大地影响式(3.81)右侧的整体取值的话，便可以用式(3.81)左侧的上界来近似整数自举估计的整体成功率。这对于其他整数估计也是成立的。下面对这一想法进行数值检验。

根据表 3.1 的仿真设置，分别比较单系统，双系统和三系统时长为两天的观测模型，采用三种不同的方法对偏差干扰下的整数最小二乘进行上下界的概率评估，引入的偏差干扰统一取为 $\boldsymbol{b}=[0.1\quad 0\quad \cdots\quad 0]^{\mathrm{T}}$。三种方法的近似误差如图 3.10~图 3.12 所示，不同的线型分别代表了不同 GNSS 系统数量。

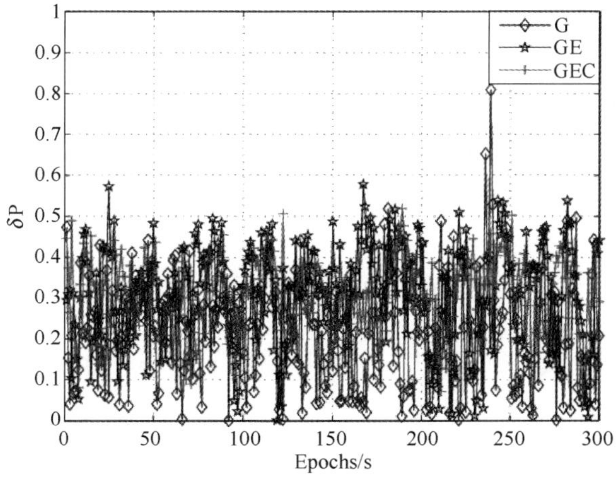

图 3.10　基于偏差干扰的整数自举估计上界的近似误差

图 3.10 中，G 表示 GPS，GE 表示 GPS+Galileo，GEC 表示 GPS+Galileo+BeiDou。可以看到，不同类型 GNSS 模型的近似误差差别不大，且较大的近似误差均值表明该方法并非较好的选择。与之相比，图 3.11 尽管单系统下的近似误

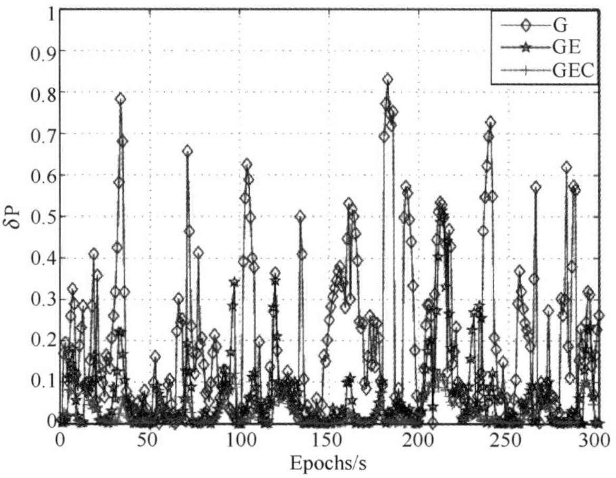

图 3.11　无偏差干扰的整数自举估计的近似误差

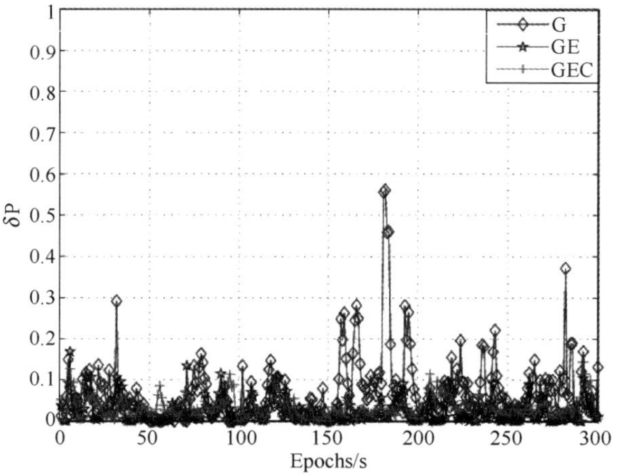

图 3.12　基于偏差干扰的整数最小二乘上界的近似误差

差较大,但随着系统数量的增多,近似误差显著减小。这一结果也符合客观实际,随着系统数量的增多,GNSS 模型将逐渐增强,同样的偏差带来的影响也将逐渐减小。与之类似,图 3.12 中基于整数最小二乘上界的近似方法同样取得了较好的效果,随着模型强度的增加,近似误差的幅值也明显降低。注意到,对于部分历元模型,三系统的近似误差可能大于双系统甚至单系统的近似误差,这很可能是由蒙特卡洛仿真的随机性引起的。

这里进一步给出三类方法近似误差的统计均值对比,如表 3.2 所示,表中 G 表示 GPS,GE 表示 GPS+Galileo,GEC 表示 GPS+Galileo+BeiDou。

表3.2 偏差干扰下三种成功率近似方法的误差均值

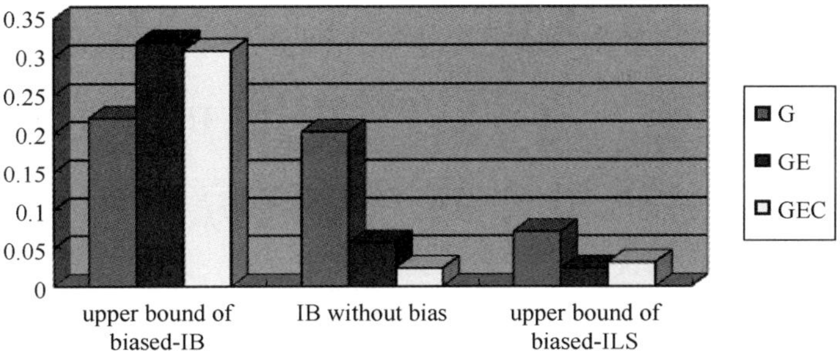

从表3.2的统计结果中可以明显看到,基于第一种方法的近似误差均值明显较大,系统数量的增多,模型的增强没有带来近似效果的改善。第二种方法则显著反映了系统模型强度增强带来的好处,强度越大,近似误差越小。这一特点有实际价值,意味着系统模型强度较强时,可以忽略部分偏差干扰对模糊度解算的影响。第三种方法近似效果似乎更好,特别在单系统和双系统条件下,尽管三系统时的误差均值略大于第二种方法,但整体而言,相比第二种方法仍然有一定的优势。但需要指出的是,对偏差干扰下的整数估计进行评估的前提在于偏差干扰向量的已知,在实际中,偏差干扰向量往往存在建模不充分的问题,因而影响整数估计的偏差向量往往是未知的,这也导致了第三种方法往往是不可行的。因而,为了减弱偏差干扰向量的影响,应尽可能地对偏差进行建模估计,分离偏差干扰的影响,同时,采用尽可能增强的GNSS模型,有助于降低偏差干扰的影响,提高模糊度解算的成功率。

3.5 本章小结

本章对模糊度解算的基础,整数估计理论,重新进行了梳理和讨论,分析了几种整数估计间的性质和联系,同时首次对次优模糊度的性质进行了探讨;系统地分析了整数估计质量评估中的关键问题,即成功率和失败率的计算;通过采用上下界逼近的方法实现对整数估计较好的近似评估,并通过仿真实验验证了近似评估方法的可行性;最后,分析了偏差干扰下整数估计的性质,并给出了偏差干扰下整数估计的质量评估方法,采用仿真实验验证了相关结论。

第4章 整数孔径估计理论与质量评估方法研究

参数检验是参数估计理论中的一个重要组成部分。经典的线性估计理论中,由于模型和观测数据多采用正态分布的假设,协方差矩阵已经提供了估计参数足够多的统计信息。遗憾地是,线性估计理论中的参数检验方法并不能完全照搬到模糊度估计的检验中,这是由于:一方面,整数估计的结果并不满足高斯分布的特性,尽管模型和观测数据是线性的,另一方面,模糊度之间存在复杂的相关性,导致概率评估十分困难。针对这些问题,本章将对模糊度检验,即整数孔径估计进行讨论,回顾并拓展模糊度检验的基础,整数孔径估计理论,填补整数孔径估计质量评估理论中存在的空白,给出针对一类整数孔径估计的质量评估方法。

4.1 定义与性质

对于模糊度解算的质量控制问题,通常有三种处理情况:

(1) GNSS 模型很强时,解算成功率非常高,出现错误解算结果的概率很小,用户可以直接选择固定模糊度;

(2) GNSS 模型较强,部分历元受观测偏差的影响,容易出现模糊度错误固定,为了避免模糊度解算错误,需要采用模糊度检验进行质量控制;

(3) GNSS 模型较弱,由于固定模糊度的错误风险较大,为了减小固定错误的影响,可以仅使用浮点解。

整数估计通常只有两种结果,固定或采用浮点解,即第一种情况或第三种情况。为了对整数估计实现灵活的控制,引入一种检验方法根据模型强度决定是否接受当前的固定解,换而言之,整数孔径估计实际是整数估计和模糊度检验二者的统称,整数估计实际是不进行模糊度检验的特殊的整数孔径估计。加入模糊度检验方法后,出现了第二种处理情况。

为了区别于整数估计的归整区域 S_z,这里将 Ω_z 称为孔径归整区域,且所有孔径归整区域的并集 $\Omega \subset \mathbb{R}^m$。相比于式(3.8)中整数估计定义的三条性质,整

数孔径估计相应地放松为

$$
\begin{aligned}
&(1)\ \bigcup_{z\in\mathbb{Z}^m}\Omega_z=\bigcup_{z\in\mathbb{Z}^m}(\Omega_z\cap S_z)=\Omega\cap\Big(\bigcup_{z\in\mathbb{Z}^m}S_z\Big)=\Omega\cap\mathbb{R}^m=\Omega\\
&(2)\ \Omega_u\cap\Omega_z=\varnothing,\ \boldsymbol{u},\boldsymbol{v}\in\mathbb{Z}^m,\boldsymbol{u}\neq\boldsymbol{z}\\
&(3)\ \Omega_0+\boldsymbol{z}=(\Omega\cap S_0)+\boldsymbol{z}=\Omega\cap(S_0+\boldsymbol{z})=\Omega_z,\ \ \forall\boldsymbol{z}\in\mathbb{Z}^m
\end{aligned}
\tag{4.1}
$$

式(4.1)中的第二个性质说明各个孔径归整区域间并无交集，但是，不同于整数归整区域之间的无缝连接，孔径归整区域间将出现空洞或间隙。同时，孔径归整区域仍满足平移不变的特性。

通常孔径归整区域 Ω 可以定义为如下区域

$$\Omega=\{\boldsymbol{x}\in\mathbb{R}^m\,|\,\gamma(\boldsymbol{x})\leqslant\mu\}\tag{4.2}$$

式中：$\gamma(\cdot)$ 为接受检测函数；μ 为检测阈值。

具体的整数孔径归整区域可以定义如下

$$\Omega_z=\{\boldsymbol{x}\in\mathbb{R}^m\,|\,S(\boldsymbol{x})=\boldsymbol{z},\gamma(\boldsymbol{x})\leqslant k,\boldsymbol{z}\in\mathbb{Z}^m\}\tag{4.3}$$

根据整数孔径估计的性质，最终的估计值为

$$\bar{\boldsymbol{a}}=\sum_{z\in\mathbb{Z}^m}z\omega_z(\hat{\boldsymbol{a}})+\hat{\boldsymbol{a}}\Big(1-\sum_{z\in\mathbb{Z}^m}\omega_z(\hat{\boldsymbol{a}})\Big)\tag{4.4}$$

其中，指示函数的取值为

$$\omega_z(\boldsymbol{x})=\begin{cases}1, & x\in\Omega_z\\ 0, & \text{其它}\end{cases}\tag{4.5}$$

由于孔径区域间空洞或间隙的存在，最终估计产生了三种结果，这里将浮点解落在间隙中情况称为结果不确定，即

$$\begin{cases}\hat{\boldsymbol{a}}\in\Omega_a & \text{成功}\\ \hat{\boldsymbol{a}}\in\Omega\backslash\Omega_a & \text{失败}\\ \hat{\boldsymbol{a}}\notin\Omega & \text{不确定}\end{cases}\tag{4.6}$$

上述三类结果发生的概率为

$$\begin{cases}P_s=P(\breve{a}=\boldsymbol{a})=\displaystyle\int_{\Omega_a}f_{\hat{a}}(\boldsymbol{x})\,\mathrm{d}\boldsymbol{x}\\ P_f=\displaystyle\int_{\Omega\backslash\Omega_a}f_{\hat{a}}(\boldsymbol{x})\,\mathrm{d}\boldsymbol{x}\\ P_u=1-P_s-P_f\end{cases}\tag{4.7}$$

根据三种估计结果之间的概率关系可知，若用户需要对任意一种概率实现控制，必须知道其中一类的解析概率评估方法。

为了具体分析整数孔径估计的性质，下面针对几种常见的整数孔径估计进行单独讨论。

4.2 整数孔径自举估计和整数孔径最小二乘估计

相对于整数估计，最简单的整数孔径估计莫过于直接对整数估计进行放缩。对整数自举估计和整数最小二乘进行比例缩小便可以得到整数孔径自举估计（Integer Aperture Bootstrapping, IAB）和整数孔径最小二乘（Integer Aperture Least-Square, IALS）。

4.2.1 整数孔径自举估计

整数自举估计的优点在于设计简单，且模糊度解算的性能易于评估。如果直接对整数自举估计进行缩小，得到的整数孔径自举估计同样将继承类似的性质，其归整区域的定义如下

$$\Omega_{z,IAB}=\mu S_{z,IB},\quad \forall z\in\mathbb{Z}^m \tag{4.8}$$

其中

$$\begin{cases}\mu S_{z,IB}=\left\{\boldsymbol{x}\in\mathbb{R}^m \mid \dfrac{1}{\mu}(\boldsymbol{x}-\boldsymbol{z})\in S_{0,IB}\right\}\\ S_{0,IB}=\bigcap\limits_{i=1}^{m}\left\{\boldsymbol{x}\in\mathbb{R}^m \mid |\boldsymbol{c}_i^{\mathrm{T}}L^{-1}\boldsymbol{x}|\leqslant\dfrac{1}{2},\ i=1,\cdots,m\right\}\end{cases} \tag{4.9}$$

式中：μ 为孔径参数且 $0<\mu\leqslant 1$；$\boldsymbol{c}_i$ 为坐标轴上的基本向量，且 $\boldsymbol{c}_i\neq 0$。当 $\mu=1$ 时，整数孔径自举估计等价于整数自举估计。

将式(4.8)和式(4.9)结合起来，则整数孔径自举估计的归整区域可记为

$$\Omega_{z,IAB}=\bigcap_{i=1}^{m}\left\{\boldsymbol{x}\in\mathbb{R}^m \mid \frac{|\boldsymbol{c}_i^{\mathrm{T}}L^{-1}(\boldsymbol{x}-\boldsymbol{z})|}{\mu}\leqslant\frac{1}{2},\ \forall \boldsymbol{z}\in\mathbb{Z}^m\right\} \tag{4.10}$$

在式(4.10)中，μ 取为常数，实际上，μ 还可以进一步推广为函数的形式，在整数孔径自举估计中，可能受到参数包括 GNSS 模型 $Q_{\hat{a}\hat{a}}$、次优模糊度 $\boldsymbol{c}_i$、浮点解 $\boldsymbol{x}$ 以及 μ 的影响，因而可以将其推广为压缩函数 $T(Q_{\hat{a}\hat{a}},\boldsymbol{c}_i,\mu,\boldsymbol{x})$，这里将其称为广义的整数孔径自举估计，其孔径归整区域定义为

$$\Omega_{z,GIAB}=\bigcap_{i=1}^{m}\left\{\boldsymbol{x}\in\mathbb{R}^m \mid \frac{|\boldsymbol{c}_i^{\mathrm{T}}L^{-1}(\boldsymbol{x}-\boldsymbol{z})|}{T(Q_{\hat{a}\hat{a}},\boldsymbol{c}_i,\mu,\boldsymbol{x})}\leqslant\frac{1}{2},\ \forall \boldsymbol{z}\in\mathbb{Z}^m\right\} \tag{4.11}$$

当压缩函数 $T(Q_{\hat{a}\hat{a}},\boldsymbol{c}_i,\mu,\boldsymbol{x})=1$ 时，广义的整数孔径自举估计退化为整数自举估计。当 $T(Q_{\hat{a}\hat{a}},\boldsymbol{c}_i,\mu,\boldsymbol{x})\neq 1$ 时，广义的整数孔径自举估计可以通过配置次优模糊度，浮点解和 μ 等转化为其他整数孔径自举估计，后面将逐一介绍。

与 $T(Q_{\hat{a}\hat{a}},\boldsymbol{c}_i,\mu,\boldsymbol{x})$ 相关的几个参数中，$\boldsymbol{x}$ 是一个比较特别的参数，这是由于

$Q_{\hat{a}\hat{a}}$，$\boldsymbol{c}_i$，μ 为区域相关的参数，$\boldsymbol{x}$ 则是点相关的参数，引入 $\boldsymbol{x}$ 将极大地改变孔径自举估计的性质。$T(Q_{\hat{a}\hat{a}},\boldsymbol{c}_i,\mu,\boldsymbol{x})$ 既是区分各个整数孔径估计的重要参数，又是对整数孔径估计进行分类的依据。

在后面对每种整数孔径估计的研究中，重点将通过 $T(Q_{\hat{a}\hat{a}},\boldsymbol{c}_i,\mu,\boldsymbol{x})$ 建立各个整数孔径估计之间的联系。

具体实践中，整数孔径自举估计的实现也非常简单：

第一步，根据浮点解 $\hat{\boldsymbol{a}}$ 计算出对应的整数自举估计解 $\breve{a}_{IB}$；

第二步，根据浮点解 $\hat{\boldsymbol{a}}$，第一步计算出的整数自举估计解 $\breve{\boldsymbol{a}}_{IB}$ 以及孔径参数 μ，计算浮点解 $\frac{1}{\mu}(\hat{\boldsymbol{a}}-\breve{\boldsymbol{a}}_{IB})$ 对应的整数自举估计解，若最终固定结果为零向量，则 $\bar{a}=\breve{\boldsymbol{a}}_{IB}$，否则 $\bar{a}=\hat{\boldsymbol{a}}$。

根据整数自举估计的概率评估方法，可以直接推导出整数孔径自举估计的概率评估方法。

对于式(4.7)，有

$$
\begin{aligned}
P_{f,IAB} &= \sum_{z\in\mathbb{Z}^m\setminus\{a\}}\int_{\mu S_{z,IB}} f_{\hat{a}}(\boldsymbol{x})\mathrm{d}x \\
&= \sum_{z\in\mathbb{Z}^m\setminus\{0\}}\int_{S_{0,IB}} \frac{1}{(2\pi)^{\frac{m}{2}}\sqrt{\left|\frac{1}{\mu^2}Q_{\hat{a}\hat{a}}\right|}}\exp\left\{-\frac{1}{2}\left\|\boldsymbol{x}+\frac{\boldsymbol{z}}{\mu}\right\|^2_{\frac{1}{\mu^2}Q_{\hat{a}\hat{a}}}\right\}\mathrm{d}\boldsymbol{x} \\
&= \sum_{z\in\mathbb{Z}^m\setminus\{0\}}\int_{F^{-1}(S_{0,IB})} \frac{1}{(2\pi)^{\frac{m}{2}}\sqrt{\left|\frac{1}{\mu^2}D\right|}}\exp\left\{-\frac{1}{2}\left\|\boldsymbol{y}+\frac{L^{-1}\boldsymbol{z}}{\mu}\right\|^2_{\frac{1}{\mu^2}D}\right\}\mathrm{d}\boldsymbol{y}
\end{aligned}
\tag{4.12}
$$

其中，第三个等式后采用了变换 $F:\boldsymbol{x}=L\boldsymbol{y}$，即变换后的归整区域

$$
F^{-1}(S_{0,IB})=\left\{y\in\mathbb{R}^m \,\middle|\, |\boldsymbol{c}_i^{\mathrm{T}}\boldsymbol{y}|\leqslant\frac{1}{2},i=1,2,\cdots,m\right\}
\tag{4.13}
$$

注意 $\frac{1}{\mu^2}D$ 为对角阵，各个元素分别为 $\frac{1}{\mu^2}\sigma^2_{\hat{a}_{i|I}}$。

式(4.12)的多维积分在去相关后，可简化为各个一维区间的乘积

$$
\begin{aligned}
P_{f,IAB} &= \sum_{z\in\mathbb{Z}^m\setminus\{0\}}\prod_{i=1}^{m}\int_{|y_i|\leqslant\frac{1}{2}} \frac{1}{(2\pi)^{\frac{1}{2}}\frac{1}{\mu}\sigma_{i|I}}\exp\left\{-\frac{1}{2}\left(\frac{y_i+\frac{1}{\mu}\boldsymbol{c}_i^{\mathrm{T}}L^{-1}\boldsymbol{z}}{\frac{1}{\mu}\sigma_{i|I}}\right)^2\right\}\mathrm{d}\boldsymbol{y} \\
&= \sum_{z\in\mathbb{Z}^m\setminus\{0\}}\prod_{i=1}^{m}\left(\Phi\left(\frac{\mu-2\boldsymbol{c}_i^{\mathrm{T}}L^{-1}\boldsymbol{z}}{2\sigma_{\hat{a}_{i|I}}}\right)+\Phi\left(\frac{\mu+2\boldsymbol{c}_i^{\mathrm{T}}L^{-1}\boldsymbol{z}}{2\sigma_{\hat{a}_{i|I}}}\right)-1\right)
\end{aligned}
\tag{4.14}
$$

对于成功率,则可以取 $z=0$,有

$$P_{s,IAB}=\prod_{i=1}^{m}\left(2\Phi\left(\frac{\mu}{2\sigma_{\hat{a}_{i|I}}}\right)-1\right) \tag{4.15}$$

4.2.2 整数孔径最小二乘

整数孔径最小二乘可以用类似于整数孔径自举估计的方法定义,其孔径归整区域定义为

$$\Omega_{z,IALS}=\mu S_{z,ILS} \tag{4.16}$$

其中

$$\begin{cases}\mu S_{z,ILS}=\left\{\boldsymbol{x}\in\mathbb{R}^m \mid \dfrac{1}{\mu}(\boldsymbol{x}-\boldsymbol{z})\in S_{0,ILS}\right\}\\ S_{0,ILS}=\bigcap\limits_{\boldsymbol{c}\in\mathbb{Z}^m\setminus\{0\}}\{\boldsymbol{x}\in\mathbb{R}^m \mid \|\boldsymbol{x}\|^2_{\boldsymbol{Q}_{\hat{a}\hat{a}}}\leqslant\|\boldsymbol{x}-\boldsymbol{u}\|^2_{\boldsymbol{Q}_{\hat{a}\hat{a}}},\ \forall\boldsymbol{u}\in\mathbb{Z}^m\}\end{cases} \tag{4.17}$$

可以看到,由于整数孔径最小二乘的归整区域由比例因子直接放缩而成,因此,类似于整数最小二乘,整数孔径最小二乘同样具备凸性,同样,整数孔径自举估计也是凸集。

当 $\mu=1$ 时,整数孔径最小二乘等价于整数最小二乘。整数孔径最小二乘的实现类似于整数孔径自举估计。实际上,式(4.17)可进一步转化。

首先

$$\begin{aligned}S_{z,ILS}&=\bigcap_{u\in\mathbb{Z}^m\setminus\{z\}}\{\boldsymbol{x}\in\mathbb{R}^m \mid \|\boldsymbol{x}-\boldsymbol{z}\|^2_{\boldsymbol{Q}_{\hat{a}\hat{a}}}\leqslant\|\boldsymbol{x}-\boldsymbol{u}\|^2_{\boldsymbol{Q}_{\hat{a}\hat{a}}},\ \forall\boldsymbol{u},\boldsymbol{z}\in\mathbb{Z}^m\}\\&=\bigcap_{c\in\mathbb{Z}^m\setminus\{0\}}\left\{\boldsymbol{x}\in\mathbb{R}^m \mid c^{\mathrm{T}}\boldsymbol{Q}^{-1}_{\hat{a}\hat{a}}(\boldsymbol{x}-\boldsymbol{z})\leqslant\frac{1}{2}\|\boldsymbol{c}\|^2_{Q_{\hat{a}\hat{a}}},\ \forall\boldsymbol{u},\boldsymbol{z}\in\mathbb{Z}^m\right\}\end{aligned} \tag{4.18}$$

且 $\boldsymbol{c}=\boldsymbol{u}-\boldsymbol{z}$。因而

$$\Omega_{z,IALS}=\mu S_{z,ILS}=\bigcap_{c\in\mathbb{Z}^m\setminus\{0\}}\left\{\boldsymbol{x}\in\mathbb{R}^m \mid \frac{c^{\mathrm{T}}\boldsymbol{Q}^{-1}_{\hat{a}\hat{a}}(\boldsymbol{x}-\boldsymbol{z})}{\mu}\leqslant\frac{1}{2}\|\boldsymbol{c}\|^2_{Q_{\hat{a}\hat{a}}},\ \forall\boldsymbol{z}\in\mathbb{Z}^m\right\} \tag{4.19}$$

同样,式(4.19)中的 μ 也可以推广为函数的形式,与对应的广义整数孔径自举估计相比,推广后的广义整数孔径估计估计定义为

$$\Omega_{z,GIA}=\bigcap_{\boldsymbol{c}\in\mathbb{Z}^m\setminus\{0\}}\left\{\boldsymbol{x}\in\mathbb{R}^m \mid \frac{\boldsymbol{c}^{\mathrm{T}}\boldsymbol{Q}^{-1}_{\hat{a}\hat{a}}(\boldsymbol{x}-\boldsymbol{z})}{T(\boldsymbol{Q}_{\hat{a}\hat{a}},\boldsymbol{c},\boldsymbol{\mu},\boldsymbol{x})}\leqslant\frac{1}{2}\|\boldsymbol{c}\|^2_{\boldsymbol{Q}_{\hat{a}\hat{a}}},\ \forall\boldsymbol{z}\in\mathbb{Z}^m\right\} \tag{4.20}$$

当 $T(Q_{\hat{a}\hat{a}},\boldsymbol{c},\boldsymbol{\mu},\boldsymbol{x})=1$ 时,广义的整数孔径估计退化为整数最小二乘。$T(Q_{\hat{a}\hat{a}},c,\mu,x)\neq 1$ 时,通过配置相关参数,可以转化为包括整数孔径最小二乘在内的其他整数孔径估计。

整数孔径最小二乘的实现仍然分为两步：

第一步，计算整数最小二乘的整数解 $\check{a}$ 和浮点解 $\hat{a}$；

第二步，检验整数向量

$$\boldsymbol{u}=\arg\min_{z\in\mathbb{Z}^m}\left\|\frac{1}{\mu}(\hat{\boldsymbol{a}}-\check{\boldsymbol{a}})-z\right\|_{Q_{\hat{a}\hat{a}}}^2 \tag{4.21}$$

是否为零向量。如果 $\boldsymbol{u}=0$，且 $\hat{\boldsymbol{a}}=\Omega_{0,IALS}$，那么 $\bar{a}=\check{\boldsymbol{a}}$，否则采用浮点解。

整数孔径最小二乘的成功率容易求得，由于在实现过程中需要执行两次模糊度解算过程，只要保证两步估计的最优解相同，便认为解算成功。比较容易出现错误的是失败率的计算，后文将专门探讨这一问题。

由于整数最小二乘具有整数估计中的最优性，整数孔径最小二乘至少应优于整数孔径自举估计，这里给出简要证明：

式(4.22)中分别给出整数孔径最小二乘和整数最小二乘的成功率计算公式

$$\begin{cases}P_{s,IAB}=\int\limits_{\mu S_{0,IB}}f_{\hat{a}}(\boldsymbol{x}+\boldsymbol{a})\,\mathrm{d}x=\mu^m\int\limits_{S_{0,IB}}f_{\hat{a}}(\mu\boldsymbol{x}+\boldsymbol{a})\,\mathrm{d}x\\P_{s,IALS}=\int\limits_{\mu S_{0,ILS}}f_{\hat{a}}(\boldsymbol{x}+\boldsymbol{a})\,\mathrm{d}x=\mu^m\int\limits_{S_{0,ILS}}f_{\hat{a}}(\mu\boldsymbol{x}+\boldsymbol{a})\,\mathrm{d}\boldsymbol{x}\\\qquad=\int\limits_{S_{0,ILS}}\dfrac{1}{(2\pi)^{\frac{m}{2}}\sqrt{\left|\dfrac{\boldsymbol{Q}_{\hat{a}\hat{a}}}{\mu^2}\right|}}\exp\left\{-\dfrac{1}{2}\|\boldsymbol{x}\|^2_{\frac{Q_{\hat{a}\hat{a}}}{\mu^2}}\right\}\mathrm{d}x\end{cases} \tag{4.22}$$

由于对于同一个 GNSS 模型，整数最小二乘的成功率要高于整数自举估计，有

$$\int\limits_{S_{0,ILS}}f_{\hat{a}}(\boldsymbol{y})\,\mathrm{d}\boldsymbol{y}\geqslant\int\limits_{S_{0,IB}}f_{\hat{a}}(\boldsymbol{y})\,\mathrm{d}\boldsymbol{y} \tag{4.23}$$

因而最终 $P_{s,IALS}\geqslant P_{s,IAB}$。

同时，从式(4.22)也可以看到整数孔径最小二乘等价于 GNSS 模型被放大$\frac{1}{\mu^2}(0<\mu\leqslant1)$，相当于模型变弱，因而必有 $P_{s,ILS}\geqslant P_{s,IALS}$。因而，这也意味在概率评估中可以用放大的等效 GNSS 模型在整数最小二乘中实现对整数最小二乘的等效评估。类似于整数最小二乘，整数孔径最小二乘的概率上下限给定如下

$$
\begin{cases}
P_{s,IALS} \geqslant \prod_{i=1}^{m}\left(2\Phi\left(\dfrac{\mu}{2\sigma_{\hat{a}_{i|I}}}\right)-1\right)\\
P_{s,IALS} \leqslant P\left(\chi^2(m,0) \leqslant \dfrac{\mu^2 c_m}{ADOP^2}\right)\\
P_{f,IALS} \geqslant \sum_{z\in\mathbb{Z}^m\setminus\{0\}} P\left(\chi^2(m,\lambda_z) \leqslant \dfrac{\mu^2}{4}\min_{z\in\mathbb{Z}^m\setminus\{0\}}\|z\|^2_{Q_{\hat{a}\hat{a}}}\right)\\
P_{f,IALS} \leqslant \sum_{z\in\mathbb{Z}^m\setminus\{0\}} P(\chi^2(m,\lambda_z) \leqslant \mu^2\max_{x\in S_0}\|\boldsymbol{x}\|^2_{Q_{\hat{a}\hat{a}}})
\end{cases}
\tag{4.24}
$$

式中：$\lambda_z = z^{\mathrm{T}}\boldsymbol{Q}_{\hat{a}\hat{a}}^{-1}\boldsymbol{z}$。

类似于整数估计，为了能够解析近似整数孔径最小二乘的成功率，最直接的途径是采用去相关条件下的整数孔径自举的成功率，即

$$
P_{s,IALS} \approx \prod_{i=1}^{m}\left(2\Phi\left(\frac{\mu}{2\sigma_{\hat{z}_{i|I}}}\right)-1\right) \tag{4.25}
$$

同样，根据去相关条件下次优模糊度的性质，失败率也可以解析近似为

$$
P_{f,IALS} \approx \sum_{z\in\mathbb{Z}^m\setminus\{0\}}\prod_{i=1}^{m}\left(\Phi\left(\frac{\mu+2z_i}{2\sigma_{\hat{z}_{i|I}}}\right)-\Phi\left(\frac{2z_i-\mu}{2\sigma_{\hat{z}_{i|I}}}\right)\right) \tag{4.26}
$$

4.2.3 整数孔径最小二乘实现的新方法

整数孔径最小二乘的实现较为复杂，因为其孔径区域的获取实际是通过两次模糊度解算得到的。具体过程如下：

根据整数孔径最小二乘的定义，孔径区域边界应满足

$$
\left|\frac{\boldsymbol{c}^{\mathrm{T}}Q_{\hat{a}\hat{a}}^{-1}(\hat{\boldsymbol{a}}-\breve{\boldsymbol{a}}_1)}{\mu\|\boldsymbol{c}\|^2_{Q_{\hat{a}\hat{a}}}}\right| = \frac{1}{2} \tag{4.27}
$$

因而孔径参数应取

$$
\mu = \left|\frac{2\boldsymbol{c}^{\mathrm{T}}Q_{\hat{a}\hat{a}}^{-1}(\hat{\boldsymbol{a}}-\breve{\boldsymbol{a}}_1)}{\|\boldsymbol{c}\|^2_{Q_{\hat{a}\hat{a}}}}\right| \tag{4.28}
$$

式(4.28)的问题在于 $\boldsymbol{c}$ 必须已知。为解决这一问题，文献[36]中令 $\boldsymbol{c}_0 = \breve{\boldsymbol{a}}_2-\breve{\boldsymbol{a}}_1$，然后利用计算出的 μ_0 再仿真生成 N 个样本 $\hat{x}$ 进行模糊度解算，若

$$
\arg\min_{z\in\mathbb{Z}^m\setminus\{0\}}\left\|\frac{1}{\mu_0}(\hat{\boldsymbol{x}}-\breve{\boldsymbol{x}}_1)-z\right\| = \boldsymbol{c}_0 \tag{4.29}
$$

则 $\mu=\mu_0$。若式(4.29)的右侧不等于 $\boldsymbol{c}_0$，则意味着 $\dfrac{1}{\mu_0}(\hat{\boldsymbol{x}}-\breve{\boldsymbol{x}})$ 不是归整区域 S_0 的边界，因而 $\mu_0<\mu$。

根据此原理,固定失败率下的整数孔径最小二乘的实现流程如下:

(1) 选择欲实现的固定失败率 $P_f=\beta$;

(2) 根据当前观测历元利用最小二乘估计其浮点解和协方差矩阵 $\hat{a},\boldsymbol{Q}_{\hat{a}\hat{a}}$;

(3) 选择初值 μ_0,并产生 N 个样本,其统计特征符合 $\hat{x}_i\sim N(0,\boldsymbol{Q}_{\hat{a}\hat{a}})$;

(4) 对每个样本确定固定解 $\breve{x}_i$ 以及 $u_i=\arg\min\limits_{z\in\mathbb{Z}^m\setminus\{0\}}\left\|\dfrac{1}{\mu_0}(\hat{x}_i-\breve{x}_i)-z\right\|_{Q_{\hat{x}\hat{x}}}^2$;

(5) 若 $u_i=0$ 且 $\breve{x}_i\neq 0$,则 $N_f=N_f+1$,计算最终的 N_f;

(6) 基于 μ_0 的失败率为 $P_f(\mu_0)=\dfrac{N_f}{N}$,若 $P(\mu_0)\leqslant\beta$,则 $\bar{a}=\breve{\boldsymbol{a}}$,否则 $\bar{a}=\hat{\boldsymbol{a}}$。

这里暂不讨论整数孔径最小二乘的失败率控制问题。由于第(3)步到第(5)步需要额外进行 N 次模糊度解算,时间成本是非常可观的,而且最后获得 μ_0 对下一个历元的模糊度解算参考意义并不大。为了简化这一过程,可以将式(4.27)转变为一个检测过程,即[206]

$$\frac{2\boldsymbol{c}^{\mathrm{T}}Q_{\hat{a}\hat{a}}^{-1}(\hat{\boldsymbol{a}}-\breve{\boldsymbol{a}}_1)}{\|\boldsymbol{c}\|_{Q_{\hat{a}\hat{a}}}^2}\leqslant\mu \tag{4.30}$$

其中,$\boldsymbol{c}=\breve{\boldsymbol{a}}_2-\breve{\boldsymbol{a}}_1$。

同样,如果利用生成的 N 个样本进行解算,得到 N 个 μ,最后取 $P_f(\mu_N)=\beta$。若 N 的数量足够大,则 μ_N 可以作为特定 GNSS 模型下满足 $P_f=\beta$ 的固定阈值。这样就避免了再执行多次复杂的流程寻找合适的 μ 的过程,大大减少了算法消耗的时间。

选择特定阈值满足 $P_f=\beta$ 属于整数孔径估计质量控制研究的内容,这里不再深入讨论,后面将对此进行研究,并进行实验验证。

4.3 差分孔径估计

差分检测最早在文献[205]中被提出,并在最近得到很多研究者关注[69,168,172]。差分检测表达式的形式如下

$$\|\hat{\boldsymbol{a}}-\breve{\boldsymbol{a}}_2\|_{Q_{\hat{a}\hat{a}}}^2-\|\hat{\boldsymbol{a}}-\breve{\boldsymbol{a}}_1\|_{Q_{\hat{a}\hat{a}}}^2\geqslant\mu \tag{4.31}$$

当对应的正确模糊度为零向量时,差分孔径区域可记为

$$\begin{aligned}\Omega_{0,DTIA}&=\{\boldsymbol{x}\in\mathbb{R}^m\mid S(\boldsymbol{x})=0,\ \|\boldsymbol{x}-\boldsymbol{u}\|_{Q_{\hat{a}\hat{a}}}^2-\|\boldsymbol{x}\|_{Q_{\hat{a}\hat{a}}}^2\geqslant\mu,\ \boldsymbol{u}\in\mathbb{Z}^m\setminus\{0\}\}\\&=\left\{\boldsymbol{x}\in\mathbb{R}^m\mid S(\boldsymbol{x})=0,\ \frac{\boldsymbol{u}^{\mathrm{T}}Q_{\hat{a}\hat{a}}^{-1}\boldsymbol{x}}{\|\boldsymbol{u}\|_{Q_{\hat{a}\hat{a}}}}\leqslant\frac{\|\boldsymbol{u}\|_{Q_{\hat{a}\hat{a}}}^2-\mu}{2\|u\|_{Q_{\hat{a}\hat{a}}}},\ \boldsymbol{u}\in\mathbb{Z}^m\setminus\{0\}\right\}\end{aligned} \tag{4.32}$$

方程式(4.31)中不等式的左侧实际是 $\boldsymbol{x}$ 在 $\boldsymbol{u}$ 方向上的投影，且 $\Omega_{0,DTIA}$ 是由正交于 $\boldsymbol{u}$ 且通过 $\frac{1}{2}\left(1-\frac{\mu}{\|\boldsymbol{u}\|_{Q_{\hat{a}}}^2}\right)\boldsymbol{u}$ 相交的超平面围成，$\Omega_{0,DTIA} \subset S_0$。

二维情况下的差分孔径估计的孔径归整区域几何构型和不同估计结果如图 4.1 所示。图 4.1 中的左图鲜明地展示了(4.32)中差分孔径区域的构造原理，图中的绿色的区域表示模糊度固定成功，该区域由方程(4.32)中对应的不等式转化而来。图 4.1(b)给出了浮点解落在不同区域的估计结果。绿色区域表示模糊度固定正确，红色区域表示模糊度固定错误，蓝色区域表明正确检测到错误，粉色则代表虚警，其中，当浮点解落在粉色和蓝色区域时不固定模糊度，仅接受浮点解。

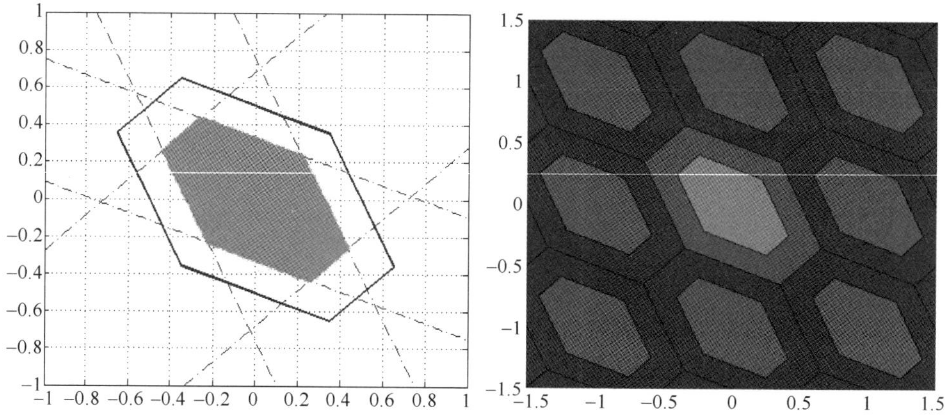

(a) 差分孔径区域的几何构造原理　　(b) 差分孔径区域的估计结果构成

图 4.1　二维情况下差分孔径估计的几何构型和估计结果(见彩图)

4.3.1　差分检测的范围

在差分检测式(4.31)中，没有给出阈值 μ 的取值范围，而阈值 μ 的取值范围一定程度上代表了差分检测的检测范围，这里对此进行探讨。

简化起见，这里用 $R_2=\|\hat{z}-\breve{z}_2\|_{Q_{\hat{z}\hat{z}}}^2$ 且 $R_1=\|\hat{z}-\breve{z}_1\|_{Q_{\hat{z}\hat{z}}}^2$，检测过程在去相关条件下实现以提高估计性能，有

$$
\begin{aligned}
R_2-R_1 &= (\hat{z}-\breve{z}_2)^{\mathrm{T}}\boldsymbol{Q}_{\hat{z}\hat{z}}^{-1}(\hat{z}-\breve{z}_2)-(\hat{z}-\breve{z}_1)^{\mathrm{T}}\boldsymbol{Q}_{\hat{z}\hat{z}}^{-1}(\hat{z}-\breve{z}_1) \\
&= 2\hat{z}^{\mathrm{T}}\boldsymbol{Q}_{\hat{z}\hat{z}}^{-1}(\hat{z}_1-\breve{z}_2)+\breve{z}_2^{\mathrm{T}}\boldsymbol{Q}_{\hat{z}\hat{z}}^{-1}\breve{z}_2-\breve{z}_1^{\mathrm{T}}\boldsymbol{Q}_{\hat{z}\hat{z}}^{-1}\breve{z}_1 \\
&= [2\hat{z}-(\breve{z}_1+\breve{z}_2)]^{\mathrm{T}}\boldsymbol{Q}_{\hat{z}\hat{z}}^{-1}(\breve{z}_1-\breve{z}_2)
\end{aligned}
\tag{4.33}
$$

根据前面对次优解 $\breve{z}_2$ 性质的分析，尽管 $Q_{\hat{z}\hat{z}}$ 无法实现完全的去相关，但残余

的模糊度相关性并不影响最优解和次优解的关系。对于最优解和次优解各个元素而言,其差值

$$|\breve{z}_2^i-\breve{z}_1^i|\leqslant 1,\ i=1,2,\cdots,m \tag{4.34}$$

最终,两个向量间的差值范围为

$$1\leqslant(\breve{z}_2-\breve{z}_1)^{\mathrm{T}}(\breve{z}_2-\breve{z}_1)\leqslant m \tag{4.35}$$

根据式(4.33),差分检测可以看成是 $\breve{z}_1-\breve{z}_2$ 在 $2\hat{z}-(\breve{z}_1+\breve{z}_2)$ 上的投影。由于 $\hat{z}$ 必须取在归整区域内,当 $2\hat{z}-(\breve{z}_1+\breve{z}_2)$ 和 $\breve{z}_1-\breve{z}_2$ 的方向一致时,可以得到差分检测值的上限,此时意味着 $\hat{z}=\breve{z}_1$,最终有

$$\begin{aligned}R_2-R_1&=[2\hat{z}-(\breve{z}_1+\breve{z}_2)]^{\mathrm{T}}\boldsymbol{Q}_{\hat{z}\hat{z}}^{-1}(\breve{z}_1-\breve{z}_2)\\&\leqslant(\breve{z}_1-\breve{z}_2)^{\mathrm{T}}\boldsymbol{Q}_{\hat{z}\hat{z}}^{-1}(\breve{z}_1-\breve{z}_2)\\&=(\breve{z}_2-\breve{z}_1)^{\mathrm{T}}\boldsymbol{Q}_{\hat{z}\hat{z}}^{-1}(\breve{z}_2-\breve{z}_1)\end{aligned} \tag{4.36}$$

等号成立时,即是差分检测上限值。

简化起见,这里用 $\boldsymbol{c}=\breve{z}_2-\breve{z}_1$,根据次优解和最优解在每个坐标轴上的数值关系,有 $\max\{\boldsymbol{c}_j^{\mathrm{T}}\boldsymbol{c}_j\}=1$,$\boldsymbol{c}_j$ 为坐标轴上的标准向量。

为了使得上限最紧,式(4.36)需满足

$$\begin{aligned}R_2-R_1&\leqslant\min\{\boldsymbol{c}^{\mathrm{T}}\boldsymbol{Q}_{\hat{z}\hat{z}}^{-1}\boldsymbol{c}\}\\&=\boldsymbol{c}_j^{\mathrm{T}}\boldsymbol{Q}_{\hat{z}\hat{z}}^{-1}\boldsymbol{c}_j,\ j=1,2,\cdots,m\end{aligned} \tag{4.37}$$

当 $\boldsymbol{c}$ 取标准向量时,已经是距离最优解最近的次优解。根据 $\boldsymbol{L}^{\mathrm{T}}D\boldsymbol{L}$ 分解,令

$$\begin{aligned}\boldsymbol{Q}_{\hat{z}\hat{z}}&=\boldsymbol{L}^{\mathrm{T}}D\boldsymbol{L}\\\boldsymbol{Q}_{\hat{z}\hat{z}}^{-1}&=\boldsymbol{L}^{-1}D^{-1}(\boldsymbol{L})^{\mathrm{T}}\end{aligned} \tag{4.38}$$

通常 $\boldsymbol{L}$ 矩阵的主对角元素为 $\mathrm{diag}\{\boldsymbol{L}\}=[1\quad\cdots\quad1]^{\mathrm{T}}$,由于

$$\boldsymbol{c}_j^{\mathrm{T}}\boldsymbol{L}^{-1}=[l_{j,1}\quad\cdots\quad l_{j,j-1}\quad1\quad0\quad\cdots\quad0] \tag{4.39}$$

将式(4.38),式(4.39)代入式(4.37),进一步简化为

$$\begin{aligned}\min\{\boldsymbol{c}^{\mathrm{T}}\boldsymbol{Q}_{\hat{z}\hat{z}}^{-1}\boldsymbol{c}\}&=\boldsymbol{c}_j^{\mathrm{T}}\boldsymbol{L}^{-1}D^{-1}\boldsymbol{L}^{-\mathrm{T}}\boldsymbol{c}_j\\&=\frac{l_{j,1}^2}{d_{1,1}}+\frac{l_{j,2}^2}{d_{2,2}}+\cdots+\frac{1}{d_{j,j}}\end{aligned} \tag{4.40}$$

式中:$d_{j,j}$为对角矩阵 $\boldsymbol{D}$ 的第 j 个元素。这里的第 j 个元素的值取决于模糊度解算去相关部分的排序和参数化,很明显,当 $j=1$ 时,式(4.40)将获得最小值。

方程(4.40)是模糊度解算在去相关空间中的推广结果。对于 LAMBDA 方法而言,为了降低搜索复杂度和提高搜索精度,通常会尽可能降低模糊度间的相关性,同时,从最精确的模糊度开始固定,尽力实现

$$d_{m,m}\leqslant\cdots\leqslant d_{1,1} \tag{4.41}$$

需要指出,式(4.41)是一个理想的目标,实际中从 m 到 1 的单调递减可能难以实现。但无论正确的模糊度是什么,在去相关之后,有

$$\min\{(\breve{z}_2-\breve{z}_1)^{\mathrm{T}}(\breve{z}_2-\breve{z}_1)\}=1 \tag{4.42}$$

既满足式(4.42)又实现式(4.39)的 $\breve{z}_2-\breve{z}_1$ 最小取值为 $[\pm 1 \quad 0 \quad \cdots \quad 0]^{\mathrm{T}}$。当然,其他 $\breve{z}_2-\breve{z}_1$ 的取值也可以满足式(4.42),但得到的并不是差分检测的最紧上限。

最终,结合式(4.42)和式(4.40),可以得到在去相关空间中,差分孔径区域内的检测值范围和最紧上限为

$$\Omega_{0,DTIA}=\left\{\boldsymbol{x}\in\mathbb{R}^m \mid S(\boldsymbol{x})=0,\ \mu\leqslant R_2-R_1\leqslant\frac{1}{d_{1,1}}\right\} \tag{4.43}$$

这个结论非常有趣,因为用户可以在无需额外计算和实际测量的情况下直接获知差分检测的检测值范围。同时,也进一步明确了差分检测阈值的取值范围 $\left(0,\dfrac{1}{d_{1,1}}\right)$。这里获得差分检测的检测值最紧上限应小于等于文献[207]中的上限值。当然,非去相关条件下也存在相应的上界值,但此上界将非常宽松。此外,根据协方差矩阵的特征值取值范围,也可以在去相关条件得到相对宽松的上界值,这里推导如下:

根据 Rayleigh-Ritz 定理[208],有

$$\frac{1}{\boldsymbol{\lambda}_{\max}}\leqslant\frac{\boldsymbol{c}^{\mathrm{T}}\boldsymbol{Q}_{\hat{z}\hat{z}}^{-1}\boldsymbol{c}}{\boldsymbol{c}^{\mathrm{T}}\boldsymbol{c}}\leqslant\frac{1}{\boldsymbol{\lambda}_{\min}} \tag{4.44}$$

式中:$\boldsymbol{\lambda}_{\min}$ 和 $\boldsymbol{\lambda}_{\max}$ 分别是协方差矩阵 $\boldsymbol{Q}_{\hat{z}\hat{z}}$ 的最小和最大特征值。

此时,仅考虑满足式(4.42)的上限值,有

$$R_2-R_1\leqslant\boldsymbol{c}^{\mathrm{T}}\boldsymbol{Q}_{\hat{z}\hat{z}}^{-1}\boldsymbol{c}\leqslant\min\left\{\frac{\boldsymbol{c}^{\mathrm{T}}\boldsymbol{c}}{\boldsymbol{\lambda}_{\min}}\right\}=\frac{1}{\boldsymbol{\lambda}_{\min}} \tag{4.45}$$

最终,差分孔径区域的检测值范围可以记为

$$\Omega_{0,DTIA}=\left\{x\in\mathbb{R}^m \mid S(\boldsymbol{x})=0,\ \mu\leqslant R_2-R_1\leqslant\frac{1}{\boldsymbol{\lambda}_{\min}}\right\} \tag{4.46}$$

式(4.43)和式(4.46)中的 μ 是进行质量评估和实现质量控制的重要参数,后面将会进一步阐述。

为了对前面推导出的差分检测上界结论进行验证,基于 3.3.4 节多 GNSS 仿真实验的参数设定,进行相应的实验验证。这里分别取位于中国 28°N,113°E 处的一个 GPS 单历元模型,以及一天内的 289 个 GPS 单历元模型,验证在同一个观测模型下,和不同观测模型下差分检测上界的约束性质,实验结果如图 4.2 所示。

可以看到,在图 4.2(a)中,由于采用的是同一个 GNSS 模型,因而差分检测的上限并未发生变化,而在图 4.2(b)中,由于不同历元对应不同的 GNSS 模型,因而上限值是时变的。相比于宽松的上限,新的上限对差分检测的检测值进行了相当准确的约束。

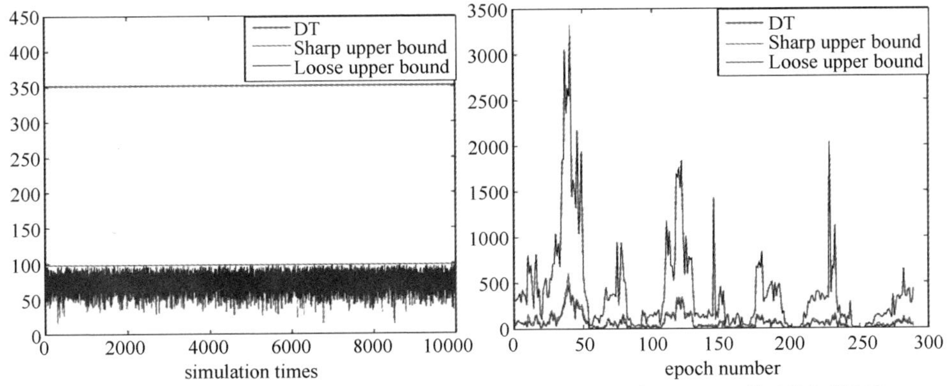

(a) 单一模型10000次仿真的结果　(b) 单天内不同GNSS模型的仿真结果

图 4.2　差分检测上界的约束效果检验(见彩图)

4.3.2　差分孔径自举估计

4.3.2.1　差分孔径自举估计及概率评估

类似于整数估计的概率评估方法,为了实现对整数孔径估计的概率评估,最简单的方法是设计出与之对应的整数孔径自举估计,利用其解析的概率评估方法对差分孔径估计进行近似。但困难在于,整数估计到整数孔径估计是通过各种线性和非线性的检测方法实现的,因而找到一种全局适用的概率评估方法是不可能的,有必要对不同的整数孔径估计进行独立的分析,找到局部适用的通用概率评估方法。

首先从差分孔径估计着手。类似于整数自举估计的定义,这里定义一种基于差分检测的自举估计,称为差分孔径自举估计(Difference Test Integer Aperture Bootstrapping, DTIAB)。不同于整数孔径自举估计,差分孔径自举估计并非整数估计的简单放缩,而是基于差分检测给出不同坐标轴上的压缩因子。具体定义如下

定义 1:差分孔径自举估计

差分孔径自举估计的归整区域定义为

$$\Omega_{z,DTIAB}=\bigcap_{i=1}^{m}\left\{x\in\mathbb{R}^m \mid \frac{|\boldsymbol{c}_i^{\mathrm{T}}L^{-1}(\boldsymbol{x}-\boldsymbol{z})|}{T(\boldsymbol{c}_i)}\leqslant\frac{1}{2},\ z\in\mathbb{Z}^m\right\}\tag{4.47}$$

式中:$\boldsymbol{c}_i$ 为基本向量;$T(\boldsymbol{c}_i)$,$0<T(\boldsymbol{c}_i)\leqslant 1$ 为压缩因子;$\Omega_{z,DTIAB}$ 为不同次优解对应的最优解子区域的并集,即

$$\Omega_{z,DTIAB}=\bigcup_{c_i\in\mathbb{Z}^m\setminus\{0\}} T(\boldsymbol{c}_i)S_{z,IB}(\boldsymbol{c}_i+z) \tag{4.48}$$

且

$$\begin{cases} S_{0,IB}=\bigcup\limits_{c_i\in\mathbb{Z}^m\setminus\{0\}} S_{0,IB}(\boldsymbol{c}_i) \\ S_{0,IB}=\bigcap\limits_{i=1}^{m}\left\{x\in\mathbb{R}^m \mid |\boldsymbol{c}_i^{\mathrm{T}}L^{-1}\boldsymbol{x}|\leqslant\dfrac{1}{2}\right\} \\ T(\boldsymbol{c}_i)S_{z,IB}(\boldsymbol{c}_i+z)=\left\{\boldsymbol{x}\in\mathbb{R}^m \mid \dfrac{\boldsymbol{x}-\boldsymbol{z}}{T(\boldsymbol{c}_i)}\in S_{0,IB}(\boldsymbol{c}_i)\right\} \end{cases} \tag{4.49}$$

式中:$S_{0,IB}(\boldsymbol{c}_i)$ 和 $S_{z,IB}(\boldsymbol{c}_i+\boldsymbol{z})$ 分别为对应于次优解 $\boldsymbol{c}_i$ 和 $\boldsymbol{c}_i+\boldsymbol{z}$ 的整数自举估计归整区域的子区域。

需要指出,$S_{0,IB}(\boldsymbol{c}_i)$ 和 $S_{z,IB}(\boldsymbol{c}_i+\boldsymbol{z})$ 仅表示易于理解的过渡符号,本身并无明确的解析表达式,它们的性质可以从 $S_{0,IB}$ 和 $S_{z,IB}$ 中推导出来。这里需要强调 $T(\boldsymbol{c}_i)$ 可以看作是对 $S_{0,IB}(\boldsymbol{c}_i)$ 的单向放缩,方向是从次优模糊度到最优模糊度,计算 $T(\boldsymbol{c}_i)$ 的解析表达式将在后文进行详细推导。

差分孔径自举估计和整数孔径自举估计的区别在于二者在不同的坐标轴上采取了不同的压缩因子。在整数孔径自举估计中,所有方向的压缩因子是相同的,而差分孔径自举估计则不然。但是当 $T(\boldsymbol{c}_1)=T(\boldsymbol{c}_2)=\cdots=T(\boldsymbol{c}_m)$ 时,差分孔径自举估计将等价于整数孔径自举估计。因此,可以将差分孔径自举估计看作是广义的整数孔径自举估计。当 GNSS 模型足够强时,已无需模糊度检验,此时取 $\mu=0$,差分孔径自举估计将转化为整数自举估计。

根据差分孔径自举估计的定义,它对应的成功率计算方法给出如下。

推论 1:差分孔径自举估计的成功率

令模糊度浮点解的分布满足 $\hat{\boldsymbol{a}}\sim N(\boldsymbol{a},Q_{\hat{a}\hat{a}})$。差分孔径自举估计的成功率可直接按式(4.50)计算

$$P(\breve{a}_{DTIAB}=\boldsymbol{a})=\prod_{i=1}^{m}\left(2\Phi\left(\frac{|\boldsymbol{x}_i|}{\sigma_{\hat{a}_{i|I}}}\right)-1\right) \tag{4.50}$$

式中:$|\boldsymbol{x}_i|$ 为差分孔径自举估计的中心归整区域和第 i 个坐标轴的相交点,每个坐标轴仅有唯一的 $|\boldsymbol{x}_i|$。

证明:见附录 A.1。

这里给出计算 $|\boldsymbol{x}_i|$ 的方法。需要说明的是,这里对 $|\boldsymbol{x}_i|$ 的计算仅考虑无系统偏差的情况,本节暂不讨论存在偏差时整数孔径估计的性质。由于 $|\boldsymbol{x}_i|$ 为差分孔径归整区域和坐标轴的交点,因而需要从式(4.32)出发,且检测阈值 μ 假

设已知。

在式(4.32)中,对于浮点解 x 与第 i 个坐标轴的焦点,有 $\boldsymbol{x}=[0,\cdots,x_i,\cdots,0]^{\mathrm{T}}$,因而令 $\boldsymbol{x}=\boldsymbol{c}_i x_i$,$x_i>0$,$\boldsymbol{c}_i$ 为第 i 个坐标轴的基本向量。根据模糊度次优解的性质,式(4.32)中在第 i 个坐标轴上的次优解 $u=\boldsymbol{c}_i$,当等号成立时,有

$$\boldsymbol{x}_i=\frac{\|\boldsymbol{c}_i\|_{Q_{\hat{z}\hat{z}}}^2-\boldsymbol{\mu}}{2\|\boldsymbol{c}_i\|_{Q_{\hat{z}\hat{z}}}^2} \tag{4.51}$$

此时 $\|\boldsymbol{c}_i\|_{Q_{\hat{z}\hat{z}}}^2-\boldsymbol{\mu}>0$。若 $x_i<0$,则 $\boldsymbol{x}=-\boldsymbol{c}_i x_i$,$x_i>0$

$$-\boldsymbol{x}_i=\frac{\|\boldsymbol{c}_i\|_{Q_{\hat{z}\hat{z}}}^2-\boldsymbol{\mu}}{2\|\boldsymbol{c}_i\|_{Q_{\hat{z}\hat{z}}}^2} \tag{4.52}$$

因而有

$$|x_i|=\frac{\|\boldsymbol{c}_i\|_{Q_{\hat{z}\hat{z}}}^2-\boldsymbol{\mu}}{2\|\boldsymbol{c}_i\|_{Q_{\hat{z}\hat{z}}}^2} \tag{4.53}$$

需要指出,这里的 $Q_{\hat{z}\hat{z}}$ 仅指去相关条件下的 GNSS 模型。根据前面的论述可知,去相关能够提高部分整数估计的模糊度解算成功率,改善模糊度解算成功率的概率近似效果,同时式(4.53)表明不同去相关条件下,$|x_i|$ 的结果也不同。

得到差分孔径自举估计的成功率后,类似于整数自举估计,同样也可以推导整数孔径自举估计的概率上下限。

首先推导概率下界。根据去相关变换的性质,有

$$\begin{aligned} P(\breve{z}_{DTIAB}=\boldsymbol{z}) &= \prod_{i=1}^{m}\left(2\Phi\left(\frac{|x_i|}{\boldsymbol{\sigma}_{z_{i|I}}}\right)-1\right) \\ &\geqslant \prod_{i=1}^{m}\left(2\Phi\left(\frac{|x_i|}{\boldsymbol{\sigma}_{a_{i|I}}}\right)-1\right) \end{aligned} \tag{4.54}$$

因而

$$P(\breve{z}_{DTIAB}=\boldsymbol{z})\geqslant P(\breve{a}_{DTIAB}=\boldsymbol{a}) \tag{4.55}$$

进一步讨论概率上界。类似于整数自举估计,差分孔径自举估计也可以看作是不同边长的面围成的多面体,当各个面的长度相等时,多面体的体积达到最大值,此时意味着

$$\frac{|x_1|}{\boldsymbol{\sigma}_{\hat{a}_{1|2,\cdots,m}}}=\cdots=\frac{|x_m|}{\boldsymbol{\sigma}_{\hat{a}_m}} \tag{4.56}$$

实际中,这一条件是非常苛刻的,它对 GNSS 模型的强度和相关性要求过高。

类似于整数自举估计基于 ADOP 的上限,这里有

$$P\left(\bigcap_{i=1}^{m}\left\{\frac{|\hat{a}_{i|I}-a_i|}{\sigma_{\hat{a}_{i|I}}}\leqslant\frac{|x_i|}{\sigma_{\hat{a}_{i|I}}}\right\}\right)\leqslant P\left(\bigcap_{i=1}^{m}\left\{\frac{|\hat{a}_{i|I}-a_i|}{\sigma_{\hat{a}_{i|I}}}\leqslant\frac{1}{2}\sqrt[m]{\prod_{i=1}^{m}\frac{|x_i|}{\sigma_{\hat{a}_{i|I}}}}\right\}\right)$$
$$=\prod_{i=1}^{m}\left(2\Phi\left(\frac{\beta}{ADOP}\right)-1\right) \tag{4.57}$$

式中:$\beta=\sqrt[m]{\prod_{i=1}^{m}|x_i|}$。

式(4.57)给出了一个非常宽松的上限,更紧致的上限可仅对$|x_i|$部分的放大,即

$$P\left(\bigcap_{i=1}^{m}\left\{\frac{|\hat{a}_{i|I}-a_i|}{\sigma_{\hat{a}_{i|I}}}\leqslant\frac{|x_i|}{\sigma_{\hat{a}_{i|I}}}\right\}\right)\leqslant P\left(\bigcap_{i=1}^{m}\left\{\frac{|\hat{a}_{i|I}-a_i|}{\sigma_{\hat{a}_{i|I}}}\leqslant\frac{\sqrt[m]{\prod_{i=1}^{m}|x_i|}}{\sigma_{\hat{a}_{i|I}}}\right\}\right)$$
$$=\prod_{i=1}^{m}\left(2\Phi\left(\frac{\beta}{\sigma_{\hat{a}_{i|I}}}\right)-1\right) \tag{4.58}$$

需要说明,不同于整数自举估计基于 ADOP 的不变上限,式(4.58)和式(4.57)均受去相关变换的影响。为了使上限尽可能紧,仍有必要在去相关条件下进行概率评估。

综上所述,这里可以给出差分孔径自举估计的成功率上下限

$$P(\breve{a}_{DTIAB}=a)\leqslant P(\breve{z}_{DTIAB}=z)\leqslant\prod_{i=1}^{m}\left(2\Phi\left(\frac{\beta}{\sigma_{\hat{z}_{i|I}}}\right)-1\right)\leqslant\prod_{i=1}^{m}\left(2\Phi\left(\frac{\beta}{ADOP}\right)-1\right) \tag{4.59}$$

式中:$P(\breve{z}_{DTIAB}=z)=\prod_{i=1}^{m}\left(2\Phi\left(\frac{|x_i|}{\sigma_{z_{i|I}}}\right)-1\right)$

由于整数孔径估计成功率和失败率之间并非互补的关系,类似于整数孔径自举估计,差分孔径自举估计的失败率应为

$$P_{f,DTIAB}=\sum_{z\in\mathbb{Z}^m\setminus\{0\}}\prod_{i=1}^{m}\left(\Phi\left(\frac{|x_i|+z_i}{\sigma_{\hat{z}_{i|I}}}\right)-\Phi\left(\frac{z_i-|x_i|}{\sigma_{\hat{z}_{i|I}}}\right)\right) \tag{4.60}$$

式中:$|x_i|$的表达式见式(4.53)。

对于单独的非中心孔径归整区域,其失败率为

$$P(\breve{z}_{DTIAB}=z(k))=\prod_{i=1}^{m}\left(\Phi\left(\frac{|x_i|+z_i(k)}{\sigma_{\hat{z}_{i|I}}}\right)-\Phi\left(\frac{z_i(k)-|x_i|}{\sigma_{\hat{z}_{i|I}}}\right)\right) \tag{4.61}$$

式中:$z(k)$为第 k 个整数模糊度;$z_i(k)$为模糊度的第 i 个元素。

4.3.2.2 差分孔径自举估计的归整区域

前文对整数估计归整区域的介绍中，没有提及归整区域的体积。仅直观地假设模糊度候选解的个数等于超椭球搜索体积的取整。在式(4.53)给出归整区域和坐标轴交点的计算方法后，便可以对归整区域的体积进行解析计算。

从式(4.62)可以看到，当$\mu=0$时，差分孔径估计变为整数最小二乘，此时整数归整区域和坐标轴交点的绝对值均为$\frac{1}{2}$。由于去相关变换保体积的特性，整数最小二乘和整数归约估计及整数自举估计的体积是相同的。

整数归约估计归整区域的体积为

$$V_{IR}=\prod_{i=1}^{m}(2|x_i|)=1 \tag{4.62}$$

因而其他整数估计的体积有$V_{ILS}=V_{IB}=V_{IR}=1$。

同理，这里可以计算差分孔径自举估计归整区域的体积

$$V_{DTIAB}=\prod_{i=1}^{m}2|x_i|=\prod_{i=1}^{m}\left|1-\frac{\mu}{\|c_i\|^2_{Q_{\hat{a}\hat{a}}}}\right| \tag{4.63}$$

式(4.63)中$0<\prod_{i=1}^{m}2|x_i|\leqslant 1$。$V_{DTIAB}$的上限为

$$V_{DTIAB}=\prod_{i=1}^{m}\left|1-\frac{\mu}{\|c_i\|^2_{Q_{\hat{a}\hat{a}}}}\right|\leqslant m^{-1}\left(\left|1-\frac{\mu}{\|c_1\|^2_{Q_{\hat{a}\hat{a}}}}\right|+\cdots+\left|1-\frac{\mu}{\|c_m\|^2_{Q_{\hat{a}\hat{a}}}}\right|\right)^m \tag{4.64}$$

当$\|c_1\|^2_{Q_{\hat{a}\hat{a}}}=\cdots=\|c_m\|^2_{Q_{\hat{a}\hat{a}}}$时，等号成立。

4.3.3 差分孔径估计的质量评估方法

完成差分孔径自举估计的概率评估，便可以借助其解析的概率公式对差分孔径估计进行概率近似。

这里首先分析差分孔径估计和最小二乘的关系。代入整数最小二乘的解析表达式后，式(4.32)可以改写为

$$\begin{aligned}\Omega_{0,DTIA}&=\left\{\boldsymbol{x}\in\mathbb{R}^m\,|\,S(\boldsymbol{x})=0,\ \frac{\boldsymbol{u}^{\mathrm{T}}Q_{\hat{z}\hat{z}}^{-1}\boldsymbol{x}}{\|\boldsymbol{u}\|_{Q_{\hat{z}\hat{z}}}}\leqslant\frac{\|\boldsymbol{u}\|^2_{Q_{\hat{z}\hat{z}}}-\mu}{2\|\boldsymbol{u}\|_{Q_{\hat{z}\hat{z}}}},\ \boldsymbol{u}\in\mathbb{Z}^m\setminus\{0\}\right\}\\&=\bigcap_{c\in\mathbb{Z}^m\setminus\{0\}}\left\{\boldsymbol{x}\in\mathbb{R}^m\,|\,\boldsymbol{c}^{\mathrm{T}}Q_{\hat{z}\hat{z}}^{-1}(\boldsymbol{x}-\boldsymbol{z})\leqslant\frac{1}{2}\|\boldsymbol{c}\|^2_{Q_{\hat{z}\hat{z}}},\frac{\|\boldsymbol{c}\|^2_{Q_{\hat{z}\hat{z}}}\boldsymbol{c}^{\mathrm{T}}Q_{\hat{z}\hat{z}}^{-1}\boldsymbol{x}}{\|\boldsymbol{c}\|^2_{Q_{\hat{z}\hat{z}}}-\mu}\leqslant\frac{\|\boldsymbol{c}\|^2_{Q_{\hat{z}\hat{z}}}}{2}\right\}\end{aligned} \tag{4.65}$$

式中：$\boldsymbol{c}$为模糊度次优解。

由于去相关的重要影响,如无明确声明,后文将默认整数孔径估计在去相关条件下进行。令

$$T(\boldsymbol{c})=\frac{\|\boldsymbol{c}\|_{Q_{\hat{z}\hat{z}}}^{2}-\mu}{\|\boldsymbol{c}\|_{Q_{\hat{z}\hat{z}}}^{2}},\ 0<T(\boldsymbol{c})\leqslant 1 \tag{4.66}$$

需要指出,这里的 $T(\boldsymbol{c})$ 实际为式(4.20)中推广的孔径参数 $T(Q_{\hat{a}\hat{a}},\boldsymbol{c},\mu,\boldsymbol{x})$。在去相关后的实数域 $\boldsymbol{x}\in R^{m}$,对于特定的 GNSS 模型 $Q_{\hat{z}\hat{z}}$,检测阈值 μ 确定后,推广的孔径参数仅和次优模糊度 c 有关,因而将其简写为 $T(\boldsymbol{c})$。

比较式(4.66)中两个不等式的包含关系,最终差分孔径估计的表达式简化为

$$\Omega_{0,DTIA}=\bigcap_{c\in\mathbb{Z}^{n}\setminus\{0\}}\left\{x\in\mathbb{R}^{m}\mid\frac{\boldsymbol{c}^{\mathrm{T}}Q_{\hat{z}\hat{z}}^{-1}\boldsymbol{x}}{T(c)}\leqslant\frac{\|\boldsymbol{c}\|_{Q_{\hat{z}\hat{z}}}^{2}}{2}\right\} \tag{4.67}$$

这里的 $T(\boldsymbol{c})$ 具有如下的性质:

(1) 一旦 GNSS 模型确定,则模糊度次优解 c 就是确定的,而 $T(c)$ 的值仅取决于阈值 μ。

(2) 去相关后,整数最小二乘和整数自举估计的性质是相似的,但在去相关存在残余时,整数最小二乘的次优解数目将多于整数自举,换而言之,整数自举次优解的集合是整数最小二乘次优解的子集。

(3) $T(c)$ 的取值不受 c 的正负影响,即 $T(\boldsymbol{c})=T(-\boldsymbol{c})$。

同一个整数孔径归整区域内的任何浮点值除了固定的最优解一致以外,次优解可能有所不同,按照孔径归整区域内各点对应的模糊度次优解的不同,差分孔径归整区域可以重写为

$$\Omega_{z,DTIA}=\bigcup_{c\in\mathbb{Z}^{m}\setminus\{0\}}\Omega_{z,DTIA}(\boldsymbol{c}+\boldsymbol{z}) \tag{4.68}$$

比较式(4.67)和式(4.19),可以将 $T(c)$ 看作等效的孔径因子 μ,因而式(4.68)可记为

$$\Omega_{z,DTIA}=\bigcup_{c\in\mathbb{Z}^{m}\setminus\{0\}}T(\boldsymbol{c})S_{z,ILS}(\boldsymbol{c}+\boldsymbol{z}) \tag{4.69}$$

式中:$S_{z,ILS}(\boldsymbol{c}+\boldsymbol{z})$ 为整数归整区域中模糊度次优解为 $\boldsymbol{c}+\boldsymbol{z}$ 的子区域。

至此,可以看到,差分孔径估计可以看作是广义的整数孔径最小二乘估计,而当各个方向的 $T(\boldsymbol{c})$ 的值均相同时,差分孔径估计将等价于整数孔径最小二乘。

综上所述,这里可以重新给出差分孔径估计的定义。

定义 2:差分孔径估计

差分孔径估计的归整区域定义为

$$\Omega_{z,DTIA}=\bigcap_{c\in\mathbb{Z}^m\setminus\{0\}}\left\{x\in\mathbb{R}^m\ \Big|\ \frac{\|\boldsymbol{c}\|^2_{Q_{\hat{z}\hat{z}}}c^{\mathrm{T}}Q^{-1}_{\hat{z}\hat{z}}(\boldsymbol{x}-\boldsymbol{z})}{\|\boldsymbol{c}\|^2_{Q_{\hat{z}\hat{z}}}-\mu}\leqslant\frac{\|\boldsymbol{c}\|^2_{Q_{\hat{z}\hat{z}}}}{2}\right\} \tag{4.70}$$

式中：c 为整数平移后的次优模糊度；$\Omega_{z,DTIA}$ 可以记为缩小的整数归整区域的并集，即

$$\Omega_{z,DTIA}=\bigcup_{c\in\mathbb{Z}^m\setminus\{0\}}T(c)S_{z,ILS}(\boldsymbol{c}+\boldsymbol{z}) \tag{4.71}$$

式中：$T(\boldsymbol{c})=\dfrac{\|\boldsymbol{c}\|^2_{Q_{\hat{z}\hat{z}}}-\mu}{\|\boldsymbol{c}\|^2_{Q_{\hat{z}\hat{z}}}}$，以及

$$\begin{cases}S_{0,ILS}=\bigcup\limits_{c\in\mathbb{Z}^m\setminus\{0\}}S_{0,ILS}(\boldsymbol{c})\\ S_{0,ILS}=\bigcap\limits_{c\in\mathbb{Z}^m\setminus\{0\}}\left\{x\in\mathbb{R}^m\ \Big|\ \boldsymbol{c}^{\mathrm{T}}Q^{-1}_{\hat{z}\hat{z}}(\boldsymbol{x}-\boldsymbol{z})\leqslant\dfrac{1}{2}\|\boldsymbol{c}\|^2_{Q_{\hat{z}\hat{z}}}\right\}\\ T(\boldsymbol{c})S_{z,ILS}(\boldsymbol{c}+\boldsymbol{z})=\left\{x\in\mathbb{R}^m\ \Big|\ \dfrac{\boldsymbol{x}-\boldsymbol{z}}{T(\boldsymbol{c})}\in S_{0,ILS}(\boldsymbol{c})\right\}\end{cases} \tag{4.72}$$

这里给出差分孔径归整区域的二维构型图，如图 4.3 所示，图中 $\mu=5$，不同颜色的子区域对应不同的模糊度次优解，蓝色区域对应(0,1)，标记为 1，黑色区域对应(0,−1)，标记为 2，褚色区域对应(1,0)，标记为 3，红色区域对应(−1,0)，标记为 4，黄色区域对应(1,−1)，标记为 5，青色区域对应(−1,1)，标记为 6。

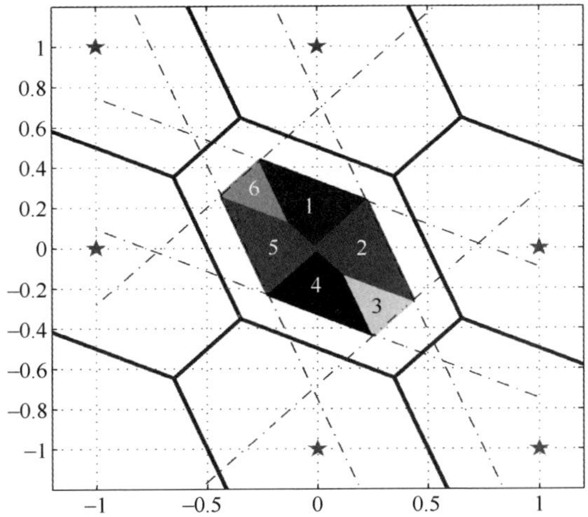

图 4.3　差分孔径估计归整区域的二维几何构型（见彩图）

这里需要指出，式(4.72)中的 $T(\boldsymbol{c})$ 和(4.49)中的 $T(c_i)$ 的不同，当模糊度之间完全去相关时，整数孔径估计将等价于整数孔径自举估计，此时 c 和 c_i 的集合将完全相同。但由于不可能完全去相关，因而大多数情况下总有 $N_c\geqslant N_{c_i}$，

即 c 的集合中元素的个数要多于 c_i 的集合中元素的个数。

为了对差分孔径估计进行概率评估，最直接的途径仍是采用基于差分孔径自举估计的近似。因而，首先需要知道差分孔径估计成功率的上下限。为此，下面给出相关的两个推论。

推论 2：差分孔径估计的成功率下限

根据差分孔径自举估计的定义，去相关条件下差分孔径估计的模糊度解算成功率与差分孔径自举估计的关系为

$$P(\breve{z}_{DTIA}=\boldsymbol{z}) \geqslant P(\breve{z}_{DTIAB}=\boldsymbol{z}) \tag{4.73}$$

证明：见附录 A.2。

注意 $P(\breve{z}_{DTIAB}=\boldsymbol{z}) \neq P(\breve{a}_{DTIAB}=\boldsymbol{a})$，因为去相关变换会改变整数孔径估计的性质。同样，也可以推导出基于 ADOP 的上限。

推论 3：差分孔径估计的成功率上限

对于确定的模糊度去相关再参数化，差分孔径估计的模糊度解算成功率的上限约束为

$$P(\breve{z}_{DTIA}=z) \leqslant P\left(\chi^2(m,0) \leqslant \frac{4\bar{x}^2 c_m}{ADOP^2}\right) \tag{4.74}$$

其中，$\bar{x}=\left(\frac{\sum_{i=1}^{m}|x_i|}{m}\right)^2$。

证明：见附录 A.3。

当然，整数孔径估计有一个成功率上限始终存在，即

$$P(\breve{z}_{DTIA}=\boldsymbol{z}) \leqslant P_{s,ILS} \tag{4.75}$$

最终，可以看到差分孔径估计的成功率上下限可为

$$P(\breve{z}_{DTIAB}=\boldsymbol{z}) \leqslant P(\breve{z}_{DTIA}=\boldsymbol{z}) \leqslant P\left(\chi^2(m,0) \leqslant \frac{4\bar{x}^2 c_m}{ADOP^2}\right) \tag{4.76}$$

在整数孔径估计的质量评估中，通常用户的目标是实现失败率的控制。通过控制失败率和成功率，第三种决策的概率便可以直接获得

$$P_u = 1 - P(\breve{z}_{DTIA}=\boldsymbol{z}) - P_f \tag{4.77}$$

由于去相关条件下整数自举估计和整数最小二乘性能的近似，这里同样可以在去相关条件下用差分孔径自举估计来近似评估差分孔径估计。

4.3.4 差分孔径估计质量评估的验证

为了验证前面的结论，利用 3.3.4 节的多 GNSS 仿真实验进行验证。首先所有差分检测的阈值都已经取定，且令 $P_f=0.001$，具体确定检测阈值的方法将

在下一章进行探讨,选取两天时间内各个 GNSS 单系统和多系统组合的样本模型。最终的实验结果如图 4.4 和图 4.5,图 4.4 中,黑色点表示实际差分孔径估计的成功率,绿色点表示差分孔径自举估计的下界,蓝色点表示差分孔径自举估计的上界,红色点表示差分孔径估计基于 ADOP 的上界。图 4.5 中,黑色点表示实际差分孔径估计的误警率,绿色点表示近似值。

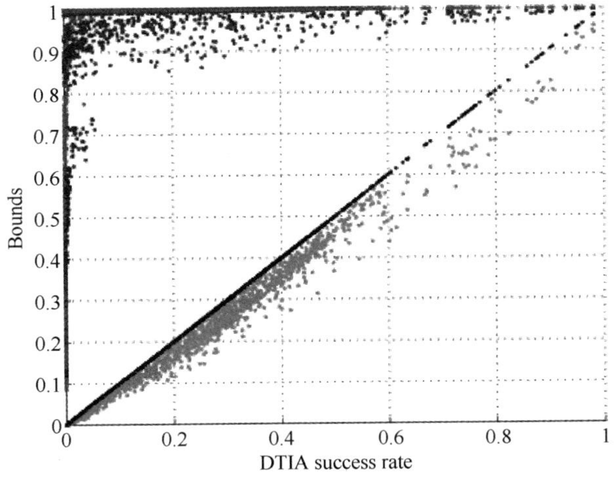

图 4.4　差分孔径估计成功率的不同上下界(见彩图)

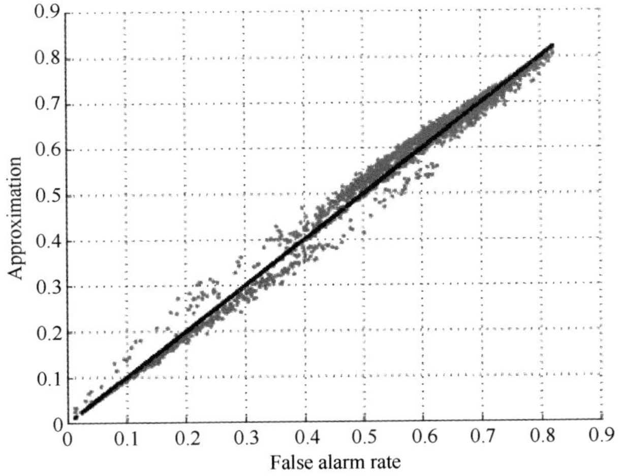

图 4.5　差分孔径估计的误警率及其近似值(见彩图)

从图 4.4 中可以看到:

(1) 基于差分孔径自举估计的下界可以实现对差分孔径估计较好的近似,

近似误差主要是由不完全去相关导致的。

（2）差分孔径自举估计基于 ADOP 的上界给出了差分孔径估计的一种性能上限。不同于整数自举估计基于 ADOP 的上限,这里的上限值始终大于差分孔径估计的成功率,这是由于$|x_i|$的几何均值和 ADOP 所引起的。

（3）差分孔径估计基于 ADOP 的成功率上限是非常宽松的上限约束,类似于整数最小二乘基于 ADOP 的上限,实际应用的价值不大。

采用差分孔径自举估计的成功率对差分孔径估计的成功率进行近似,在实现对失败率的控制使其 $P_f=0.001$,便可以得到其他估计结果的概率,如误警率

$$P_{fa}=P_{s,ILS}-P_{s,DTIA} \tag{4.78}$$

从图 4.5 中可以看到,近似得到的误警率和实际计算值相差不大,采取一定的质量控制措施以及提高去相关的程度,均可以将近似误差缩小。

4.4 W-比例孔径估计

基于 W-检验的模糊度解算方法,又被称为 W-比例孔径估计(W-Test Integer Aperture Estimation,WTIA),是另外一种比较受关注的整数孔径估计方法[141,209]。

这里首先给出 W-检验的原始解析表达式

$$\frac{\|\hat{\boldsymbol{a}}-\breve{\boldsymbol{a}}_2\|^2_{Q_{\hat{a}\hat{a}}}-\|\hat{\boldsymbol{a}}-\breve{\boldsymbol{a}}_1\|^2_{Q_{\hat{a}\hat{a}}}}{2\,\|\breve{\boldsymbol{a}}_2-\breve{\boldsymbol{a}}_1\|_{Q_{\hat{a}\hat{a}}}}\geqslant\mu,\ \breve{\boldsymbol{a}}_2=\arg\min_{z\in\mathbb{Z}^m\backslash\{\breve{a}_{11}\}}\|\hat{\boldsymbol{a}}-\boldsymbol{z}\|^2_{Q_{\hat{a}\hat{a}}} \tag{4.79}$$

注意,这里的 $\breve{a}_2$ 为次优模糊度,在模糊度解算第二步中次优解实际满足这一条件,因而无需单独列出。

因而,其孔径归整区域可整理为

$$\begin{aligned}\Omega_{z,WTIA}&=\bigcap_{c\in\mathbb{Z}^m\backslash\{0\}}\left\{\boldsymbol{x}\in\mathbb{R}^m\mid\frac{\|\boldsymbol{c}\|^2_{Q_{\hat{a}\hat{a}}}c^{\mathrm{T}}Q^{-1}_{\hat{a}\hat{a}}(\boldsymbol{x}-\boldsymbol{z})}{\|\boldsymbol{c}\|^2_{Q_{\hat{a}\hat{a}}}-\mu\,\|\boldsymbol{c}\|_{Q_{\hat{a}\hat{a}}}}\leqslant\frac{\|\boldsymbol{c}\|^2_{Q_{\hat{a}\hat{a}}}}{2},\boldsymbol{z}\in\mathbb{Z}^m\right\}\\&=\bigcup_{c\in\mathbb{Z}^m\backslash\{0\}}T(\boldsymbol{c})S_{z,ILS}(\boldsymbol{c}+\boldsymbol{z})\end{aligned} \tag{4.80}$$

式中:$\boldsymbol{c}=\boldsymbol{u}-\boldsymbol{z}$,$u$ 为次优模糊度;$T(\boldsymbol{c})=\dfrac{\|\boldsymbol{c}\|^2_{Q_{\hat{a}\hat{a}}}-\mu\,\|\boldsymbol{c}\|_{Q_{\hat{a}\hat{a}}}}{\|\boldsymbol{c}\|^2_{Q_{\hat{a}\hat{a}}}}$,$0<T(\boldsymbol{c})\leqslant 1$。

由于式(4.79)中次优模糊度带来的非线性,因而,由方程式(4.80)围成的 W-比例孔径归整区域不是凸集。

比较 W-比例孔径估计和差分孔径估计,可以发现二者的差别仅在于压缩因子 $T(c)$ 的不同。同样,对 W-比例孔径估计进行概率评估,给出 W-比例孔径

自举估计的归整区域定义

$$\Omega_{z,WTIAB}=\bigcap_{i=1}^{m}\left\{\boldsymbol{x}\in\mathbb{R}^m \mid \frac{|\boldsymbol{c}_i^{\mathrm{T}}L^{-1}(\boldsymbol{x}-\boldsymbol{z})|}{T(\boldsymbol{c}_i)}\leqslant\frac{1}{2},\ \boldsymbol{z}\in\mathbb{Z}^m\right\} \tag{4.81}$$

式中：$T(\boldsymbol{c}_i)=\dfrac{\|\boldsymbol{c}_i\|_{Q_{\hat{z}\hat{z}}}^2-\mu\|\boldsymbol{c}_i\|_{Q_{\hat{z}\hat{z}}}}{\|c_i\|_{Q_{\hat{z}\hat{z}}}^2}$。注意到，差分孔径估计和整数孔径最小二乘等价的条件和 W-比例孔径估计与整数孔径最小二乘等价的条件相同，这表明二者可能存在一些性能上的相似之处。

在文献[207]中，给出了 W-比例孔径估计的阈值范围，即

$$0\leqslant\mu\leqslant\min\left\{\frac{\|\boldsymbol{z}\|_{Q_{\hat{z}\hat{z}}}}{2}\right\} \tag{4.82}$$

当 $\mu=0$ 时，W-比例孔径估计转变为整数最小二乘。这里的阈值上限还可参考式(4.40)，最后简化为 $0\leqslant\mu\leqslant\sqrt{\dfrac{1}{d_{1,1}}}$。

W-比例孔径自举估计的概率计算公式可参考差分孔径自举估计进行推导

$$P(\breve{a}_{WTIAB}=a)=\prod_{i=1}^{m}\left(2\Phi\left(\frac{|x_i|}{\sigma_{\hat{a}_{i|I}}}\right)-1\right) \tag{4.83}$$

其中

$$|x_i|=\frac{\|\boldsymbol{c}_i\|_{Q_{\hat{z}\hat{z}}}^2-\mu\|\boldsymbol{c}_i\|_{Q_{\hat{z}\hat{z}}}}{2\|\boldsymbol{c}_i\|_{Q_{\hat{z}\hat{z}}}^2}$$

为了对 W-比例孔径估计进行概率评估，同样可以在去相关条件下基于 W-比例孔径自举估计进行近似，即

$$P_{s,WTIAB}=\prod_{i=1}^{m}\left(2\Phi\left(\frac{|x_i|}{\sigma_{\hat{z}_{i|I}}}\right)-1\right) \tag{4.84}$$

且 $P_{s,WTIA}\approx P_{s,WTIAB}$。由于成功率基于 ADOP 的概率上限在实际整数孔径估计中的应用价值有限，后文在介绍其他整数孔径估计时同样不再推导此类上限表达式。

W-比例孔径孔径自举估计的失败率表达式直接给出为

$$P_{f,WTIAB}=\sum_{z\in\mathbb{Z}^m\setminus\{0\}}\prod_{i=1}^{m}\left(\Phi\left(\frac{|x_i|+z_i}{\sigma_{\hat{z}_{i|I}}}\right)-\Phi\left(\frac{z_i-|x_i|}{\sigma_{\hat{z}_{i|I}}}\right)\right) \tag{4.85}$$

这里的 $|x_i|$ 的表达式为式(4.83)。对于单独的非中心孔径归整区域，其失败率可以近似为

$$P(\breve{z}_{WTIAB}=z(k))=\prod_{i=1}^{m}\left(\Phi\left(\frac{|x_i|+z_i(k)}{\sigma_{\hat{z}_{i|I}}}\right)-\Phi\left(\frac{z_i(k)-|x_i|}{\sigma_{\hat{z}_{i|I}}}\right)\right) \tag{4.86}$$

式中：$z(k)$为第 k 个整数模糊度；$z_i(k)$为模糊度的第 i 个元素。

在去相关条件下，可以用 W-比例孔径自举估计对 W-比例孔径估计的性能进行近似评估，即 $P(\breve{z}_{WTIA}=\breve{z}(k))\approx P(\breve{z}_{WTIAB}=\breve{z}(k))$，$P_{s,WTIA}\approx P_{s,WTIAB}$。

4.5 投影孔径估计及其改进

在文献[36]中，W-比例孔径估计被概括为投影估计中的一种。实际上，投影孔径估计和 W-比例孔径估计有很多区别，特别是在检测公式的设计，以及最终的性能评估上。

投影检测的定义

$$\frac{(\breve{\boldsymbol{a}}_2-\breve{\boldsymbol{a}}_1)^{\mathrm{T}}Q_{\hat{a}\hat{a}}^{-1}(\hat{\boldsymbol{a}}-\breve{\boldsymbol{a}}_1)}{\|\breve{\boldsymbol{a}}_2-\breve{\boldsymbol{a}}_1\|_{Q_{\hat{a}\hat{a}}}}\leqslant\mu \tag{4.87}$$

由于式(4.87)的左侧可以看作是 $\hat{\boldsymbol{a}}-\breve{\boldsymbol{a}}_1$ 在 $\breve{\boldsymbol{a}}_2-\breve{\boldsymbol{a}}_1$ 上以 $Q_{\hat{a}\hat{a}}$ 为尺度的投影，因而将其称之为投影检测。

投影孔径估计的归整区域定义为

$$\Omega_{z,PTIA}=\bigcap_{c\in\mathbb{Z}^m\{0\}}\{\boldsymbol{x}\in\mathbb{R}^m\,|\,\boldsymbol{c}^{\mathrm{T}}Q_{\hat{z}\hat{z}}^{-1}(\boldsymbol{x}-\boldsymbol{z})\leqslant\mu\,\|\boldsymbol{c}\|_{Q_{\hat{z}\hat{z}}},\ \boldsymbol{z}\in\mathbb{Z}^m\} \tag{4.88}$$

式中：$c=u-z$，u 为次优模糊度；孔径参数的取值范围是 $0\leqslant\mu\leqslant\dfrac{1}{2\sqrt{d_{1,1}}}$。

从式(4.88)可以看到，投影孔径估计和差分孔径估计及 W-比例孔径估计存在明显不同，这里将整理后的三种检测进行对比

$$\begin{cases}c^{\mathrm{T}}Q_{\hat{z}\hat{z}}^{-1}(\boldsymbol{x}-\boldsymbol{z})\leqslant\mu\,\|\boldsymbol{c}\|_{Q_{\hat{z}\hat{z}}}\\ c^{\mathrm{T}}Q_{\hat{z}\hat{z}}^{-1}(\boldsymbol{x}-\boldsymbol{z})\leqslant\dfrac{T_W(\boldsymbol{c},\mu)}{2}\|\boldsymbol{c}\|_{Q_{\hat{z}\hat{z}}}^2\\ c^{\mathrm{T}}Q_{\hat{z}\hat{z}}^{-1}(\boldsymbol{x}-\boldsymbol{z})\leqslant\dfrac{T_D(\boldsymbol{c},\mu)}{2}\|\boldsymbol{c}\|_{Q_{\hat{z}\hat{z}}}^2\end{cases} \tag{4.89}$$

式中：$T_W(\boldsymbol{c},\mu)$，$T_D(\boldsymbol{c},\mu)$分别是 W-检验和差分检验的压缩因子。

针对同一个 GNSS 模型，当 μ 确定时，对于同一最优解 z，c 也是确定的。因而不等式(4.89)中 W-检验和差分检验的右侧是次优解到最优解马氏距离的比例放缩，而投影检测右侧的放缩对象则是马氏距离的平方根。为了形象地描述不等式左右两边的关系，这里将不等式(4.89)左侧的投影和最优解到次优解的马氏距离表示在图 4.6 中。图中，$\boldsymbol{x}-\boldsymbol{z}$ 表示整数平移后的浮点模糊度向量，$\boldsymbol{c}^{\mathrm{T}}Q_{\hat{z}\hat{z}}^{-1}(\boldsymbol{x}-\boldsymbol{z})$表示 $\boldsymbol{x}-\boldsymbol{z}$ 在平移后的次优模糊度 $\boldsymbol{c}$ 上的投影，$\boldsymbol{c}^{\mathrm{T}}Q_{\hat{z}\hat{z}}^{-1}\boldsymbol{c}$ 则表示次优模糊度到最优模糊度的马氏距离。

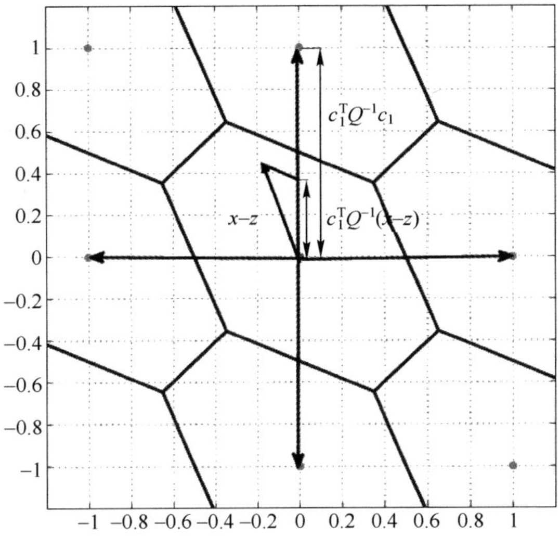

图 4.6　二维条件下浮点模糊度在次优模糊度方向上的投影

从图 4.6 中可以看出,中心归整区域内浮点解到次优解方向上的投影实际为次优解到最优解距离的一部分,即

$$\boldsymbol{c}^{\mathrm{T}}Q_{\hat{z}\hat{z}}^{-1}(\boldsymbol{x}-\boldsymbol{z})<\boldsymbol{c}^{\mathrm{T}}Q_{\hat{z}\hat{z}}^{-1}\boldsymbol{c} \tag{4.90}$$

整数孔径估计的设计目的是为了选取最优解周围的浮点解,最终在最优解周围形成一个孔径区域,换成代数表达式即为

$$\boldsymbol{c}^{\mathrm{T}}Q_{\hat{z}\hat{z}}^{-1}(\boldsymbol{x}-\boldsymbol{z})<\mu\boldsymbol{c}^{\mathrm{T}}Q_{\hat{z}\hat{z}}^{-1}\boldsymbol{c} \tag{4.91}$$

式(4.91)也可以看作是差分孔径估计。而对于投影检测,其检测不等式的右侧单独进行了开平方,对于距离表达式 $\boldsymbol{c}^{\mathrm{T}}Q_{\hat{z}\hat{z}}^{-1}\boldsymbol{c}$ 而言,不同 GNSS 模型下开平方的效果也将不同。当 $\boldsymbol{c}^{\mathrm{T}}Q_{\hat{z}\hat{z}}^{-1}\boldsymbol{c}>1$,开平方实际将不等式右侧的值缩小,投影检测相对于差分检测和 W-检测将相对保守;而当 $\boldsymbol{c}^{\mathrm{T}}Q_{\hat{z}\hat{z}}^{-1}\boldsymbol{c}\leqslant 1$,开平方后相当于放大,投影检测相对于其他两个检测将更加乐观。因而,理论上而言,投影检测在强 GNSS 模型的条件下,性能将弱于其他两个检测,而对于弱 GNSS 模型,投影检测将强于其他两个检测。

除此之外,投影检测的概率评估相对于差分检测和 W-检测也较为困难。这里对式(4.88)中的检测公式进行变换

$$\frac{\|\boldsymbol{c}\|_{Q_{\hat{z}\hat{z}}}\boldsymbol{c}^{\mathrm{T}}Q_{\hat{z}\hat{z}}^{-1}(\boldsymbol{x}-\boldsymbol{z})}{2\mu}\leqslant\frac{\|\boldsymbol{c}\|_{Q_{\hat{z}\hat{z}}}^{2}}{2} \tag{4.92}$$

若要类似于式(4.60)和式(4.83),通过构造投影孔径自举估计进行近似,首要问题是压缩因子$\dfrac{2\mu}{\|\boldsymbol{c}\|_{Q_{\hat{z}\hat{z}}}}$是否满足近似要求。由于压缩因子必须有 $0<T(\boldsymbol{c})\leqslant 1$,

但对于$\frac{2\mu}{\|\boldsymbol{c}\|_{Q_{\hat{z}\hat{z}}}}$,当$\mu$一旦确定,对于不同的 GNSS 模型,难以保证$\frac{2\mu}{\|\boldsymbol{c}\|_{Q_{\hat{z}\hat{z}}}}\leqslant 1$的条件,因而投影孔径估计实际不能采用解析近似的方法。

为了对投影孔径估计进行概率评估,仅有的可行方法是蒙特卡洛积分。

从另一个角度出发,根据图 4.6 中距离比较的原理,也可以对投影孔径估计进行改造,将其转变为

$$\begin{aligned}\Omega_{z,MPTIA} &= \bigcap_{c\in\mathbb{Z}^m\setminus\{0\}}\left\{x\in\mathbb{R}^m \mid \frac{\boldsymbol{c}^{\mathrm{T}}Q_{\hat{z}\hat{z}}^{-1}(\boldsymbol{x}-\boldsymbol{z})}{2\mu}\leqslant\frac{\|\boldsymbol{c}\|_{Q_{\hat{z}\hat{z}}}^2}{2},\boldsymbol{z}\in\mathbb{Z}^m\right\}\\ &= \bigcup_{c\in\mathbb{Z}^m\setminus\{0\}} T_{MP}S_{0,ILS}(\boldsymbol{c}+\boldsymbol{z})\end{aligned} \tag{4.93}$$

这里的压缩因子为常数$T_{MP}=2\mu$,$0<T_{MP}\leqslant 1$。改造后的投影检测实际等价于整数孔径最小二乘。这里直接给出去相关条件下,改进的投影孔径估计的概率评估方法

$$P_{s,MPTIA} \approx \prod_{i=1}^{m}\left(2\Phi\left(\frac{\mu}{2\sigma_{\hat{z}_{i|I}}}\right)-1\right) \tag{4.94}$$

同样,根据去相关条件下次优模糊度的性质,失败率也可以解析近似为

$$P_{f,MPTIA} \approx \sum_{z\in\mathbb{Z}^m\setminus\{0\}}\prod_{i=1}^{m}\left(\Phi\left(\frac{\mu+z_i}{\sigma_{\hat{z}_{i|I}}}\right)-\Phi\left(\frac{z_i-\mu}{\sigma_{\hat{z}_{i|I}}}\right)\right) \tag{4.95}$$

4.6 比例孔径估计

从整数孔径最小二乘到投影孔径估计,明显的特点是这几类整数孔径估计的边界均是由平面或超平面构成。有别于这几类整数孔径估计,后面将介绍几类不同的估计器,其边界均是由非线性曲面构成。由于边界几何特性的不同,将会对整数孔径估计的性能和质量评估产生影响。本节将关注最常见的整数孔径估计:比例孔径估计。

通常对比例检测的定义如下

$$\frac{\|\hat{\boldsymbol{a}}-\breve{\boldsymbol{a}}_1\|_{Q_{\hat{a}\hat{a}}}^2}{\|\hat{\boldsymbol{a}}-\breve{\boldsymbol{a}}_2\|_{Q_{\hat{a}\hat{a}}}^2}\leqslant\mu \tag{4.96}$$

其中,$0<\mu\leqslant 1$。

需要指出,对于μ的选取,早期研究者根据各自应用场景的不同提出了大量经验性取值,包括 1.5[143,144],2[145]和 3[204]等,但由于对模糊度检验的本质缺乏认识,一直没有解决怎样选取阈值进行质量控制的问题。

去相关空间中，比例孔径估计的归整区域为

$$\Omega_{z,RTIA}=\{\boldsymbol{x}\in\mathbb{R}^m \mid \|\boldsymbol{x}-\boldsymbol{z}_1\|^2_{Q_{\hat{z}\hat{z}}}\leqslant\mu\ \|\boldsymbol{x}-\boldsymbol{z}_2\|^2_{Q_{\hat{z}\hat{z}}},\boldsymbol{z}\in\mathbb{Z}^m\} \tag{4.97}$$

其中：z_1 为最优模糊度；z_2 为次优模糊度。

为了推导比例孔径归整区域的几何构型，通常假设模糊度真值 $z_1=0$，z_2 简写为 z，从而有

$$\begin{aligned}&\Omega_{0,RTIA}:\|\boldsymbol{x}\|^2_{Q_{\hat{a}\hat{a}}}\leqslant\mu\ \|\boldsymbol{x}-\boldsymbol{z}\|^2_{Q_{\hat{a}\hat{a}}},\ \forall z\in\mathbb{Z}^m\setminus\{0\}\\&\Rightarrow\left\|\boldsymbol{x}+\frac{\mu}{1-\mu}z\right\|^2_{Q_{\hat{a}\hat{a}}}\leqslant\frac{\mu}{(1-\mu)^2}\|\boldsymbol{z}\|^2_{Q_{\hat{a}\hat{a}}}\end{aligned} \tag{4.98}$$

式(4.98)直观地表明比例孔径归整区域是多个椭圆的交集，这些椭圆以$-\frac{\mu}{1-\mu}z$ 为中心，各个轴的半径受$\frac{\sqrt{\mu}}{1-\mu}\|z\|_{Q_{\hat{a}\hat{a}}}$ 的放缩影响。具体的几何构型见图 4.7，GNSS 协方差矩阵取为 $\boldsymbol{Q}=\begin{bmatrix}0.0865 & -0.0364\\-0.0364 & 0.0847\end{bmatrix}$。图 4.7 中，各条红色的椭圆曲线表示式(4.98)中等号成立时，对应不同次优模糊度 z 的椭圆曲线，而绿色区域则是各个椭圆围成的公共区域，即多个不等式的交集，记为比例孔径估计的归整区域，蓝色六边形则表示整数最小二乘的中心归整区域。

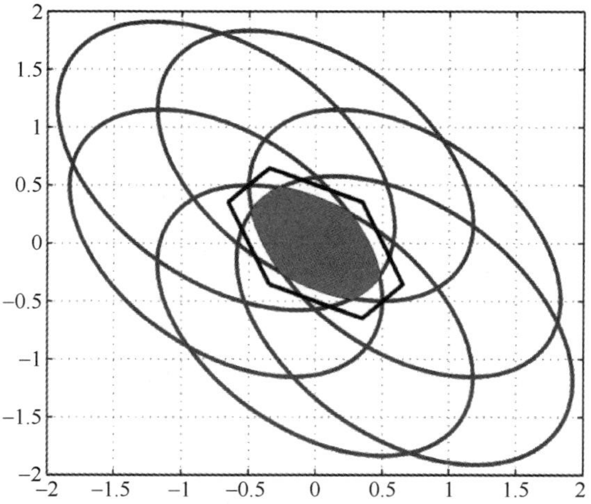

图 4.7　二维条件下比例孔径估计的几何构造原理(见彩图)

从几何构型中可以清晰地看到，有别于前面几类整数孔径估计，比例孔径的各个边界是由不同的二次曲线围成的。各条二次曲线围成的公共绿色区域记为比例孔径估计的归整区域。

为了比较比例孔径估计和前面几类整数孔径估计的不同，式(4.98)可以重

新整理为

$$\boldsymbol{c}^{\mathrm{T}}Q_{\hat{z}\hat{z}}^{-1}(\boldsymbol{x}-\boldsymbol{z})\leqslant\left(1+\frac{\mu-1}{\mu}\frac{\|\boldsymbol{x}-\boldsymbol{z}\|_{Q_{\hat{z}\hat{z}}}^{2}}{\|\boldsymbol{c}\|_{Q_{\hat{z}\hat{z}}}^{2}}\right)\frac{\|\boldsymbol{c}\|_{Q_{\hat{z}\hat{z}}}^{2}}{2} \tag{4.99}$$

这里 $\boldsymbol{c}=\boldsymbol{z}_2-\boldsymbol{z}$。最终,比例孔径估计的归整区域变为

$$\begin{aligned}\Omega_{z,RTIA}&=\bigcap_{c\in\mathbb{Z}^m\backslash\{0\}}\left\{x\in\mathbb{R}^m \mid \frac{\boldsymbol{c}^{\mathrm{T}}Q_{\hat{z}\hat{z}}^{-1}(\boldsymbol{x}-\boldsymbol{z})}{T(\boldsymbol{c},\boldsymbol{x})}\leqslant\frac{\|\boldsymbol{c}\|_{Q_{\hat{z}\hat{z}}}^{2}}{2},z\in\mathbb{Z}^m\right\}\\&=\bigcup_{c\in\mathbb{Z}^m\backslash\{0\}}T(\boldsymbol{c},\boldsymbol{x})S_{0,ILS}(\boldsymbol{c}+\boldsymbol{z})\end{aligned} \tag{4.100}$$

式(4.99)中的 $T(\boldsymbol{c},\boldsymbol{x})=1-\frac{1-\mu}{\mu}\frac{\|\boldsymbol{x}-\boldsymbol{z}\|_{Q_{\hat{z}\hat{z}}}^{2}}{\|c\|_{Q_{\hat{z}\hat{z}}}^{2}}$,$0<T(\boldsymbol{c},\boldsymbol{x})\leqslant 1$,$0<\mu\leqslant 1$。根据式(4.99),可以给出不同质量控制情况下,整数孔径估计的变化如下:

(1) 对于固定的阈值 μ,孔径归整区域 $\Omega_{z,RTIA}$ 的大小也将保持不变。当 GNSS 模型变强时,整数孔径估计的成功率将增大①;

(2) 对于固定的失败率,若 GNSS 模型变得足够强时,为了保持固定的失败率,孔径区域 $\Omega_{z,RTIA}$,$z\neq 0$ 将扩张,μ 将变大;如果 GNSS 模型变得很弱,为了保持固定的失败率,孔径区域 $\Omega_{z,RTIA}$将收缩。

以上只是一种定性的分析,定量的结果可以参考比例孔径估计固定失败率的阈值表。

从式(4.99)中可以清晰地看到比例孔径估计和前面几类整数孔径估计的区别,即压缩因子 $T(\boldsymbol{c},\boldsymbol{x})$ 受到浮点值 x 的影响,因而即便对于特定的 $\boldsymbol{c}$ 和 μ,$T(c,x)$ 仍然随浮点值而变化,即最终看到的比例孔径归整区域非线性的边界。由于非线性的边界特征,造成比例孔径难以和前面几类估计一样实现解析的近似,只能依赖于蒙特卡洛积分。

比例孔径估计是研究者关注和应用最多的整数孔径估计,为了实现快速的模糊度解算质量控制,相关研究者设计制作了阈值快查表,实现了实时的应用,后文将专门讨论模糊度解算的质量控制方法及应用。

4.7 最优整数孔径估计

对多种整数孔径估计进行分析之后,一个必然产生的问题是什么样的整数

---

① 当 GNSS 模型增强时,整数孔径估计成功率将增大,但失败率和虚警率将出现非线性的变化,由于证明过程较复杂,这里暂不讨论。

孔径估计是最优的？由于模糊度解算中失败率是一个非常重要的指标，为了实现不同整数孔径估计的性能对比，最直接的比较基准应是在保证同等失败率的条件下实现模糊度解算成功率的最大化，即

$$\max_{\Omega_{OIA}} P_s \quad 当:P_f=\beta \tag{4.101}$$

式中：β 为选定的固定失败率。

由于成功率和失败率的大小取决于各自归整区域的大小，而归整区域面积与整数孔径估计中的阈值紧密相关，因此实现固定失败率的问题实际上转化为求解阈值的问题，这一问题的具体解决办法将在下一章讨论。

这里直接给出满足式(4.101)要求的整数孔径估计的归整区域，证明过程见文献[158]

$$\Omega_{0,OIA} = \left\{ \boldsymbol{x} \in \mathbb{R}^m \mid \sum_{z_i \in \mathbb{Z}^m} f(\boldsymbol{x} - \boldsymbol{z}_i) \leqslant \mu f(\boldsymbol{x}) \right\} \tag{4.102}$$

在式(4.101)中，不等式的左侧可以解析为

$$\sum_{z_i \in \mathbb{Z}^m} f(\boldsymbol{x} - \boldsymbol{z}_i) = \sum_{i=1}^{\infty} \frac{1}{(2\pi)^m \sqrt{|Q_{\hat{a}\hat{a}}|}} \exp\left\{ -\frac{1}{2} \|\boldsymbol{x} - \boldsymbol{z}_i\|_{Q_{\hat{a}\hat{a}}}^2 \right\} \tag{4.103}$$

这里的 z_i 可以看作是所有的整数模糊度候选解。

最终，式(4.102)括号内的不等式转化为

$$\begin{aligned} \frac{\sum_{z \in \mathbb{Z}^m} f(\boldsymbol{x} - \boldsymbol{z})}{f(\boldsymbol{x})} &= \frac{\sum_{i=1}^{\infty} \exp\left\{ -\frac{1}{2} \|\boldsymbol{x} - \boldsymbol{z}_i\|_{Q_{\hat{a}\hat{a}}}^2 \right\}}{\exp\left\{ -\frac{1}{2} \|\boldsymbol{x}\|_{Q_{\hat{a}\hat{a}}}^2 \right\}} \\ &= 1 + \sum_{i=2}^{\infty} \exp\left\{ -\frac{1}{2}(R_i - R_1) \right\} \\ &\leqslant \mu \end{aligned} \tag{4.104}$$

这里 $R_i = \|\boldsymbol{x}-\boldsymbol{z}_i\|_{Q_{\hat{a}\hat{a}}}^2$，表示整数候选解到浮点解的距离，通常而言 $R_1 \leqslant R_2 \leqslant \cdots \leqslant R_\infty$。

对于式(4.104)，在不等式的左侧仅分离出 R_1-R_2，整理可得

$$\begin{aligned} R_1 - R_2 &\leqslant 2\ln\left(\mu - \sum_{i=3}^{\infty} \exp\left(\frac{R_1 - R_i}{2} \right) - 1 \right) \\ \boldsymbol{c}^{\mathrm{T}} Q_{\hat{a}\hat{a}}^{-1} (\boldsymbol{x} - \boldsymbol{z}_1) &\leqslant \frac{\|\boldsymbol{c}\|_{Q_{\hat{a}\hat{a}}}^2}{2} + \ln\left(\mu - \sum_{i=3}^{\infty} \exp\left(\frac{R_1 - R_i}{2} \right) - 1 \right) \end{aligned} \tag{4.105}$$

式中：$\boldsymbol{c}=\boldsymbol{z}_2-\boldsymbol{z}_1$，为次优模糊度平移量。

由于不等式左侧等价于 $\boldsymbol{x}-\boldsymbol{z}_1$ 在 $\boldsymbol{c}$ 上的投影，且 $\boldsymbol{c}$ 和 $\boldsymbol{x}-\boldsymbol{z}_1$ 的夹角通常小于 90°，因而不等式左侧大于 0，从而右侧同样大于 0。另外，根据 R_i 之间的数值关

系,通常有 $\ln\left(\mu-\sum_{i=3}^{\infty}\exp\left(\frac{R_1-R_i}{2}\right)-1\right)<0$。对不等式进一步整理得

$$\frac{\boldsymbol{c}^{\mathrm{T}}Q_{\hat{a}\hat{a}}^{-1}(\boldsymbol{x}-\boldsymbol{z}_1)}{T(\boldsymbol{x},\boldsymbol{c})}\leqslant\frac{\|\boldsymbol{c}\|_{Q_{\hat{a}\hat{a}}}^2}{2} \tag{4.106}$$

其中

$$T(\boldsymbol{x},\boldsymbol{c})=1+\frac{2\ln\left(\mu-\sum_{i=3}^{\infty}\exp\left(\frac{R_1-R_i}{2}\right)-1\right)}{\|\boldsymbol{c}\|_{Q_{\hat{a}\hat{a}}}^2}$$

实际上,当

$$\frac{\|\boldsymbol{c}\|_{Q_{\hat{a}\hat{a}}}^2}{2}\geqslant\left|\ln\left(\mu-\sum_{i=3}^{\infty}\exp\left(\frac{R_1-R_i}{2}\right)-1\right)\right| \tag{4.107}$$

此时,根据整数孔径估计和整数估计的关系,才会有 $0<T(\boldsymbol{x},\boldsymbol{c})\leqslant 1$。

最终最优整数孔径估计的孔径归整区域实际可以整理为

$$\begin{aligned}\Omega_{z,OIA}&=\bigcap_{c\in\mathbb{Z}^m\setminus\{0\}}\left\{\boldsymbol{x}\in\mathbb{R}^m\,\middle|\,\frac{\boldsymbol{c}^{\mathrm{T}}Q_{\hat{z}\hat{z}}^{-1}(\boldsymbol{x}-\boldsymbol{z})}{T(\boldsymbol{c},\boldsymbol{x})}\leqslant\frac{\|\boldsymbol{c}\|_{Q_{\hat{z}\hat{z}}}^2}{2},\boldsymbol{z}\in\mathbb{Z}^m\right\}\\&=\bigcup_{c\in\mathbb{Z}^m\setminus\{0\}}T(\boldsymbol{x},\boldsymbol{c})S_{0,ILS}(\boldsymbol{c}+\boldsymbol{z})\end{aligned} \tag{4.108}$$

根据式(4.108),可以给出不同质量控制情况下,整数孔径估计的变化:

(1) 对于固定的阈值 μ,孔径归整区域 $\Omega_{z,OIA}$ 的大小保持不变。当 GNSS 模型变强时,整数孔径估计的成功率将增大;

(2) 对于固定的失败率,若 GNSS 模型变的足够强时,为了保持固定的失败率,孔径区域 $\Omega_{z,OIA}$,$z\neq 0$ 将扩张,μ 将变大;如果 GNSS 模型变得很弱,为了保持固定的失败率,孔径区域 $\Omega_{z,OIA}$ 将收缩。

可以看到,GNSS 模型从弱到强变化时,比例孔径估计和最优整数孔径估计有类似的变化趋势,由于过程较复杂,这里暂时不对这一现象给出详细的解释。

由于通常 R_3 已足够大,特别是对于强 GNSS 模型而言,因而当 $\exp\left\{-\frac{1}{2}R_3\right\}\approx 0$ 时,式(4.104)可近似为

$$1+\exp\left\{-\frac{1}{2}(R_2-R_1)\right\}\leqslant\mu \tag{4.109}$$

实际等价于

$$R_2-R_1\geqslant -2\ln(\mu-1) \tag{4.110}$$

令 $\mu_{DT}=-2\ln(\mu-1)$,则式(4.110)等价为差分检测。换而言之,在强 GNSS 模型的条件下,最优整数孔径估计的性能和差分孔径估计的性能等价。这意味着差

分孔径估计在未来多频率多 GNSS 系统的应用中有更大的应用潜力。进一步，如果取 μ_{DT} 为 $\|\boldsymbol{c}\|_{Q_{\hat{a}\hat{a}}}$ 的线性函数，即 $\mu_{DT}=\mu\|\boldsymbol{c}\|_{Q_{\hat{a}\hat{a}}}$，则式(4.110)最终可与 W-比例孔径估计建立等价关系，这也间接表明 W-比例孔径估计的性能也比较接近最优整数孔径估计。除此之外，最优整数孔径估计也可以看作是惩罚孔径估计(Penalized IA Estimator, PIA)[157]的一种特例，但此类整数孔径估计未见相关应用。

作为一种归整区域边界由曲面构成的整数孔径估计，最优整数孔径估计同样难以和差分孔径估计一样实现解析近似，只能依赖于蒙特卡洛积分，这也是最优整数孔径估计没有得以应用的重要原因。

4.8 整数孔径估计的质量评估

4.8.1 整数孔径估计的分类

前文讨论研究了常见的几种整数孔径估计，前五种估计，包括整数孔径自举估计、整数孔径最小二乘、差分孔径估计、W-比例孔径估计以及改进的投影孔径估计，和后面的比例孔径估计、最优整数孔径估计有明显的不同。总结前五种整数孔径估计归整区域的解析表达式，可以得出如下性质：

性质一：

五种整数孔径估计归整区域的实现可以通过对归整子区域的放缩来实现。以差分孔径估计为例，如图 4.8 所示。

图中，差分孔径估计的归整子区域分别对应三个相同大小的放缩因子，且三类子区域呈中心对称，压缩因子 $T(\boldsymbol{c})$ 在 μ 确定时仅与模糊度次优解有关，且次优解的正负对 $T(\boldsymbol{c})$ 没有影响。因此，对于图 4.8 而言，最多有三个不同的 $T(\boldsymbol{c})$。另外，这里对整数归整子区域的放缩并不是从各个方向的，而是从次优模糊度到最优模糊度方向的单向放缩。当压缩因子 $T(\boldsymbol{c})=1$ 时，孔径归整区域转化为整数归整区域。由于这一良好的性质，这里将这一类估计统称为线性整数孔径估计，其孔径归整区域的定义可以概括为

$$\begin{aligned}\Omega_{z,LIA} &= \bigcap_{c\in\mathbb{Z}^m\setminus\{0\}}\left\{\boldsymbol{x}\in\mathbb{R}^m \mid \frac{\boldsymbol{c}^{\mathrm{T}}Q_{\hat{a}\hat{a}}^{-1}(\boldsymbol{x}-\boldsymbol{z})}{T(\boldsymbol{c})}\leqslant\frac{\|\boldsymbol{c}\|_{Q_{\hat{a}\hat{a}}}^2}{2}\right\} \\ &= \bigcup_{c\in\mathbb{Z}^m\setminus\{0\}} T(\boldsymbol{c})S_{0,ILS}(\boldsymbol{c}+\boldsymbol{z})\end{aligned} \tag{4.111}$$

性质二：

整数孔径最小二乘可以基于整数孔径自举估计进行近似质量评估，其他三

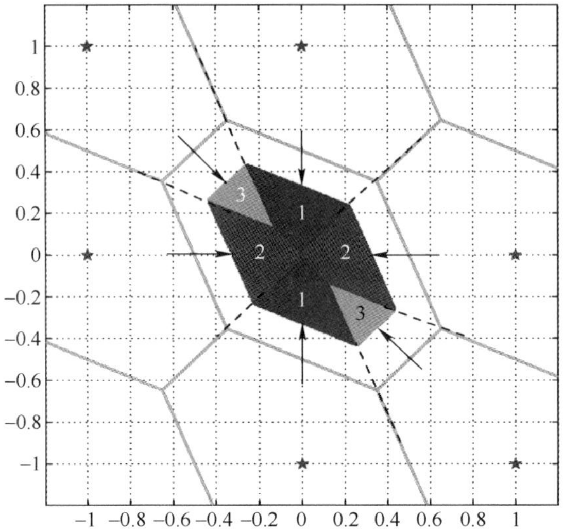

图 4.8 差分孔径归整区域二维几何构型的形成

种整数孔径估计的质量评估也可以通过构造对应的孔径自举估计,在去相关的条件下实现,这个特性为找到一种适用于这类整数孔径估计的质量控制方法提供了基础。这里给出这类线性整数孔径自举估计的定义:

$$\begin{aligned}\Omega_{z,LIAB} &= \bigcap_{i=1}^{m}\left\{\boldsymbol{x}\in\mathbb{R}^m \mid \frac{\boldsymbol{c}_i^{\mathrm{T}}L^{-1}(\boldsymbol{x}-\boldsymbol{z})}{T(\boldsymbol{c}_i)}\leqslant\frac{1}{2},\boldsymbol{c}_i\in\mathbb{Z}^m\setminus\{0\}\right\}\\ &=\bigcup_{i=1}^{m}T(\boldsymbol{c}_i)S_{0,IB}(\boldsymbol{c}_i)\end{aligned} \tag{4.112}$$

式中:$\boldsymbol{c}_i$ 为坐标轴上整数平移后的次优模糊度。

由于线性整数孔径自举估计的质量评估是解析的,因而线性整数孔径估计的质量评估可以在去相关条件下利用线性整数孔径自举估计实现近似,具体方法如下

$$\begin{cases}P_{s,LIA}\approx P_{s,LIAB}=\prod\limits_{i=1}^{m}\left(2\Phi\left(\dfrac{|x_i|_{LIAB}}{\sigma_{z_i|I}}\right)-1\right)\\ P_{f,LIA}(z(k))\approx P_{f,LIAB}(k)=\prod\limits_{i=1}^{m}\left(\Phi\left(\dfrac{z_i(k)+|x_i|_{LIAB}}{\sigma_{z_i|I}}\right)-\Phi\left(\dfrac{z_i(k)-|x_i|_{LIAB}}{\sigma_{z_i|I}}\right)\right)\\ P_{f,LIA}\approx P_{f,LIAB}=\sum\limits_{k=1}^{\infty}P_{f,LIAB}(k)\end{cases} \tag{4.113}$$

式(4.113)中,各线性整数孔径自举估计中$|x_{LIAB}|$的计算表达式具体为

$$\begin{cases} |x_i|_{IAB} = \dfrac{\mu_{IAB}}{2} \\ |x_i|_{MPTIAB} = \mu_{MPTIAB} \\ |x_i|_{DTIAB} = \dfrac{\|\boldsymbol{c}\|_{Q_{\hat{z}\hat{z}}}^2 - \mu_{DT}}{\|\boldsymbol{c}\|_{Q_{\hat{z}\hat{z}}}^2} \\ |x_i|_{WTIAB} = \dfrac{\|\boldsymbol{c}\|_{Q_{\hat{z}\hat{z}}}^2 - \mu_{WT}\|\boldsymbol{c}\|_{Q_{\hat{z}\hat{z}}}}{\|\boldsymbol{c}\|_{Q_{\hat{z}\hat{z}}}^2} \end{cases}$$

与线性整数孔径估计相对应的是非线性整数孔径估计。这类估计的孔径归整区域边界是由非线性的曲线或超曲面围成,此类估计的孔径归整区域概括为

$$\begin{aligned} \Omega_{z,NLIA} &= \bigcap_{c \in \mathbb{Z}^m \setminus \{0\}} \left\{ \boldsymbol{x} \in \mathbb{R}^m \mid \frac{\boldsymbol{c}^{\mathrm{T}} Q_{\hat{a}\hat{a}}^{-1}(\boldsymbol{x}-\boldsymbol{z})}{T(\boldsymbol{x},\boldsymbol{c})} \leqslant \frac{\|\boldsymbol{c}\|_{Q_{\hat{a}\hat{a}}}^2}{2} \right\} \\ &= \bigcup_{c \in \mathbb{Z}^m \setminus \{0\}} T(\boldsymbol{x},\boldsymbol{c}) S_{0,ILS}(\boldsymbol{c}+\boldsymbol{z}) \end{aligned} \tag{4.114}$$

孔径归整区域的非线性是由 $T(\boldsymbol{x},\boldsymbol{c})$ 与浮点解 x 的相关性引起的。由于不规则的孔径归整区域,以及浮点解 x 带来的相关性,导致非线性整数孔径估计难以像线性整数孔径估计一样实现解析近似,必须依赖于蒙特卡洛积分。

4.8.2　线性整数孔径估计质量评估的验证

由于只有线性整数孔径估计可以通过解析的方法进行近似,这里对式(4.112)中的几种线性整数孔径估计进行概率近似的评估,验证其可行性。

利用 3.3.4 节的多 GNSS 仿真设定再次进行验证。首先所有线性整数孔径估计的检测阈值都基于 $P_f=0.01$ 的标准进行选定,以各个整数孔径估计的实际成功率作为基准,分别比较各整数孔径估计近似的成功率与实际成功率的差值,GPS+伽俐略组合一天内的结果见图 4.9,其中,红线表示差分孔径估计(DTIA)的近似误差,蓝线表示 W-比例孔径估计(WTIA)的近似误差,绿线表示整数孔径最小二乘(IALS)的近似误差。

从图 4.9 中各个整数孔径估计近似误差的比较结果来看,差分孔径估计和 W-比例孔径估计的概率近似性能十分接近,二者最大的近似误差不超过 0.1。相比而言,整数孔径最小二乘的近似误差较大,最大值接近 0.2。

为了进一步比较不同情况下概率近似的性能,这里给出不同 GNSS 组合下线性整数孔径估计概率近似的误差均值,如表 4.1 所示。其中 1 表示 GPS,2 表示 GPS+Galileo,3 表示 GPS+Galileo+BeiDou。

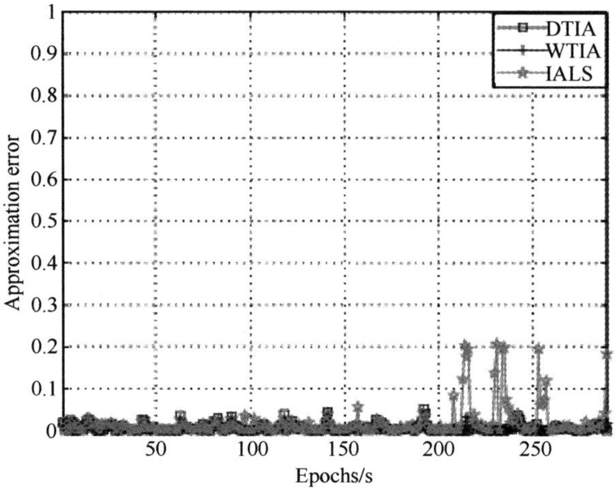

图 4.9　线性整数孔径估计成功率在双系统组合下的近似误差(见彩图)

表 4.1　线性整数孔径估计成功率的近似误差均值

GNSS 组合	$E(\delta P_{s,DTIA})$	$E(\delta P_{s,WTIA})$	$E(\delta P_{s,IALS})$
1	0.0052	0.0091	0.0637
2	0.0059	0.0060	0.0155
3	0.0063	0.0063	0.0072

可以看到,随着 GNSS 组合数量的增多,差分孔径估计和 W-比例孔径估计的成功率近似误差均值变化不大,但整数孔径最小二乘的近似误差显著减小,这说明更强的 GNSS 模型有助于提高概率近似的准确度。

由于成功率的概率近似误差已经相对较小,因而失败率的误差必定更小。由于失败率的计算也和检测阈值有关,因而通过特定的方法,可以对失败率的整体近似误差进行控制,具体方法将在下一章进行介绍。

4.9　偏差干扰下的线性整数孔径估计

4.9.1　偏差干扰的影响

类似于 3.4 节,这里对偏差干扰下整数孔径估计的性质进行分析。

当整数孔径估计受到偏差干扰时,浮点解将满足分布

$$\hat{\boldsymbol{a}} \sim N(\boldsymbol{a}+\boldsymbol{b}, Q_{\hat{a}\hat{a}}), \boldsymbol{a} \in \mathbb{Z}^m, \boldsymbol{b} \in \mathbb{R}^m \tag{4.115}$$

式中:$\boldsymbol{a}$ 为模糊度整数向量的真值;$\boldsymbol{b}$ 为偏差向量。

去相关后,偏差干扰下的浮点解满足

$$\hat{z} \sim N(\boldsymbol{Z}^{\mathrm{T}}\boldsymbol{a}+\boldsymbol{Z}^{\mathrm{T}}\boldsymbol{b},\boldsymbol{Z}^{\mathrm{T}}Q_{\hat{a}\hat{a}}\boldsymbol{Z}),\boldsymbol{a}\in\mathbb{Z}^{m},\boldsymbol{b}\in\mathbb{R}^{m} \tag{4.116}$$

根据 3.4.1 节中的推论,针对不同的线性整数孔径估计,可以得出偏差干扰下不同整数孔径估计的概率变化。

对于整数孔径最小二乘而言,由于其孔径归整区域为凸集且关于整数中心对称,因而偏差干扰下孔径归整区域的概率满足

$$P_{b=0,IALS}(\breve{a}=\boldsymbol{a})>P_{b\neq 0,IALS}(\breve{a}=\boldsymbol{a})>P_{\mu b\neq 0,IALS}(\breve{a}=\boldsymbol{a}),\ \forall\mu>1 \tag{4.117}$$

对于差分孔径估计和 W-比例孔径估计,由于二者的孔径归整区域仅满足整数中心对称,因而,式(4.117)中的情况并不完全成立。

为了量化评估偏差干扰对整数孔径估计的影响,这里分别给出偏差干扰下不同线性整数孔径估计的概率评估公式。

这里直接给出去相关后偏差干扰下整数孔径自举估计的失败率,z 为经过去相关变换后的整数偏移向量

$$\boldsymbol{P}_{b,f,IAB}=\sum_{z\in\mathbb{Z}^{m}\setminus\{0\}}\prod_{i=1}^{m}\left(\Phi\left(\frac{\mu-2\boldsymbol{c}_i^{\mathrm{T}}\tilde{L}^{-1}z-2\boldsymbol{c}_i^{\mathrm{T}}\tilde{\boldsymbol{L}}^{-1}\boldsymbol{Z}^{\mathrm{T}}\boldsymbol{b}}{2\sigma_{\hat{z}_{i|I}}}\right)+\Phi\left(\frac{\mu+2\boldsymbol{c}_i^{\mathrm{T}}\tilde{\boldsymbol{L}}^{-1}z+2\boldsymbol{c}_i^{\mathrm{T}}\tilde{\boldsymbol{L}}^{-1}\boldsymbol{Z}^{\mathrm{T}}\boldsymbol{b}}{2\sigma_{\hat{z}_{i|I}}}\right)-1\right) \tag{4.118}$$

式中:$\tilde{\boldsymbol{L}}$ 为 $Q_{\hat{z}\hat{z}}=\tilde{\boldsymbol{L}}D\tilde{\boldsymbol{L}}^{\mathrm{T}}$ 中的分解矩阵。

当 $z=0$,式(4.117)转化为偏差干扰下整数孔径自举估计的成功率

$$\boldsymbol{P}_{b,s,IAB}=\prod_{i=1}^{m}\left(\Phi\left(\frac{\mu-2\boldsymbol{c}_i^{\mathrm{T}}\tilde{\boldsymbol{L}}^{-1}\boldsymbol{Z}^{\mathrm{T}}\boldsymbol{b}}{2\sigma_{\hat{z}_{i|I}}}\right)+\Phi\left(\frac{\mu+2\boldsymbol{c}_i^{\mathrm{T}}\tilde{\boldsymbol{L}}^{-1}\boldsymbol{Z}^{\mathrm{T}}\boldsymbol{b}}{2\sigma_{\hat{z}_{i|I}}}\right)-1\right) \tag{4.119}$$

在去相关条件下可以将 $\tilde{L}$ 近似取为单位阵,则此时整数孔径自举估计的成功率和失败率可以简化为

$$\begin{cases}\boldsymbol{P}_{b,s,IAB}=\displaystyle\prod_{i=1}^{m}\left(\Phi\left(\frac{\mu-2\boldsymbol{c}_i^{\mathrm{T}}Z^{\mathrm{T}}\boldsymbol{b}}{2\sigma_{\hat{z}_{i|I}}}\right)+\Phi\left(\frac{\mu+2\boldsymbol{c}_i^{\mathrm{T}}Z^{\mathrm{T}}\boldsymbol{b}}{2\sigma_{\hat{z}_{i|I}}}\right)-1\right)\\ \boldsymbol{P}_{b,f}(\breve{z}_{IAB}=z)=\displaystyle\sum_{z\in\mathbb{Z}^{m}\setminus\{0\}}\prod_{i=1}^{m}\left(\Phi\left(\frac{\mu-2z_i-2\boldsymbol{c}_i^{\mathrm{T}}\boldsymbol{Z}^{\mathrm{T}}\boldsymbol{b}}{2\sigma_{\hat{z}_{i|I}}}\right)+\Phi\left(\frac{\mu+2z_i+2\boldsymbol{c}_i^{\mathrm{T}}\boldsymbol{Z}^{\mathrm{T}}\boldsymbol{b}}{2\sigma_{\hat{z}_{i|I}}}\right)-1\right)\end{cases} \tag{4.120}$$

式中:z_i 为 z 的第 i 个元素;z 为除模糊度真值外的整数模糊度。方程(4.120)的证明见附录 A.4。

类似于整数自举估计,同样可以推导出整数孔径自举估计的上下界。这里直接给出去相关空间中其上下界的表达式

$$P(\chi^2(m,\|\boldsymbol{Z}^{\mathrm{T}}\boldsymbol{b}\|^2_{Q_{\hat{z}\hat{z}}})\leqslant\chi_0^2)\leqslant P_{b,s,IAB}\leqslant\min_{c_i}\left(\Phi\left(\frac{1-2\boldsymbol{f}^{\mathrm{T}}\boldsymbol{Z}^{\mathrm{T}}\boldsymbol{b}}{2\|f\|_{Q_{\hat{z}\hat{z}}^{-1}}}\right)+\Phi\left(\frac{1+2\boldsymbol{f}^{\mathrm{T}}\boldsymbol{Z}^{\mathrm{T}}\boldsymbol{b}}{2\|f\|_{Q_{\hat{z}\hat{z}}^{-1}}}\right)-1\right) \tag{4.121}$$

式中：$\chi_0^2=\frac{1}{4}\frac{\mu^2}{\max\sigma_{\hat{z}_{i|I}}}$，$f=\frac{\widetilde{L}^{-1}\boldsymbol{c}_i}{\mu}$，具体证明见附录 A. 6。

对于整数孔径最小二乘，其概率评估可以利用去相关条件下与整数孔径自举估计的相似特性进行近似。同样，去相关空间中整数孔径最小二乘的成功率上下界可表示为

$$P(\chi^2(m,\|\boldsymbol{Z}^{\mathrm{T}}b\|^2_{Q_{\hat{z}\hat{z}}})\leqslant\chi_0^2)\leqslant P_{b,s,IALS}\leqslant\min\left(\Phi\left(\frac{1-2\boldsymbol{f}^{\mathrm{T}}\boldsymbol{Z}^{\mathrm{T}}\boldsymbol{b}}{2\|f\|_{Q^{-1}_{\hat{z}\hat{z}}}}\right)+\Phi\left(\frac{1+2\boldsymbol{f}^{\mathrm{T}}\boldsymbol{Z}^{\mathrm{T}}\boldsymbol{b}}{2\|f\|_{Q^{-1}_{\hat{z}\hat{z}}}}\right)-1\right) \tag{4.122}$$

式中：$\chi_0^2=\frac{\mu^2}{4}\min\limits_{z\in\mathbb{Z}^m/\{0\}}\|z\|^2_{Q_{\hat{z}\hat{z}}}$；$f=\frac{1}{\mu\|z\|^2_{Q_{\hat{z}\hat{z}}}}Q^{-1}_{\hat{z}\hat{z}}\boldsymbol{z}$。式(4. 122)的证明见附录 A. 6。

类似地，偏差干扰下对于非 0 的整数向量 z，差分孔径自举估计的失败率为

$$\begin{aligned}\boldsymbol{P}_{b,DTIAB}(\check{z}=\boldsymbol{z})=\prod_{i=1}^{m}\Bigg(&\Phi\left(\frac{|x_i|_D-\boldsymbol{c}_i^{\mathrm{T}}\widetilde{\boldsymbol{L}}^{-1}\boldsymbol{z}-\boldsymbol{c}_i^{\mathrm{T}}\widetilde{L}^{-1}\boldsymbol{Z}^{\mathrm{T}}\boldsymbol{b}}{\sigma_{\hat{z}_{i|I}}}\right)+\\&\Phi\left(\frac{|x_i|_D+\boldsymbol{c}_i^{\mathrm{T}}\widetilde{\boldsymbol{L}}^{-1}\boldsymbol{z}_i+\boldsymbol{c}_i^{\mathrm{T}}\widetilde{\boldsymbol{L}}^{-1}Z^{\mathrm{T}}\boldsymbol{b}}{\sigma_{\hat{z}_{i|I}}}\right)-1\Bigg)\end{aligned} \tag{4.123}$$

式中：中心孔径区域与第 i 个坐标轴的交点 $|x_i|_D$ 计算方法参考式(4. 53)。

相应的成功率为

$$\boldsymbol{P}_{b,s,DTIAB}=\prod_{i=1}^{m}\left(\Phi\left(\frac{|x_i|_D-\boldsymbol{c}_i^{\mathrm{T}}\widetilde{\boldsymbol{L}}^{-1}\boldsymbol{Z}^{\mathrm{T}}\boldsymbol{b}}{\sigma_{\hat{z}_{i|I}}}\right)+\Phi\left(\frac{|x_i|_D+\boldsymbol{c}_i^{\mathrm{T}}\widetilde{\boldsymbol{L}}^{-1}\boldsymbol{Z}^{\mathrm{T}}\boldsymbol{b}}{\sigma_{\hat{z}_{i|I}}}\right)-1\right) \tag{4.124}$$

公式(4. 123)和式(4. 124)的证明见附录 A. 5。

在去相关条件下，可以基于差分孔径自举估计实现对差分孔径估计的概率近似，为了提高近似效果，同样取$\widetilde{\boldsymbol{L}}$为单位阵。

类似地，给出差分孔径估计的概率上下界如下：

$$P(\chi^2(m,\|\boldsymbol{Z}^{\mathrm{T}}\boldsymbol{b}\|^2_{Q_{\hat{z}\hat{z}}})\leqslant\chi_0^2)\leqslant P_{b,s,DTIA}\leqslant\min\left(\Phi\left(\frac{1-2\boldsymbol{f}^{\mathrm{T}}Z^{\mathrm{T}}\boldsymbol{b}}{2\|\boldsymbol{f}\|_{Q^{-1}_{\hat{z}\hat{z}}}}\right)+\Phi\left(\frac{1+2\boldsymbol{f}^{T}Z^{T}\boldsymbol{b}}{2\|\boldsymbol{f}\|_{Q^{-1}_{\hat{z}\hat{z}}}}\right)-1\right) \tag{4.125}$$

式中：$\chi_0^2=\min\limits_{c\in\mathbb{Z}^m/\{0\}}\frac{T_{DT}(\boldsymbol{c})^2}{4}\|\boldsymbol{c}\|^2_{Q_{\hat{z}\hat{z}}}$，$\boldsymbol{f}=\frac{Q^{-1}_{\hat{z}\hat{z}}\boldsymbol{c}}{\|c\|^2_{Q_{\hat{z}\hat{z}}}-\mu}$，证明见附录 A. 6。

偏差干扰下 W-比例孔径自举估计在整数向量 z 处的失败率为

$$\boldsymbol{P}_{b,WTIAB}(\breve{z}=\boldsymbol{z})=\prod_{i=1}^{m}\left(\Phi\left(\frac{|x_i|_W-\boldsymbol{c}_i^{\mathrm{T}}\widetilde{L}^{-1}\boldsymbol{z}_i-c_i^{\mathrm{T}}\widetilde{\boldsymbol{L}}^{-1}\boldsymbol{Z}^{\mathrm{T}}\boldsymbol{b}}{\sigma_{\hat{z}_{i|I}}}\right)+\Phi\left(\frac{|x_i|_W+\boldsymbol{c}_i^{\mathrm{T}}\widetilde{L}^{-1}\boldsymbol{z}_i+\boldsymbol{c}_i^{\mathrm{T}}\widetilde{L}^{-1}\boldsymbol{Z}^{\mathrm{T}}\boldsymbol{b}}{\sigma_{\hat{z}_{i|I}}}\right)-1\right) \tag{4.126}$$

式中：中心孔径区域与第 i 个坐标轴的交点 $|x_i|_W$ 计算方法参考(4.83)。

对应的成功率为

$$\boldsymbol{P}_{b,s,WTIAB}=\prod_{i=1}^{m}\left(\Phi\left(\frac{|x_i|_W-\boldsymbol{c}_i^{\mathrm{T}}\widetilde{\boldsymbol{L}}^{-1}Z^{\mathrm{T}}\boldsymbol{b}}{\sigma_{\hat{z}_{i|I}}}\right)+\Phi\left(\frac{|x_i|_W+\boldsymbol{c}_i^{\mathrm{T}}\widetilde{\boldsymbol{L}}^{-1}Z^{\mathrm{T}}\boldsymbol{b}}{\sigma_{\hat{z}_{i|I}}}\right)-1\right) \tag{4.127}$$

方程式(4.126)和式(4.127)参考附录 A.5。

同样可以给出 W-比例孔径估计的成功率概率上下界

$$P(\chi^2(m,\|Z^{\mathrm{T}}b\|^2_{Q_{\hat{z}\hat{z}}})\leqslant\chi_0^2)\leqslant P_{b,s,WTIA}\leqslant\min\left(\Phi\left(\frac{1-2\boldsymbol{f}^{\mathrm{T}}\boldsymbol{Z}^{\mathrm{T}}\boldsymbol{b}}{2\|\boldsymbol{f}\|_{Q_{\hat{z}\hat{z}}^{-1}}}\right)+\Phi\left(\frac{1+2\boldsymbol{f}^{\mathrm{T}}\boldsymbol{Z}^{\mathrm{T}}\boldsymbol{b}}{2\|\boldsymbol{f}\|_{Q_{\hat{z}\hat{z}}^{-1}}}\right)-1\right) \tag{4.128}$$

式中：$\chi_0^2=\min\limits_{c\in\mathbb{Z}^m/\{0\}}\dfrac{T_{WT}(\boldsymbol{c})^2}{4}\|\boldsymbol{c}\|^2_{Q_{\hat{z}\hat{z}}}$；$f=\dfrac{Q_{\hat{z}\hat{z}}^{-1}\boldsymbol{c}}{\|\boldsymbol{c}\|^2_{Q_{\hat{z}\hat{z}}}-\mu\|\boldsymbol{c}\|_{Q_{\hat{z}\hat{z}}}}$，证明见附录 A.6。

需要指出，在偏差干扰下，利用整数孔径自举估计估计对相应的整数孔径估计进行概率近似时，同样可以在去相关条件下通过取$\widetilde{\boldsymbol{L}}$为单位阵来提高近似的效果。下文将对三种概率近似的方法进行数值验证。

4.9.2　偏差干扰下整数孔径估计的质量评估

利用前文的多 GNSS 仿真实验进行验证，实验中的偏差干扰统一取第一个元素为 0.1 的标准向量，即 $\boldsymbol{b}=[0.1\quad 0\quad \cdots\quad 0]^{\mathrm{T}}$。所有偏差干扰下的线性整数孔径估计的检测阈值都基于 $P_f=0.01$ 的标准进行选定，以偏差干扰下各个整数孔径估计的实际成功率作为基准，分别比较偏差干扰下三种成功率近似方法的近似误差，包括整数孔径自举估计的上界，不偏差干扰的整数孔径自举估计的近似成功率，以及整数孔径估计的上界。成功率的近似误差记为 $\delta P_{s,IA}$，具体为 $\delta P_{s,IA}=P_{s,IA}-\widetilde{P}_{s,IA}$。其中 $P_{s,IA}$表示通过蒙特卡洛仿真获得的实际成功率，$\widetilde{P}_{s,IA}$为采用近似方法得到的成功率。首先以差分孔径估计为例，分别比较三种近似方法在不同类型的 GNSS 模型下的近似误差，如图 4.10、4.11 和 4.12 所示。图中 G 表示 GPS，GE 表示 GPS+Galileo，GEC 表示 GPS+Galileo+BeiDou，每种类型的 GNSS 模型均产生两天内共 578 个历元，图中给出前 300 个历元的结果。

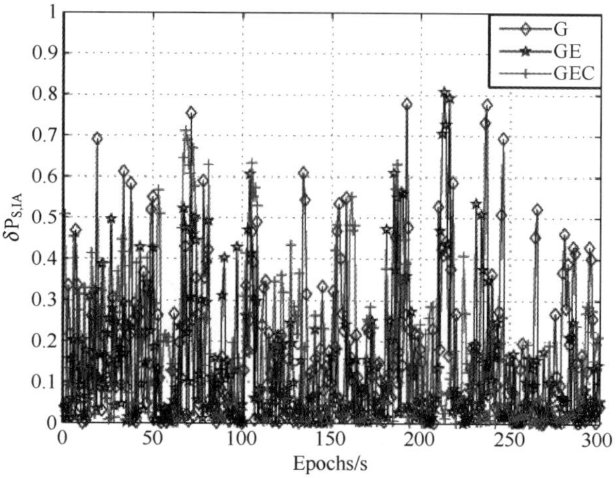

图 4.10　基于偏差干扰的差分孔径自举估计的近似误差

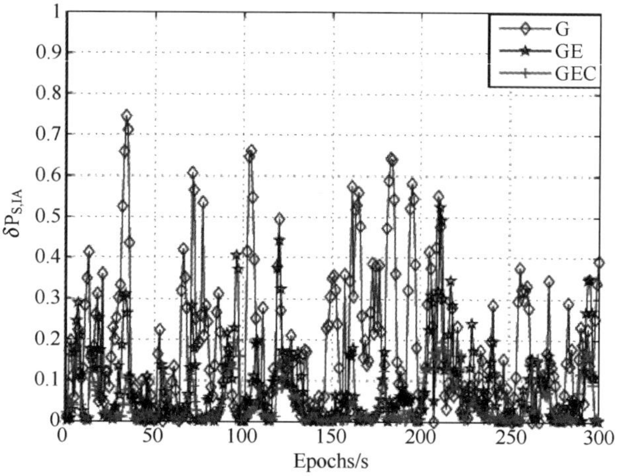

图 4. 11　无偏差干扰的差分孔径自举估计的近似误差

从上面三个图可以看到,基于偏差干扰下的差分孔径自举估计的近似误差很大,且不受 GNSS 模型强度的影响。尽管第二种方法在单系统下的近似误差较大,但随着模型强度增加,近似误差随之降低。基于偏差干扰下差分孔径估计上界的方法效果则更好。这里给出三种方法近似误差的均值,如图 4. 13 所示。

从图 4. 13 中可以明显看到,偏差干扰下的差分孔径自举估计的近似误差明显过大,尽管第二种方法单系统下近似误差均值最大,但 GNSS 模型强度的增加显著改善了近似效果,第三种方法在各类模型条件下的近似误差均值均比较稳定。

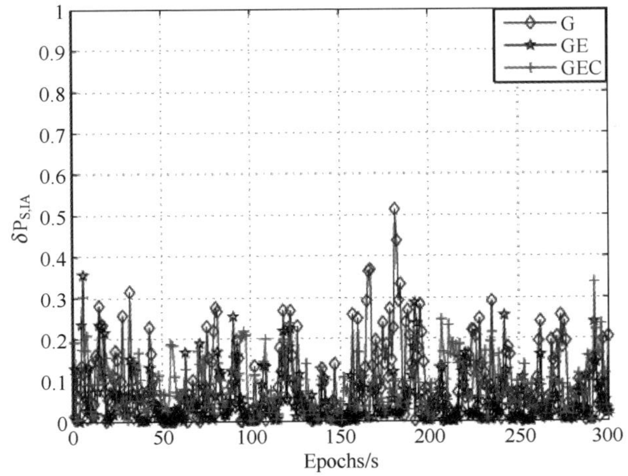

图 4. 12　基于偏差干扰的差分孔径估计上界的近似误差

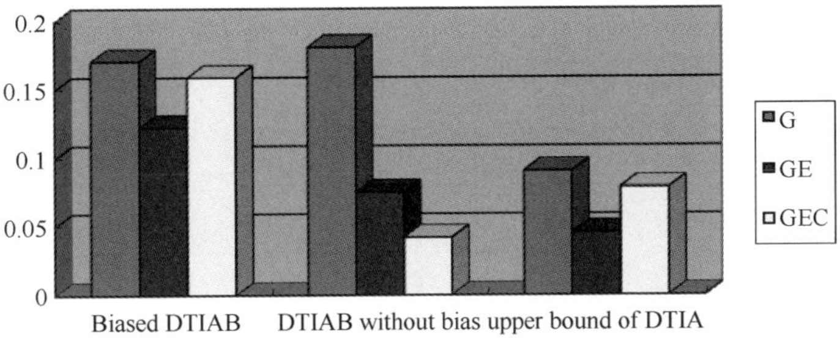

图 4. 13　差分孔径估计成功率的近似误差均值

进一步,这里直接给出整数孔径最小二乘和 W-比例孔径估计的成功率近似误差均值。简单起见,这里仅给出后两种方法在不同类型 GNSS 模型下的结果,如图 4. 14 所示。

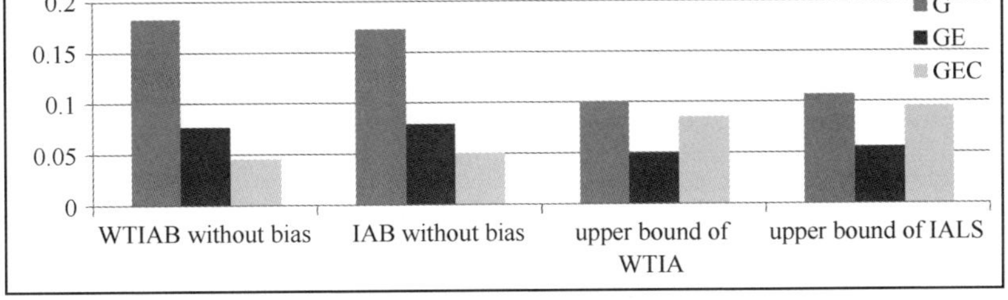

图 4. 14　整数孔径最小二乘和 W-比例孔径估计的近似误差均值(见彩图)

根据图 4.14,结合差分孔径估计的相关结果,可以得出如下结论:

(1) 三种线性整数孔径估计误差近似的效果非常相似,采用无偏差干扰的孔径自举估计近似以及偏差干扰下整数孔径估计上界的近似方法更加有效。

(2) 在单系统和双系统条件下,基于整数孔径估计成功率上界的近似方法效果更好。在三系统条件下,无偏差干扰的孔径自举估计的近似效果更好。从第二种方法近似误差的结果来看,随着 GNSS 模型强度的增加,同样大小的偏差干扰对整数孔径估计成功率的影响将越来越小,这说明在实际应用中可以通过增加系统的模型强度降低偏差干扰的影响。

(3) 尽管第三种方法总体的近似效果最好,但需要指出,仿真实验采用的是已知的偏差干扰向量,但在实际中,偏差干扰向量通常是未知的,因而第三种方法实际往往是不可行的。

4.10 本章小结

在完善已有的整数孔径估计理论的基础上,为了解决整数孔径估计的质量评估问题,本章首先定义广义的整数孔径自举估计,通过不同的整数孔径自举估计,可以在去相关的条件下实现对线性整数孔径估计的概率近似。同时,对所有的整数孔径估计进行分类总结,总结出线性整数孔径估计统一的概率近似方法,完善了非线性整数孔径估计理论;研究了偏差干扰下的线性整数孔径估计的性质及其概率评估,并采用仿真实验验证不同的线性整数孔径估计概率近似评估的有效性,为新的模糊度检验方法的提出奠定了完整的理论基础。

第 5 章　模糊度解算的质量控制方法研究

在实际应用中,用户普遍关心的是如何实现对模糊度解算的质量控制。现有唯一可行的方法是固定失败率法,该方法的本质是采用蒙特卡洛仿真求解非线性方程,但由于蒙特卡洛方法时间成本过高,因而实际中不可用。为此,有研究者通过采用大规模仿真,总结各类 GNSS 模型在固定失败率下的阈值,最终制定出相应的阈值表。需要指出,阈值表的分类参数越多,阈值越准确,但这样会加大阈值表的复杂度。由于现有的阈值表仅采用卫星数量和整数估计失败率进行分类,不可避免地带来阈值的保守性。此外,阈值表没有给出成功率小于75%的 GNSS 模型的固定失败率阈值,因而可用性也受限制。本章将对固定失败率法进行讨论研究,在整数孔径估计的质量评估理论的基础上提出新的质量控制方法,并对两种方法进行充分比较。

5.1　蒙特卡洛积分和固定失败率方法

5.1.1　蒙特卡洛积分

蒙特卡洛积分又被称为随机模拟,近年来在很多领域得到广泛应用。由于模糊度解算的质量评估本质上是一个求解定积分的问题,因而在高维无法直接解析计算的情况下,蒙特卡洛积分是一种较好的解决方案[210]。

蒙特卡洛积分方法通常的思路如下:

(1) 针对实际问题建立一个简单且便于实现的概率模型,使得所求的解恰好是所建模型的概率分布或某个数字特征;

(2) 对模型中的变量建立抽样方法,进行足够样本数的随机模拟,并对目标事件进行统计;

(3) 分析蒙特卡洛积分的计算结果,并给出所求解的估计及其精度(方差)的估计。

由于随机模拟的精度取决于模拟的样本个数,数目越多精度越高,而随机模拟次数过多也将显著地导致时间成本过高。因而,为了降低时间消耗。

一些高效的抽样方法,如重要性抽样法,分层抽样法,关联抽样法等,相继被提出[211]。

对于整数估计而言,浮点模糊度符合正态分布,其成功率和失败率均可以通过积分实现,为了求解积分值,基于蒙特卡洛方法的实现步骤如下:

(1) 采用随机数发生器生成 N 个不相关的浮点随机样本,且 $\hat{a}_i \sim \boldsymbol{N}(a, Q_{\hat{a}\hat{a}}), \boldsymbol{a} \in \mathbb{Z}^m, i=1,\cdots,N$;

(2) 对 N 个浮点解进行模糊度解算,若最终的固定整数解为 a,则解算正确,否则解算错误;

(3) 分别对两类结果进行计数,若正确解算的浮点解个数为 N_s,错误解个数为 N_f,则成功率和失败率分别为

$$P_s = \frac{N_s}{N},\ P_f = \frac{N_f}{N} \tag{5.1}$$

随机模拟中,由于这些样本的结果服从二项分布,式(5.1)发生的概率可表示为

$$P(N_f) = \frac{N!}{(N-N_f)!\ N_f!} P_f^{N_f} (1-P_f)^{N-N_f} \tag{5.2}$$

在多次随机模拟中,这一事件出现频率的均值和方差为

$$E\left\{\frac{N_f}{N}\right\} = P_f,\ D\left\{\frac{N_f}{N}\right\} = \frac{P_f(1-P_f)}{N} \tag{5.3}$$

为了保证事件出现的频率$\frac{N_f}{N}$与 P_f 的差值不超过 ε,根据对应的切比雪夫不等式,有

$$P\left(\left|\frac{N_f}{N} - P_f\right| \geqslant \varepsilon\right) \leqslant \frac{P_f(1-P_f)}{N\varepsilon^2} \tag{5.4}$$

为满足不等式(5.4),需要根据 ε 的要求选取对应的样本数目 N。当 $P_f=0.001, \varepsilon=10^{-3}$时,则不等式(5.4)右侧 0.01 的上限值对应于 $N=10^5$。

5.1.2 固定失败率法

为了实现对整数孔径估计失败率的控制,这里介绍一种基于蒙特卡洛积分的固定失败率法。实现步骤如下:

(1) 设定固定的目标失败率 β 和其他初始参数;

(2) 按照正态分布$\hat{a}_i \sim N(0, Q_{\hat{a}\hat{a}}), i=1,\cdots,N$,生成 N 个的浮点随机样本;

(3) 对每个浮点样本进行模糊度解算以及采用特定的检测方法进行模糊

度检验，进行模糊度检测中，计算基于每个样本的检测值 $\mu_i=\gamma(\hat{a}_i)$；

(4) 根据固定失败率法确定 μ 并使 $P_f(\mu)=\beta$，计算对应的成功率 $\breve{a}_i=0$ 且 $\gamma(\hat{a}_i)\leqslant\mu$。

需要指出，由于蒙特卡洛积分法的准确性依赖于仿真的样本个数，不同的 N 确定的检测阈值 μ 也不同。当 $N\to\infty$ 时，此时确定的 μ 必定满足 $P_f(\mu)=\beta$；反之，则 $P_f(\mu)$ 存在一定的随机性，但其统计特性满足

$$E(P_f(\mu))=\beta,\ D(P_f(\mu))=\frac{(1-\beta)\beta}{N}=\sigma_f^2 \tag{5.5}$$

为了验证式(5.5)中的结论，分别进行两类验证。

首先，验证仿真次数和 μ 的关系，以及仿真次数和 $P_f(\mu_0)$ 的关系，其中 μ_0 为某次蒙特卡洛积分确定的 μ 值。选取的 GNSS 模型的协方差为

$$\boldsymbol{Q}=\begin{bmatrix} 0.0865 & -0.0357 & 0.0421 \\ -0.0357 & 0.0847 & -0.0258 \\ 0.0421 & -0.0258 & 0.0797 \end{bmatrix}$$

两种关系的比较结果最终如图 5.1 所示。

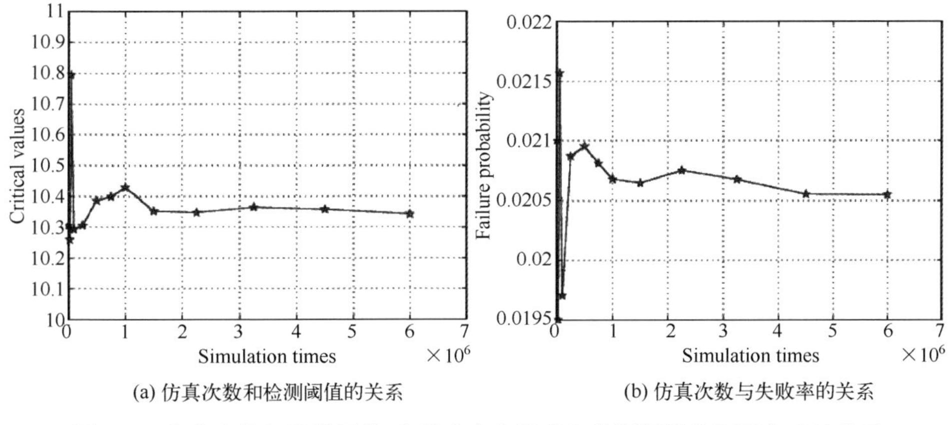

图 5.1　仿真次数与检测阈值、失败率在失败率和检测阈值分别固定时的关系

从图 5.1 中的左图可以看到，随着仿真次数的增大，检测阈值的变化逐渐平稳，而右图中也可以看到，整数孔径估计失败率的计算精度随仿真次数的增加逐渐提高，即 σ_f^2 逐渐缩小，从而验证了式(5.5)中的相应结论。

其次，验证式(5.5)中 $P_f(\mu)$ 的统计特性。

利用差分检测设计进行如下实验：

(1) 基于固定失败率方法，确定差分孔径估计固定失败率 $\beta=0.001$ 的阈值 μ；

(2) 采用确定的阈值进行 K 次蒙特卡洛仿真，其中每次仿真均进行 $N=50000$ 次模糊度解算，计算每次得到 $P_f(\mu)$；

(3) 计算 K 次蒙特卡洛仿真结果的 $E(P(\mu))$，$D(P(\mu))$ 并与(5.5)对应的结果相比较。

按照 $\beta=0.001$，蒙特卡洛仿真所得到的理论上的失败率方差为

$$\sigma_f^2=\frac{(1-\beta)\beta}{N}=1.4135\times10^{-4} \tag{5.6}$$

实际仿真实验的结果如表 5.1 所列。

表 5.1 K 次蒙特卡洛仿真实验的结果

K	$E(P(\mu))$	$D(P(\mu))$
1	0.0013	—
100	0.0009	1.4822×10^{-4}
1000	0.0011	1.4700×10^{-4}
10000	0.0010	1.4358×10^{-4}

可以看到，随着蒙特卡洛次数 K 的增加

$$\begin{aligned}&\lim_{K\to\infty}E(P(\mu))=\beta\\&\lim_{K\to\infty}D(P(\mu))=\frac{\beta(1-\beta)}{N}=\sigma_f^2\end{aligned} \tag{5.7}$$

根据中心极限定理，当 $K\to\infty$ 时，$P(\mu)$ 将是服从正态分布 $N(\beta,\sigma_f^2)$ 的随机变量。

综上所述，固定失败率方法实际上是一种具有特定统计特性的质量控制方法，且统计特性和 GNSS 模型无关，而仅和仿真样本数以及固定失败率有关。换而言之，GNSS 模型的信息实际上在该方法中并未发挥重要作用。这就决定了在其应用中使模糊度解算的失败率保持在一个固定的失败率或总小于其统计期望值 β 几乎不可能。

5.1.3 固定失败率法的应用

在固定失败率方法中，为了保证蒙特卡洛积分的准确度，通常把随机样本 N 设定为很大的值，因而不可避免地带来了效率过低的问题，因此在实践中直接使用固定失败率的方法是不可行的。为了实现固定失败率方法的工程应用，Verhagen 通过大量 GNSS 模型的数值仿真，基于固定失败率法，总结出整数估计的失败率、比例孔径估计阈值和模糊度的个数（或可见卫星数量）之间存在如图 5.2 所示的关系[172]，具体为

(1) 当卫星个数确定时,GNSS 模型越强,所需的检测阈值可取的范围越大,反之,则检测阈值可取的范围越小。

(2) 当卫星数目逐渐增多时,GNSS 模型逐渐变强,实现固定失败率的检测阈值越大。

(3) 除了卫星数量外,卫星的几何构型和观测精度等因素同样影响了 GNSS 模型强度,导致固定失败率的检测阈值出现了变化。

图 5.2 中,红线表示不同卫星数量下,保持固定失败率所需要的最小检测阈值。

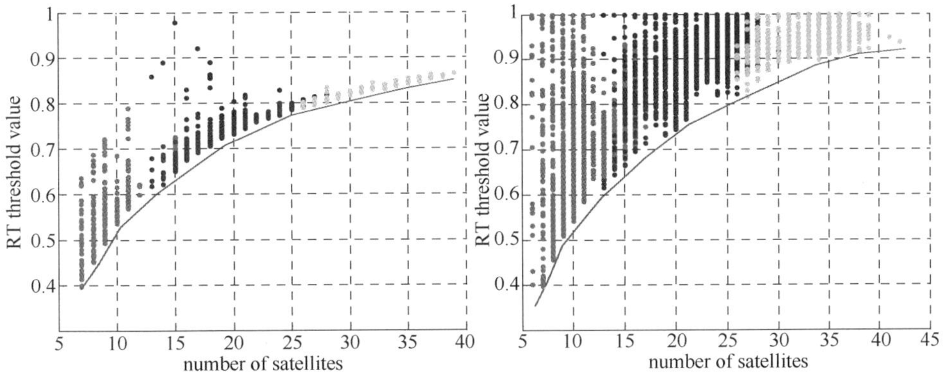

(a) 单历元解算结果　(b) 三个历元解算结果

图 5.2　$\beta=0.001$ 时,卫星数量、比例孔径估计失败率和固定失败率阈值之间的关系

对于通过固定失败率法仿真获得的失败率、检测阈值与卫星个数的关系,这里给出三点说明:

第一,检测阈值的大小最终和孔径归整区域的空间大小有关。对于同样的卫星个数,阈值越大,压缩因子 $T(x,c)$ 越大,则对应的孔径归整区域的面积也越大,若定积分得到的失败率保持固定,则要求概率密度函数的尖峰特征明显,即 GNSS 模型很强,从而降低失败率归整区域对应的概率密度函数。失败率孔径归整区域面积的增大以及对应的概率密度函数的降低保证了失败率最终保持稳定。与此同时,中心孔径归整区域的增大以及对应的概率密度函数值的增大也提高了整数孔径估计的成功率。

第二,基于固定失败率法得到的阈值最终实现的是对失败率统计性的控制。实际应用中,出于高可靠性的目的,通常要求模糊度解算的失败率小于特定值,因而必须选取相对保守的阈值。从图 5.2 可知,为了满足相同卫星个数下各类 GNSS 模型固定失败率的要求,最保守的选择应取最小值,图中对应的红线即是不同卫星数目时实现固定失败率所需要的检测阈值。为了减少阈值的保守性,在卫星数目固定的同时,可以增加一个变量的维度,即引入整数估计的失败率,然后再取对应不同整数估计失败率下最保守的阈值。GNSS 模型的样本数目越丰富,得到的阈值的普适性越好。

第三,增加固定失败率 β 取值的多样性,最终就可以构建一个固定失败率、卫星数目(模糊度个数)、整数估计失败率以及检测阈值的数值表。在工程应用中,基于此数值表,可以快速地获得使整数孔径估计失败率小于规定值的检测阈值。这里给出通用的比例检测的固定失败率表,见表 5.2[67]。

表 5.2 $\beta=0.001$ 时,比例检测固定失败率的速查表

$P_{f,ILS}$	3	4	5	6	7	8	9	10	11	12	13	14	15	16	…
0.0000	1.00	1.00	1.00	1.00	1.00	1.00	1.00	1.00	1.00	1.00	1.00	1.00	1.00	1.00	…
0.0010	1.00	1.00	1.00	1.00	1.00	1.00	1.00	1.00	1.00	1.00	1.00	1.00	1.00	1.00	…
0.0020	0.78	0.80	0.80	0.81	0.82	0.83	0.84	0.84	0.86	0.86	0.86	0.87	0.88	0.88	…
0.0050	0.54	0.57	0.57	0.59	0.64	0.64	0.68	0.68	0.69	0.71	0.72	0.73	0.74	0.75	…
0.0100	0.38	0.41	0.43	0.45	0.51	0.52	0.57	0.57	0.59	0.61	0.62	0.64	0.65	0.67	…
0.0150	0.29	0.32	0.36	0.38	0.43	0.46	0.51	0.52	0.53	0.55	0.56	0.58	0.60	0.62	…
0.0200	0.24	0.27	0.30	0.33	0.38	0.42	0.46	0.48	0.49	0.52	0.52	0.55	0.57	0.59	…
0.0250	0.22	0.24	0.27	0.29	0.35	0.39	0.42	0.45	0.46	0.49	0.49	0.53	0.54	0.56	…
0.0300	0.20	0.22	0.24	0.26	0.32	0.35	0.40	0.42	0.44	0.47	0.47	0.51	0.53	0.54	…
0.0350	0.18	0.20	0.22	0.24	0.30	0.33	0.38	0.40	0.42	0.45	0.45	0.49	0.51	0.53	…
0.0400	0.17	0.18	0.21	0.22	0.27	0.31	0.36	0.39	0.40	0.44	0.44	0.48	0.50	0.52	…
0.0450	0.16	0.17	0.19	0.21	0.26	0.29	0.34	0.38	0.39	0.43	0.44	0.48	0.49	0.51	…
0.0500	0.15	0.16	0.18	0.19	0.24	0.28	0.32	0.37	0.39	0.42	0.43	0.47	0.48	0.51	…
0.0550	0.14	0.15	0.17	0.18	0.23	0.27	0.31	0.36	0.38	0.41	0.42	0.46	0.48	0.50	…
0.0600	0.13	0.15	0.16	0.17	0.21	0.26	0.30	0.36	0.37	0.40	0.42	0.46	0.47	0.50	…
0.0650	0.12	0.14	0.15	0.16	0.20	0.26	0.30	0.35	0.36	0.40	0.41	0.45	0.46	0.50	…
0.0700	0.12	0.13	0.14	0.15	0.20	0.25	0.30	0.35	0.36	0.39	0.41	0.45	0.46	0.49	…
0.0750	0.11	0.12	0.13	0.15	0.19	0.24	0.29	0.34	0.36	0.39	0.41	0.44	0.45	0.49	…
0.0800	0.10	0.12	0.13	0.14	0.19	0.23	0.29	0.34	0.35	0.38	0.40	0.44	0.45	0.49	…
0.0850	0.10	0.11	0.12	0.14	0.18	0.23	0.28	0.33	0.35	0.38	0.40	0.44	0.45	0.49	…
0.0900	0.09	0.11	0.12	0.13	0.18	0.22	0.28	0.33	0.35	0.38	0.40	0.43	0.45	0.49	…
0.0950	0.09	0.10	0.11	0.13	0.18	0.22	0.28	0.33	0.34	0.38	0.40	0.43	0.45	0.48	…
0.1000	0.09	0.10	0.11	0.12	0.17	0.22	0.27	0.32	0.34	0.37	0.40	0.43	0.44	0.48	…
0.1500	0.07	0.08	0.08	0.10	0.16	0.20	0.25	0.29	0.32	0.35	0.39	0.41	0.44	0.47	…

（续）

$P_{f,ILS}$	3	4	5	6	7	8	9	10	11	12	13	14	15	16	…
0.2000	0.05	0.06	0.06	0.10	0.15	0.19	0.24	0.27	0.31	0.34	0.38	0.41	0.43	0.46	…
0.2500	0.04	0.05	0.06	0.09	0.14	0.18	0.23	0.25	0.30	0.34	0.37	0.41	0.43	0.46	…
1.0000	0.00	0.00	0.00	0.00	0.00	0.00	0.00	0.00	0.00	0.00	0.00	0.00	0.00	0.00	…

以上便是工程化的固定失败率查表法的理论基础。需要指出，目前可用的工程化阈值表仅有比例孔径估计，且该阈值表存在两个明显的缺陷：

（1）可用的固定失败率设置仅有 0.001 和 0.01。这是由于制表的过程中为了兼顾全局适用性和准确性，需要遍历大量的 GNSS 样本，这需要相当高的时间成本以及庞大的计算资源，因而为各个整数孔径估计制作相应的表是不现实的。此外，相关的实践表明，不同固定失败率对于定位精度的影响并不大。

（2）弱 GNSS 模型，即 $P_{s,ILS}<0.75$ 时，比例孔径估计已经失效，这是由于阈值表未考虑到在各种额外的约束信息条件下，可以实现低整数最小二乘成功率下的模糊度解算。

尽管如此，也应当看到，基于蒙特卡洛积分的固定失败率法是一种全局可用的方法，在时间要求不高的条件下可以作为一个模糊度性能评估的参考方法。

5.1.4　基于固定失败率法的整数孔径估计性能比较

由于固定失败率法的普适性，这里采用该方法分别对前文研究的大部分整数孔径估计进行性能比较。由于整数孔径最小二乘的性能要强于整数孔径自举估计，且椭圆孔径估计可以看作是比例孔径估计的特例，因而理论上性能要弱于比例孔径估计，这里暂不将整数孔径自举和椭圆孔径估计进行比较。

同样采用 3.3.4 节中的多 GNSS，多频率的仿真实验设置，生成一天内的 GNSS 模型，同时对各个整数孔径估计进行 $N=50000$ 次模糊度解算，基于固定失败率确定检测阈值并计算最终的整数孔径估计成功率。参与比较的整数孔径估计包括整数孔径最小二乘（LS），差分孔径估计（DT），W-比例孔径估计（WT），投影孔径估计（PT），改进的投影孔径估计（MP），比例孔径估计（RT）和最优整数孔径估计（OA），其中，最优整数孔径估计分别取三个模糊度候选解和四个模糊度候选解进行分别比较。分别计算各个整数孔径估计在单天内模糊度解算成功率的期望值，结果汇总于表 5.3。需要指出，整数孔径最小二乘估计的实现是基于(4.29)中新的检测方法。图中，1 表示 BeiDou 系统，2 表示 GPS+BeiDou 系统，3 表示 GPS+BeiDou+Galileo 系统。P_{OA}^3 表示包含三个模糊度候选解的最优估计，P_{OA}^4 为包含四个模糊度候选解的最优估计。

表 5.3 各类整数孔径估计的性能对比

β	系统	$E(P_{PT})$	$E(P_{RT})$	$E(P_{LS})$	$E(P_{MP})$	$E(P_{WT})$	$E(P_{DT})$	$E(P_{OA}^3)$	$E(P_{OA}^4)$
0.001	1	0.5566	0.5280	0.5691	0.5691	0.5750	0.5772	0.5783	0.5783
	2	0.8843	0.9002	0.9059	0.9059	0.9090	0.9096	0.9100	0.9100
	3	0.9431	0.9605	0.9611	0.9611	0.9624	0.9627	0.9628	0.9628
0.01	1	0.8085	0.8108	0.8196	0.8196	0.8220	0.8224	0.8230	0.8231
	2	0.9753	0.9774	0.9778	0.9778	0.9778	0.9779	0.9779	0.9779
	3	0.9909	0.9911	0.9912	0.9912	0.9912	0.9912	0.9912	0.9912

从表 5.3 中，可以概括出以下结论：

(1) 随着 GNSS 系统组合数目增多，GNSS 模型的增强，整数孔径估计的成功率也相应增加。

(2) 宽松的固定失败率 $\beta=0.01$ 得到的整数孔径估计成功率要高于严格的固定失败率要求 $\beta=0.001$ 得到的整数孔径估计成功率。这表明，在质量控制要求宽松的情况下，整数孔径估计选择的重要性并不突出；而对质量控制要求严格的情况下，则有必要选择更合适的整数孔径估计。

(3) 整数孔径最小二乘和改进的投影孔径估计性能相同，也证明了二者在理论上等价性。

(4) 差分孔径估计和最优整数孔径估计的性能最为接近，这是由于强 GNSS 模型的条件下，差分孔径估计可以认为等价于最优整数孔径估计。

(5) 最优整数孔径估计在 3 个模糊度候选解和 4 个候选解的时候性能差别不大，因而 3 个候选解就可以代表最优整数孔径估计的整体性能。

(6) 投影孔径估计由于检测方法设计上的缺陷，其成功率的期望值反而最差。

(7) 虽然比例孔径估计的应用十分普遍，但比较结果显示其性能在 8 种整数孔径估计中并不突出，这也表明实际工程中有望采用更好的整数孔径估计以提高模糊度解算质量控制的效果。

除了比较给出各个整数孔径估计的期望值，这里将一天之内 GPS+BeiDou+Galileo 组合下不同整数孔径估计的结果汇总于图 5.3 中。图中点线表示投影孔径估计，红点线表示比例孔径估计，绿线表示改进的投影孔径估计，黑线表示 W-比例孔径估计，红线表示差分孔径估计，褚点线表示包含 3 个模糊度候选解的最优整数孔径估计，黑点线表示包含 4 个候选解的最优整数孔径估计。

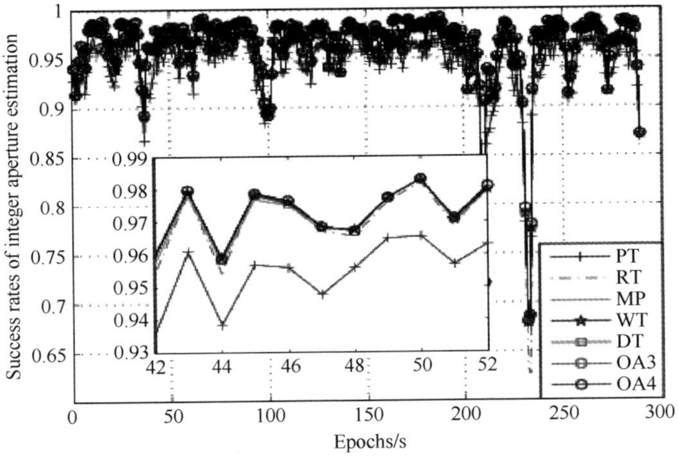

图 5.3　$\beta=0.001$ 时,各个整数孔径估计在单天内的模糊度解算成功率(见彩图)

从图 5.3 中可以明显看出,除了投影孔径估计和比例孔径估计,其他整数孔径估计的性能较为相似,整数孔径估计成功率相差的幅度在±0.01 以内。

前面的介绍和比较中没有涉及椭圆孔径估计(EIA)[156],这是由于椭圆孔径估计是一种检测过程仅依靠模糊度最优解的独立的整数孔径估计,其性能要弱于其他估计,这里进一步给出椭圆孔径估计和比例孔径估计(RTIA)、差分孔径估计(DTIA)、整数最小二乘(ILS)之间的性能对比, 如图 5.4 所示,图中各线型的表示见左上角,固定失败率取为 0.001。

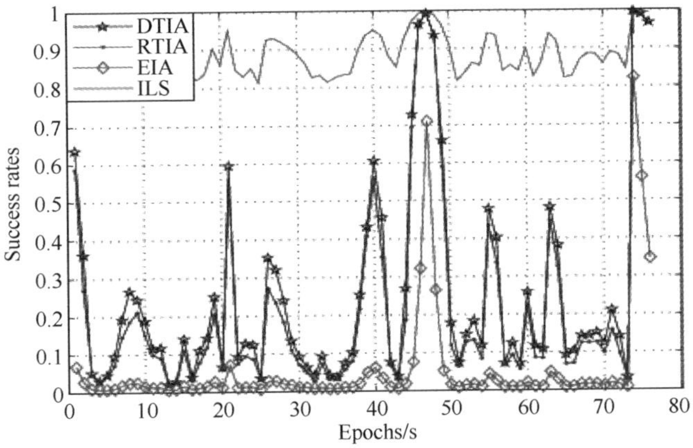

图 5.4　$\beta=0.001$ 时,差分孔径估计、比例孔径估计、椭圆孔径估计和整数最小二乘的模糊度解算成功率对比

从图中可以明显看到,椭圆孔径估计在固定失败率的情况下,性能与比例孔径估计和差分孔径估计差异较大。在 GNSS 模型较弱时,各个整数孔径估计的成功率均较低,椭圆孔径估计成功率和其他整数孔径估计较为接近;而当 GNSS 模型较强时,椭圆孔径估计和其他整数孔径估计性能差别明显。即便 GNSS 模型很强,差分孔径估计和比例孔径估计性能十分接近时,椭圆孔径估计仍和两种整数孔径估计的成功率有明显差异。因而,可以明显看出,椭圆孔径估计作为一种不依赖于次优模糊度解的独立估计器,性能要明显弱于其他整数孔径估计。因而,后文在进行整数孔径估计的性能对比中,将不再考虑椭圆孔径估计。

5.2 模糊度解算的质量控制新方法

5.2.1 整数孔径估计与整数估计归整区域之间的概率关系

根据整数孔径估计理论,当整数孔径估计的检测阈值取特定的极限值时,整数孔径估计转化为整数估计。除此之外,整数最小二乘和整数孔径估计的各个归整区域之间的概率关系也可以通过构造相应的概率比例因子进行关联。

本节将以差分孔径估计和整数最小二乘为例,分析整数孔径估计和整数最小二乘的归整区域概率评估之间的关系。对应的结果可以推广到其他能够进行解析近似的整数孔径估计。

为计算每个归整区域对应的概率比例因子,设整数孔径估计的检测阈值初值为μ,定义概率比例因子如下:

$$r(k,\mu)=\frac{P_{f,DTIA}(k,\mu)}{P_{f,ILS}(k)} \approx \prod_{i=1}^{m}\frac{\Phi\left(\frac{z_i(k)+|x_i|}{\sigma_{z_{i|I}}}\right)-\Phi\left(\frac{z_i(k)-|x_i|}{\sigma_{z_{i|I}}}\right)}{\Phi\left(\frac{z_i(k)+0.5}{\sigma_{z_{i|I}}}\right)-\Phi\left(\frac{z_i(k)-0.5}{\sigma_{z_{i|I}}}\right)} \tag{5.8}$$

式中:$r(k,\mu)$即为概率比例因子,k 表示第 k 个模糊度候选解,概率比例因子的近似条件为去相关。

根据积分的中值定理,对式(5.8)中孔径归整区域和整数归整区域的概率近似表达式进一步化简

$$\Phi\left(\frac{z_i(k)+|x_i|}{\sigma_{z_{il}I}}\right)-\Phi\left(\frac{z_i(k)-|x_i|}{\sigma_{z_{il}I}}\right)=\int_{z_i(k)-|x_i|}^{z_i(k)+|x_i|}\frac{1}{\sqrt{2\pi}\sigma_{z_{il}I}}\exp\left(-\frac{x^2}{2\sigma_{z_{il}I}^2}\right)\mathrm{d}x$$
$$=2|x_i|f(\xi_x(k)) \tag{5.9}$$

$$\Phi\left(\frac{z_i(k)+0.5}{\sigma_{z_{il}I}}\right)-\Phi\left(\frac{z_i(k)-0.5}{\sigma_{z_{il}I}}\right)=\int_{z_i(k)-0.5}^{z_i(k)+0.5}\frac{1}{\sqrt{2\pi}\sigma_{z_{il}I}}\exp\left(-\frac{x^2}{2\sigma_{z_{il}I}^2}\right)\mathrm{d}x$$
$$=f(\xi(k)) \tag{5.10}$$

方程式(5.9)和式(5.10)中，$f(\cdot)$表示正态分布的概率密度函数，且

$$\begin{aligned}\xi_x(k)&\in(z_i(k)-|x_i|,z_i(k)+|x_i|)=U_x\\ \xi(k)&\in(z_i(k)-0.5,z_i(k)+0.5)=U\end{aligned} \tag{5.11}$$

进一步，有 $U_x\subset U$。

除此之外，$r(k,\mu)$，$\xi_x(k)$和$\xi(k)$还有下述的性质：

性质 1：存在临界值σ，$\sigma>0$，若$U\subset(-\infty,-\sigma)\cup(\sigma,+\infty)$，那么$f(\xi_x(k))\leqslant f(\xi(k))$，其中，在区间$(-\infty,-\sigma)$中时$\xi_x(k)\leqslant\xi(k)$，在区间$(\sigma,+\infty)$时$\xi_x(k)\geqslant\xi(k)$。

性质 2：差分孔径估计和整数估计之间的概率比例因子可以看作一个近似的非单调递减函数，其极限值趋近于 0，即

$$\lim_{k\to\infty}r(k,\mu)=\lim_{k\to\infty}\frac{P_{f,DTIA}(k,\mu)}{P_{f,ILS}(k,\mu)}=0 \tag{5.12}$$

两个性质的证明见附录 C。

为了说明对于不同的整数向量，整数估计失败率和差分孔径估计失败率之间的关系，图 5.5 给出了第 2 个到第 150 个原始的整数估计失败率序列，排序后的整数估计失败率序列以及对应的差分孔径估计的失败率序列。从图中可以看到，整数估计的原始失败率序列明显不是单调的，但通过由大到小的排序可以实现选取有限个模糊度候选解对整数估计的失败率进行整体近似。注意排序后的整数估计对应的整数孔径估计仍然不是单调的，但相对而言数量级的差异较小，可以通过取足够数量的候选解减小截断误差的影响。图 5.5 中差分孔径估计的检测阈值取为 6。

为了选取合适数量的整数候选解对整数估计的失败率进行近似，可以采用以下流程：

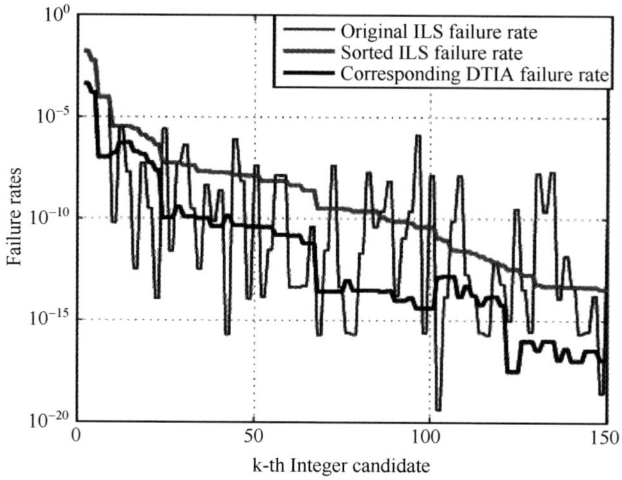

图 5.5　每个模糊度候选解的整数估计和差分孔径估计归整区域的失败率

(1) 取足够数目的整数估计归整区域,这里取为 N;

(2) 将选取的归整区域的失败率按照降序进行排列;

(3) 选取阈值 $P_\mu(0<P_\mu \ll P_f)$。当 $P_{f,ILS}(n)>P_\mu$ 以及 $P_{f,ILS}(n+1)<P_\mu$ 时,失败率可以分解为两部分 $P_{f,ILS}$ 和 $P_{0,ILS}$,二者的解析表达式为

$$\begin{cases} P_{f,ILS} \approx \sum_{k=1}^{n} P_{f,ILS}(k),\ 1 < n \leqslant N \\ P_{0,ILS} = \sum_{k=n+1}^{N} P_{f,ILS}(k),\ 0 < P_{0,ILS} \ll P_{f,ILS} \end{cases} \tag{5.13}$$

需要指出,这里的 P_μ 必须非常小,使得 $P_{f,ILS}$ 的近似误差尽可能小。在步骤(1)中,选取较大的 N 目的也是为了在非单调分布的整数估计归整区域失败率中选取量级较大的归整区域,以减小近似误差。通过反复尝试,N 通常取为 500 以平衡准确度和最终的计算时间成本。与此同时,步骤(3)中,通过设定 P_μ 控制 n 的大小,可以在非线性优化的过程中减少计算时间,后文将有具体介绍。

根据式(5.13)的表达式和整数估计的概率关系,有

$$P_{s,ILS}+P_{f,ILS}+P_{0,ILS}=1 \tag{5.14}$$

式(5.14)中的关系在图 5.6 中有详细描述,其中,绿色区域为用于整数估计和整数孔径估计概率近似的部分,等于 $P_{s,ILS}+P_{f,ILS}$,红色区域为整数估计中忽略的近似误差,可以记作 $P_{0,ILS}$。注意,实际应用中绿色区域的归整区域个数远多于图中所示。

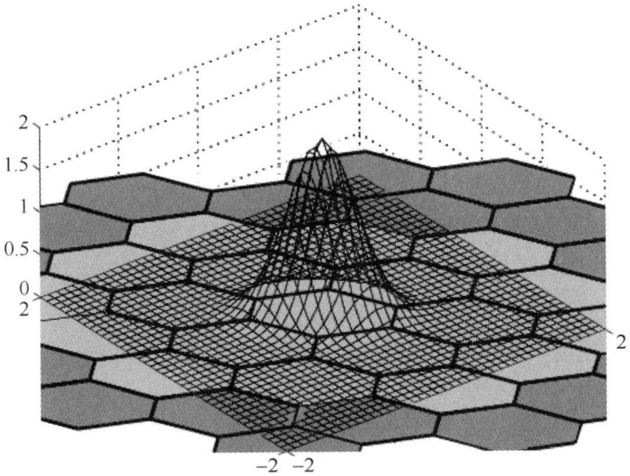

图 5.6 二维情况下整数估计的概率分解示意图

5.2.2 失败率可控的模糊度解算新方法

如果差分检测阈值的初始值 μ_0 给定，则差分孔径归整区域的概率可以近似为

$$P_{f,DTIA}(\mu_0) \approx \sum_{k=1}^{n} P_{f,DTIA}(k,\mu_0) \tag{5.15}$$

除了式(5.15)中用于近似的部分，整数孔径估计失败率的其余部分记作

$$P_{0,DTIA}(\mu_0) = \sum_{i=n+1}^{N} r(k,\mu_0) P_{f,ILS}(k) \tag{5.16}$$

简便起见，这里取 $r(n) = \max\{r(i)\}, i=m+1,\cdots,N$。有

$$P_{0,DTIA}(\mu_0) \approx r(n,\mu_0) P_{0,ILS} \tag{5.17}$$

为了选择特定的 μ 使得差分孔径估计的失败率固定为 P_f，需要解非线性方程

$$P_{f,DTIA}(\mu) + r(n,\mu) P_{0,ILS} = P_f \tag{5.18}$$

至此，整数孔径估计的固定失败率问题转化为解非线性方程的问题，式(5.18)可以利用 trust-region-dogleg 方法[212]进行求解，简便起见，在 MATLAB 中，可以通过‘fsolve’函数实现。在式(5.18)的数值优化中，决定时间成本的元素主要是整数孔径估计归整区域失败率近似的个数 n。n 越大，式(5.18)中的近似误差越小，确定的 μ 越精确，但时间成本也越高。因此，n 的取值也需要在时间成本和准确度之间进行折中，而 P_μ 则是实现这一平衡的控制参数。

总结之前的推导,便可以给出新的实时可控(Instantaneous CONtrollable, iCON)的整数模糊度解算方法,该方法适用于可以进行概率解析近似的整数孔径估计,实现流程如下:

(1) 设定初始参数 P_μ,μ_0,P_f 和其他系统参数。计算 N 个模糊度候选解的整数孔径失败率并按照降序对其排列。选定 n 并使

$$P_{f,ILS}(n)>P_\mu,\ P_{f,ILS}(n+1)\leqslant P_\mu \tag{5.19}$$

然后 $P_{0,ILS}=\sum\limits_{i=n+1}^{N}P_{f,ILS}(k)$;

(2) 计算 N 个孔径归整区域的失败率 $P_{f,IA}(i,\mu_0)$ 且 $i=1,\cdots,N$。除此之外,基于初始的检测阈值计算概率比例因子

$$r(i,\mu_0)=\frac{P_{f,IA}(i,\mu_0)}{P_{f,ILS}(i)}\quad i=n+1,\cdots,N \tag{5.20}$$

选择 $r(n,\mu_0)=\max\{r(i,\mu_0)\}$;

(3) 构造非线性方程并进行数值优化

$$\sum_{i=1}^{n}P_{f,IA}(i,\mu)+r(n,\mu)P_{0,ILS}=P_f \tag{5.21}$$

其中,$0<r(n,\mu)<1$。

注意,以下初始参数的设置对 iCON 方法的性能有重要影响:

(1) P_μ 确定了进行整数估计失败率近似的归整区域个数 n,P_μ 越小,n 越大,从而整数估计失败率的近似误差越小;

(2) μ_0 的初始值影响数值优化最终收敛的时间,最终关系到阈值确定的实时性。μ_0 的取值越接近实际情况,越容易快速收敛。

这里对 iCON 方法给出两个注释:

第一,在一定的数值条件下可以采用 iCON 方法的简化版。前面提到为了减小整数估计失败率的近似误差可以设置非常小的 P_μ 值。例如,如果固定失败率为 $\beta=0.001$,根据归整区域失败率的量级变化,P_μ 的值最好要小于10^{-8}。这是由于 $\sum\limits_{k=n+1}^{\infty}P_{f,ILS}(k)$ 最终将导致较大的误差,最后导致式(5.21)确定的 μ 不够精确,从而影响失败率的可控性。

如果 P_μ 的值较小,比如小于10^{-10},那么 $P_{0,ILS}$ 也将很小。由于 $r(n,\mu)<1$,最终 $r(n,\mu)P_{0,ILS}$ 将可以在数值优化中忽略。此外,由于整数孔径估计的计算采用的数值近似,因而满足式(5.18)成立的 μ 需要采用乐观的取值,为了保证整数孔径估计的可靠性,可以在式(5.18)右侧加入一个平衡因子 ϖ,$\varpi<1$,以保证确定的 μ 值的可靠性,最终可以实现一个简化且可靠性更高的 iCON 方法:

（1）设置初始的参数 P_μ,μ_0,P_f 和其他系统参数。计算 N 个模糊度候选解的整数孔径失败率并按照降序对其排列。选定 n 并使

$$P_{f,ILS}(n)>P_\mu,\ P_{f,ILS}(n+1)\leqslant P_\mu \tag{5.22}$$

（2）构造非线性方程并进行数值优化

$$\sum_{i=1}^{n} P_{f,IA}(i,\mu)=\varpi P_f \tag{5.23}$$

其中，ϖ的选择可以根据具体的整数孔径估计进行经验性选择，简化起见，本书不对其进行探讨，统一取为 1。

经过简化后，可以明显看到算法的时间消耗主要集中的数值优化的过程中，因而设计更好的优化方案可以更好地保证实时性。

第二，P_f 可以基于模型的强度进行设定。如果模型较弱，对模糊度解算的可靠性有过高要求是不现实的，此时的首要任务是增强 GNSS 模型，或者从算法上提高解算成功率，比如引入其他相关信息的约束。而对于较强的 GNSS 模型，P_f 不能选择的太小，否则会拒绝较多正确的模糊度解，造成较高的误警率。

5.3 模糊度解算质量控制方法的仿真验证

5.3.1 iCON 方法的性质

前文对 iCON 方法作了详细的介绍，本节将基于多频多 GNSS 系统的仿真实验，以差分孔径估计为例对其各方面的性能进行验证，相关结论可推广到其他整数孔径估计。比较实验的流程见图 5.7，仿真参数的设定不变。图中，$P_{f,iCON}$，T_{iCON}，$P_{f,MC}$和 T_{MC}分别表示 iCON 方法和蒙特卡洛仿真的失败率以及时间消耗。

首先，对 iCON 算法的实时性进行验证。两种算法单历元解算中消耗时间的对比如图 5.8 所示，图中，黑线表示蒙特卡洛法在 1445 个 GNSS 模型下的时间消耗曲线，蓝线表示 iCON 方法在对应 GNSS 模型下的时间消耗，红线表示 1s 的时间上界。对于蒙特卡洛方法而言，随着单历元中模糊度个数的增加，模糊度解算的时间将增多，最终大大增加蒙特卡洛法所需要的时间。而 iCON 方法所用的解算时间大大小于蒙特卡洛法，所有历元的模糊度解算验证的总时间均在 1s 以内，时间效率提高了 10 倍以上，这意味着基于 iCON 方法可以实现快速的模糊度解算，且 GNSS 卫星的数量越多，GNSS 模型越强，时间消耗也将越短。

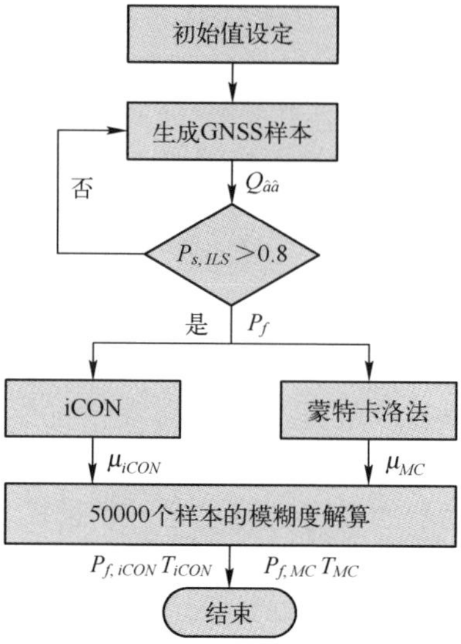

图 5.7　仿真对比实验的流程图

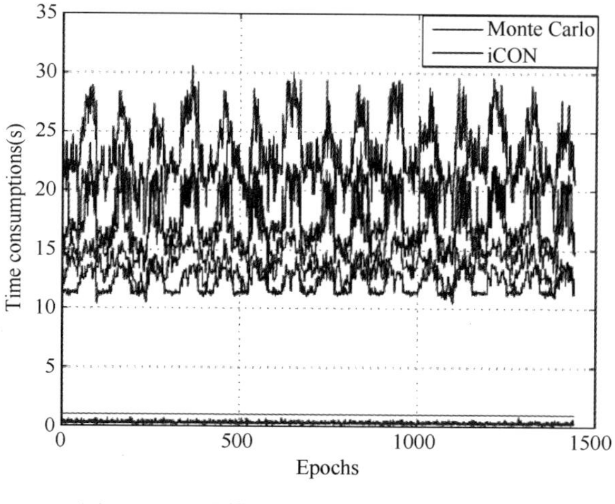

图 5.8　两种模糊度解算质量控制方法在
单历元解算中的时间消耗对比(见彩图)

进一步,引入大量的 GNSS 模型,分别计算不同模型下 iCON 方法的时间消耗,结果如图 5.9 所示,点表示不同模型对应的整数孔径估计成功率以及时间消耗,黑线给出了时间消耗随着整数孔径估计成功率的增加而变化的趋势。需要指出,图 5.9 中所示的时间消耗针对的是 MATLAB 处理软件下基于 trust-region-dogleg 方法的性能,在 C 语言下基于 Levenberg-Marquart 方法可以进一步降低时间成本。可以看到,随着整数孔径估计成功率的逐渐增加,iCON 方法的最大时间消耗逐渐降低。

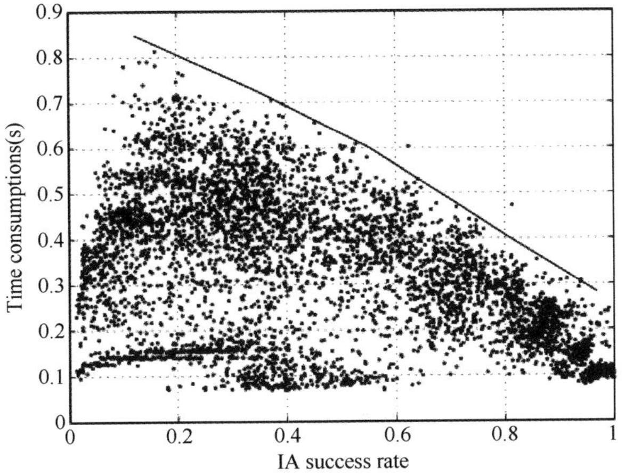

图 5.9 iCON 方法在不同整数孔径估计模型
成功率下的时间消耗以及变化趋势

除了比较两种方法的计算效率之外，对两种方法的失败率可控性也同时进行了对比，结果见如图 5.10 所示，左图表示基于蒙特卡洛法的受控失败率，图(b)为基于 iCON 方法的受控失败率。图(a)中的线为 $P_f \pm 3\sigma_{f,DTIA}$，图(b)中的线为 $2P_f$。

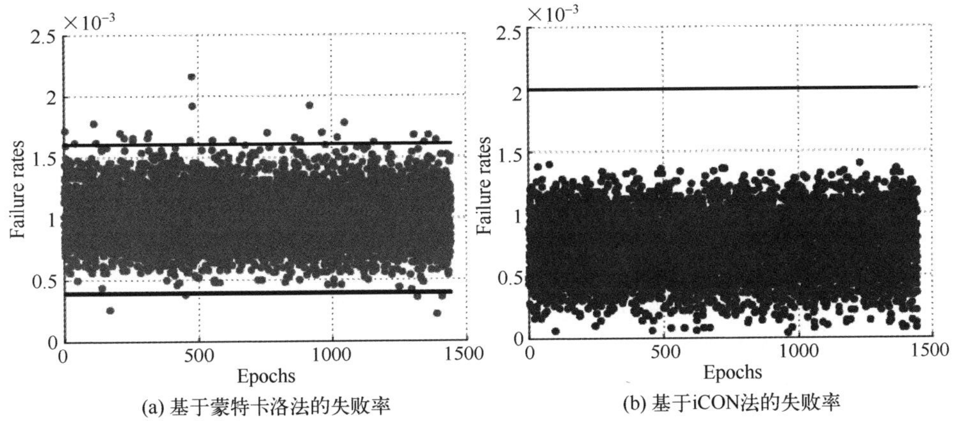

图 5.10 基于蒙特卡洛法和 iCON 法的受控失败率

从图 5.10 中，可以概括出以下结论：

(1) 正如上节所分析的，蒙特卡洛法本质上是对失败率的一种统计控制。受控制的失败率最终的标准差为 1.42×10^{-4}，这接近于式(5.6)中的理论值。受

控制的失败率的期望值为 $E(P_{f,DTIA})=P_f$ 且 $|E(P_{f,DTIA})-P_f|<10^{-5}$。这些结果表明基于蒙特卡洛法得到的受控失败率在历元个数趋于无穷的时候将服从正态分布。在图 5.10 的图(a)中,上下界 $P_f \pm 3\sigma_{f,DTIA}$ 被画出来,这意味着受控的失败率有 99.7%的概率落在该区域内。

(2) iCON 方法可以实现模糊度解算的快速质量控制。注意到这里的失败率的期望小于 0.001。这是由于差分孔径估计的失败率是通过其下限差分孔径自举估计来实现近似的,因此,实际满足固定的失败率阈值要大于计算得到的阈值。

(3) 通过 iCON 方法得到的失败率的分布间隔要小于蒙特卡洛方法的结果。前者最大的失败率小于 $1.5P_f$,后者的最大值则超过了 $2P_f$。

这里将图 5.10 中结果的统计参数进行了汇总,见表 5.4,表中的 MC 表示蒙特卡洛法。

表 5.4 失败率可控性的实验统计参数

	时间消耗均值(s)	$E(P_{f,IA})$	$P_{f,IA}$间隔
MC	17.0165	1×10^{-3}	$(0.2\times10^{-3}, 2.2\times10^{-3})$
iCON	0.3114	0.749×10^{-3}	$(0.08\times10^{-3}, 1.4\times10^{-3})$

两种方法的可控性结果对比表明 iCON 法对失败率的可控性要好于蒙特卡洛法,且 GNSS 模型越强,iCON 方法的优势越明显。随着未来多频多 GNSS 的广泛应用,iCON 法将有更大的应用潜力。

5.3.2 iCON 方法的性能对比

由于 iCON 方法主要适用于可进行近似解析概率评估的整数孔径估计,本节将在模糊度真值已知和未知的情况下分别对比各类线性整数孔径估计基于 iCON 法的性能。为了与实际情况保持一致,在 GNSS 模型的仿真生成中,去掉 5.1.4 节中对于 GNSS 模型整数最小二乘的成功率必须大于 0.8 的限制。

1. 弱模型下的对比

由于影响 iCON 方法的一个重要因素是整数孔径估计概率近似的误差,不同于固定失败率法下各个整数孔径估计的性能对比实验,这里给出不同的固定失败率设定下,三种线性整数孔径估计模糊度固定的成功率以及成功率的近似误差,同时引入基于查表法的比例孔径估计的成功率作为对比。详细结果见表 5.5,其中 1 表示 GPS,2 表示 GPS+Galileo,$E(\delta P_{LIA})=E(P_{LIA})-E(\overline{P}_{LIA})$,其中 $\delta P_{s,LIA}$ 为近似误差,$P_{s,LIA}$ 为基于蒙特卡洛积分获得的线性整数孔径估计成功率,

$\overline{P}_{s,LIA}$为实际得到的模糊度固定成功率。

表 5.5　模糊度真值已知时，整数孔径估计在弱模型下的性能对比

β	系统	$E(P_{DT})$	$E(P_{WT})$	$E(P_{LS})$	$E(P_{RT})$	$E(\delta P_{DT})$	$E(\delta P_{WT})$	$E(\delta P_{LS})$
0.001	1	0.1258	0.1496	0.2939	0.1003	0.0105	0.0301	0.1957
	2	0.1863	0.2211	0.3711	0.0913	0.0122	0.0388	0.2248
	3	0.6253	0.6374	0.6485	0.0239	0.0284	0.0354	0.0950
0.01	1	0.3079	0.3298	0.4307	0.2750	0.0151	0.0341	0.1636
	2	0.4304	0.4489	0.5172	0.2520	0.0204	0.0345	0.1447
	3	0.8818	0.8823	0.8806	0.6149	0.0136	0.0134	0.0153

从表 5.5 中，可以总结出以下结论：

（1）整数孔径最小二乘大部分情况下具有最高的模糊度固定成功率，与此同时，其成功率概率近似的误差总是最大的。

（2）W-比例孔径估计和差分孔径估计的模糊度固定成功率虽然低于整数孔径最小二乘，但均高于比例孔径估计。其中，W-比例孔径估计的固定成功率均值要高于差分孔径估计，但其成功率概率近似的误差与之相比也较大。

（3）对于线性整数孔径估计，当系统数增多的时候，相应的模糊度固定成功率也相应地增大；而对于比例孔径估计，其模糊度固定成功率反而略有下降，这反映了比例孔径估计的阈值表设定可能存在一定的欠缺。

（4）无论在单系统还是在多系统下，线性整数孔径估计的成功率均明显优于比例孔径估计，进一步说明了基于查表法的比例孔径估计的保守性。

需要指出，比例孔径估计的阈值表适用于整数最小二乘成功率大于 0.75 的 GNSS 模型，否则将只接受浮点解，这也是比例孔径估计在实际应用中的最大缺陷。因为在实际应用中，可以通过采用约束和其他信息的增强，提高模糊度的固定率，即使在整数最小二乘成功率小于 0.75 时，仍能实现较好的模糊度固定。

对比表 5.5，这里给出模糊度真值未知时，三种线性整数孔径估计的实时可控模糊度解算的固定率和固定率近似误差的对比，如表 5.6 所示，表中 1 表示 GPS，2 表示 GPS+Galileo，$E(\delta P_{LIA})=E(P_{LIA})-E(\overline{P}_{LIA})$，其中 δP_{LIA}为线性整数孔径估计模糊度固定率的近似误差，P_{LIA}为基于蒙特卡洛积分获得的模糊度固定率参考值，$\overline{P}_{LIA}$为实际得到的模糊度固定率。

表 5.6　模糊度真值未知时,整数孔径估计在弱模型下的性能对比

β	系统	$E(P_{DT})$	$E(P_{WT})$	$E(P_{LS})$	$E(P_{RT})$	$E(\delta P_{DT})$	$E(\delta P_{WT})$	$E(\delta P_{LS})$
0.001	1	0.1269	0.1514	0.3180	0.1007	0.0115	0.0318	0.2198
	2	0.1871	0.2224	0.3797	0.0914	0.0130	0.0401	0.2335
	3	0.6260	0.6382	0.6494	0.0238	0.0291	0.0362	0.0960
0.01	1	0.3170	0.3420	0.4702	0.2813	0.0282	0.0435	0.1624
	2	0.4382	0.4578	0.5350	0.2541	0.0242	0.0463	0.2031
	3	0.8898	0.8903	0.8889	0.6161	0.0215	0.0215	0.0236

与表 5.5 中的结果类似,表 5.6 中各个整数孔径估计均表现出类似的性能:

(1) 整数孔径最小二乘依然具有最高的模糊度固定率,与对应的表 5.5 中的结果相比,固定率要高于相应的固定成功率,固定率的近似误差也要高于表 5.6 中的成功率近似误差。这是由于模糊度的固定率实际考虑了真值已知时的模糊度固定失败率,因而固定率和固定率的近似误差均有所增大。

(2) W-比例孔径估计的性能仅次于整数孔径最小二乘,比例孔径估计的性能最差。

(3) 结合表 5.6 和表 5.7 的结果可以看到,模糊度真值已知时的模糊度固定成功率,可以看作是模糊度未知时模糊度固定率的子集。

(4) 无论在单系统下还是多系统下,线性整数孔径估计的成功率均明显高于比例孔径估计。

除了对整数孔径估计的模糊度固定成功率进行对比,这里给出对应的模糊度固定失败率,如表 5.7 所示:

表 5.7　模糊度真值已知时,整数孔径估计在弱模型下的受控失败率

β	系统	$E(P_{f,DT})$	$E(P_{f,WT})$	$E(P_{f,LS})$	$E(P_{f,RT})$
0.001	1	8.7955e-4	0.0017	0.0241	4.0779e-4
	2	7.7630e-4	0.0013	0.0089	8.0519e-4
	3	6.8045e-4	7.8657e-4	0.0010	2.8208e-4
0.01	1	0.0090	0.0121	0.0394	0.0062
	2	0.0079	0.0092	0.0181	0.0021
	3	0.0079	0.0081	0.0083	0.0012

可以看到,表 5.7 中,差分孔径估计的失败率最接近设定的失败率 β 值,整数孔径最小二乘的失败率与设定值相差最大。系统数的增加,即 GNSS 模型的

增强,对于整数孔径最小二乘和比例孔径估计的影响最大,前者更加接近设定的失败率,而后者反而相差更大,这进一步表明了采用阈值查表法的局限性。

当模糊度真值未知时,由于整数孔径估计的结果只有固定和不固定,因此,不能区分成功率和失败率,这里对其不予讨论。

2. 强模型下的对比

上一节在弱模型下,具体而言是单历元下,对各个整数孔径估计的性能进行了对比分析,本节进一步在强模型下,即多历元批处理的条件下,对各个整数孔径估计的性能再次进行分析。

模糊度真值已知时,各个整数孔径估计的性能对比见表 5.8 所示,其中 1 表示 GPS 系统,2 表示 GPS+Galileo 系统,3 为 GPS+Galileo+BeiDou。

表 5.8　模糊度真值已知时,整数孔径估计在强模型下的性能对比

β	系统	$E(P_{DT})$	$E(P_{WT})$	$E(P_{LS})$	$E(P_{RT})$	$E(\delta P_{DT})$	$E(\delta P_{WT})$	$E(\delta P_{LS})$
0.001	1	0.7541	0.7563	0.7942	0.7157	0.0026	0.0054	0.0641
	2	0.9341	0.9345	0.9400	0.9171	0.0027	0.0029	0.0128
	3	0.9526	0.9533	0.9527	0.8060	0.0062	0.0062	0.0072
0.01	1	0.8769	0.8774	0.8905	0.8647	4.22e-4	0.0012	0.0224
	2	0.9766	0.9766	0.9773	0.9692	2.27e-4	2.11e-4	0.0021
	3	0.9912	0.9912	0.9912	0.9750	0.0021	0.0021	0.0021

从表 5.8 可得出如下结论:

(1) 整数孔径最小二乘在强 GNSS 模型下仍然具有最高的模糊度固定成功率,其成功率的概率近似误差仍然是最大的,相比于表 5.6,概率近似误差明显缩小,且 GNSS 系统数量越多,近似误差越小,模糊度固定成功率越高。

(2) W-比例孔径估计和差分孔径估计的模糊度固定成功率次之,且二者的模糊度固定成功率和成功率的近似误差均比较接近。

(3) 比例孔径估计的性能仍然最差,且模糊度固定的成功率随着系统数的增多也会改善,但并非越多越好,这同样可能与比例孔径估计速查表的设计有关。

(4) GNSS 模型的整体增强使得线性整数孔径估计的概率近似误差显著缩小,这表明在实际应用中,采用各种先验信息增强 GNSS 模型有助于增强系统的可靠性。

进一步给出模糊度真值未知时,整数孔径估计之间的性能对比如表 5.9 所列。

表 5.9 模糊度真值未知时,整数孔径估计在强模型下的性能对比

β	系统	$E(P_{DT})$	$E(P_{WT})$	$E(P_{LS})$	$E(P_{RT})$	$E(\delta P_{DT})$	$E(\delta P_{WT})$	$E(\delta P_{LS})$
0.001	1	0.7548	0.7570	0.7961	0.7163	0.0033	0.0061	0.0660
	2	0.9348	0.9352	0.9405	0.9176	0.0034	0.0036	0.0133
	3	0.9533	0.9540	0.9534	0.8059	0.0068	0.0069	0.0079
0.01	1	0.8832	0.8838	0.8979	0.8701	0.0067	0.0076	0.0298
	2	0.9806	0.9806	0.9810	0.9716	0.0038	0.0038	0.0058
	3	0.9972	0.9972	0.9971	0.9766	0.0061	0.0061	0.0061

从表 5.9 中可以看出:

(1) 整数孔径最小二乘仍具有最高的模糊度固定率和成功率近似误差,但与表 5.8 中的结果相比,概率近似的误差明显增大,这是由于模糊度真值未知时,固定率的近似误差将模糊度固定失败率也计入在内,因而误差值显著增大。

(2) W-比例孔径估计和差分孔径估计的性能在强模型条件下,特别是多 GNSS 的条件下,十分接近,但均优于比例孔径估计,在最强的三系统条件下甚至略优于整数孔径最小二乘。

(3) 当固定失败率的要求较高时,比例孔径估计和其他线性整数孔径估计的性能差别明显较大。

(4) 与表 5.6 相比可知,增强 GNSS 模型有助于减小成功率的近似误差,同时提高整数孔径估计的模糊度固定率;固定失败率 β 的取值对成功率的近似误差有一定影响,但总体而言,乐观的取值并不会带来成功率近似误差的显著增大,反而明显提高了整数孔径估计的模糊度固定率。

下面进一步给出模糊度真值已知时,各个整数孔径估计的受控失败率,如表 5.10 所列。

表 5.10 模糊度真值已知时,整数孔径估计在强模型下的受控失败率

β	系统	$E(P_{f,DT})$	$E(P_{f,WT})$	$E(P_{f,LS})$	$E(P_{f,RT})$
0.001	1	7.6017e-4	7.9536e-4	0.0021	6.2228e-4
	2	6.5639e-4	6.7023e-4	7.8335e-4	4.7106e-4
	3	7.3768e-4	7.6460e-4	7.9439e-4	7.0138e-4
0.01	1	0.0063	0.0063	0.0075	0.0054
	2	0.0041	0.0041	0.0041	0.0024
	3	0.0060	0.0060	0.0060	0.0017

从不同整数孔径估计的受控失败率对比来看,绝大多数情况下线性整数孔径估计的受控失败率都更接近于受控的目标值,基于查表法的比例孔径估计的阈值选择相对保守,结合前面模糊度固定率的对比,采用线性整数孔径估计更有可能提高定位和定向的精度。

5.3.3　偏差干扰下 iCON 方法的性能对比

实际 GNSS 观测中,会受到无法建模的多路径、大气延迟等偏差干扰的影响,为进一步检验 iCON 方法的性能,在浮点观测中引入不同程度的偏差干扰,比较各个整数孔径估计的性能。

5.3.3.1　随机偏差

在模糊度浮点解的某一模糊度元素中加入随机偏差,随机偏差干扰的幅值由随机数发生器生成,这里给出随机生成的单天随机偏差幅值,如图 5.11 所示。注意,这里的随机干扰向量均为大小不同的向量。

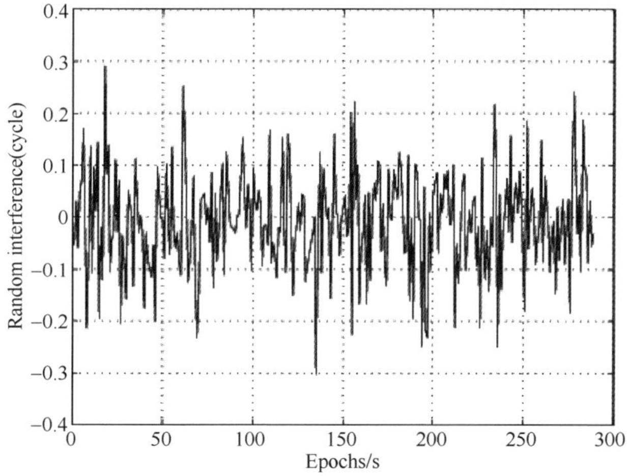

图 5.11　随机生成的单天内随机偏差值

由于随机偏差在实践中难以估计,因而应用 iCON 方法时只能采用各个线性整数孔径估计无偏差干扰下的概率近似方法。模糊度已知时,各个整数孔径估计的性能对比见表 5.11,注意,表 5.11 中的 GNSS 模型与表 5.8 中的 GNSS 模型相同。

从表 5.11 中可以看到,受到偏差干扰时,各个整数孔径估计的成功率相比表 5.8 中有明显下降,整数孔径最小二乘大部分情况下仍然具有最高的成功率，但出现了差分孔径估计的成功率高于整数孔径最小二乘的情况。成功率的近似误差明显增大，一个重要的原因是由于随机偏差的影响无法引入成功率的近似公式中。各个整数孔径估计成功率近似误差的大小变化规律与表 4.1 基本一致。当模糊度真值未知时，各个整数孔径估计的性能对比见表 5.12。

表 5.11　模糊度真值已知时，随机干扰下整数孔径估计的性能

β	系统	$E(P_{DT})$	$E(P_{WT})$	$E(P_{LS})$	$E(P_{RT})$	$E(\delta P_{DT})$	$E(\delta P_{WT})$	$E(\delta P_{LS})$
0.001	1	0.3836	0.3867	0.4386	0.3032	0.1300	0.1294	0.1497
	2	0.6150	0.6142	0.6250	0.4302	0.1082	0.1126	0.1088
	3	0.9182	0.9160	0.9123	0.8707	0.0764	0.0786	0.0823
0.01	1	0.5611	0.5604	0.5827	0.5010	0.1575	0.1586	0.1578
	2	0.7892	0.7859	0.7824	0.7081	0.1073	0.1108	0.1140
	3	0.9261	0.9260	0.9260	0.8963	0.0733	0.0733	0.0734

表 5.12　模糊度真值未知时，随机干扰下整数孔径估计的性能

β	系统	$E(P_{DT})$	$E(P_{WT})$	$E(P_{LS})$	$E(P_{RT})$	$E(\delta P_{DT})$	$E(\delta P_{WT})$	$E(\delta P_{LS})$
0.001	1	0.4198	0.4204	0.4866	0.3170	0.0939	0.0964	0.1404
	2	0.6562	0.6520	0.6646	0.4433	0.0681	0.0758	0.0864
	3	0.9867	0.9825	0.9753	0.9184	0.0084	0.0125	0.0196
0.01	1	0.6588	0.6526	0.6845	0.5530	0.0616	0.0692	0.0965
	2	0.8699	0.8630	0.8580	0.7545	0.0297	0.0365	0.0473
	3	0.9998	0.9998	0.9997	0.9505	4.7380e-4	4.5266e-4	5.2009e-4

与表 5.9 中的各个固定率相比，表 5.12 中对应各项的固定率明显下降，且受随机偏差的影响，整数孔径最小二乘的固定率并非总是最大，差分孔径估计和 W-比例孔径估计 GNSS 模型够强的情况下要高于整数孔径最小二乘。三系统下差分孔径估计最大的成功率和较小的近似误差再次表明 GNSS 模型越强，差分孔径估计越接近最优估计。

相比成功率的近似误差，尽管相比于表 5.10 中的各项，近似误差明显增大，但相比于表 5.12 中的对应各项，近似误差反而有所减小，这是由于模糊度

真值未知时,部分模糊度解算固定错误的情况计入了模糊度固定率,从而缩小了成功率的近似误差。

5.3.3.2　常值偏差

在模糊度的浮点解中引入常值偏差,对偏差干扰下和基于 iCON 方法的模糊度解算进行检验。基于同样的仿真实验设置,在双系统 GNSS 组合下,一天之内,无干扰和存在常值偏差干扰的三种线性整数孔径估计的成功率对比如图 5.12 所示,图中的红色星点线表示无干扰时的成功率,蓝线表示有干扰下的成功率,(a)图代表差分孔径估计,(b)图为 W-比例孔径估计,(c)图为整数孔径最小二乘。

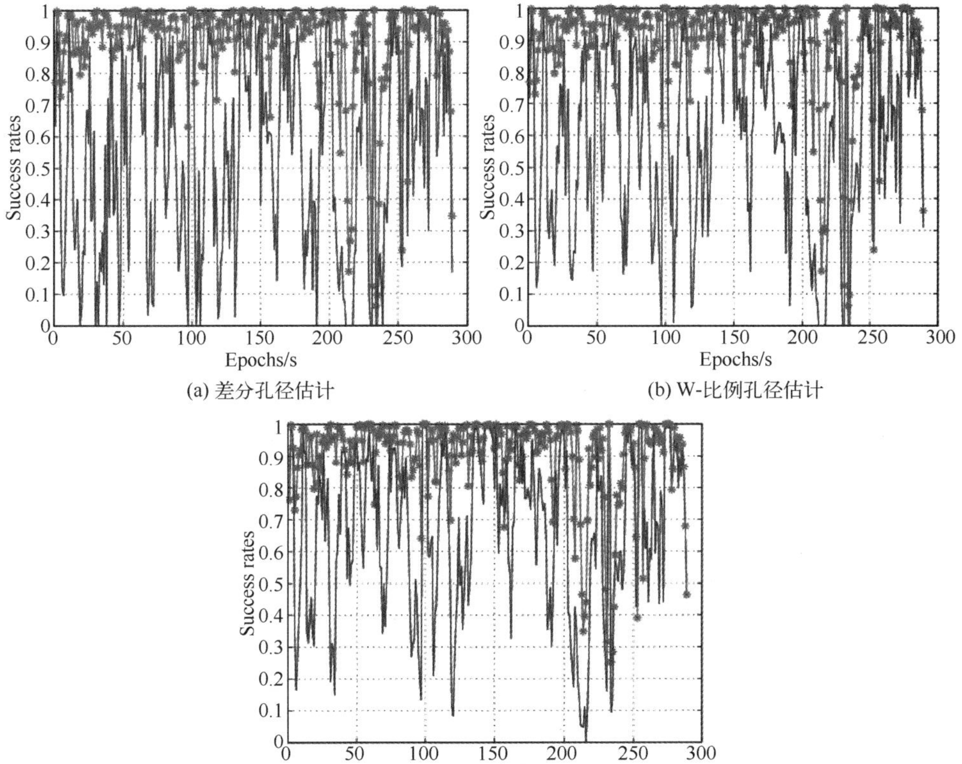

图 5.12　β=0.01 时,线性整数孔径估计在偏差干扰和无干扰下的模糊度解算成功率对比

从图中可以看到,无干扰时的模糊度解算成功率明显高于存在偏差干扰时

的成功率,而从不同的整数孔径估计比较来看,整数孔径最小二乘的成功率在各种情况下均有一定优势。下面给出不同 GNSS 组合条件下,三种线性整数孔径估计有偏差干扰和无干扰下的成功率的误差均值对比,如图 5.12 所示,单系统为 GPS,双系统为 GPS+Galileo,三系统为 GPS+Galileo+BeiDou。

从图 5.13 可以明显看到:

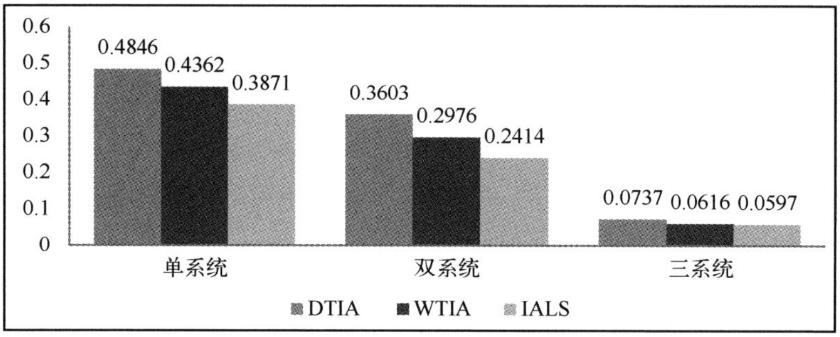

图 5.13 $\beta=0.01$ 时,有偏差干扰的成功率和无偏差干扰的成功率之间的误差均值

(1) 在不同数量的 GNSS 组合下,各个线性整数孔径估计的近似误差均明显降低,这表明,GNSS 模型的增强有助于缩小常值偏差干扰对模糊度解算质量控制的影响,进一步验证了未来多系统在质量控制方面的优势。

(2) 从各线性整数孔径估计之间的对比来看,整数孔径最小二乘的近似误差最小,结合 5.3.1 节中的结果,各种情况下的仿真实验结果均表明整数孔径最小二乘对偏差干扰具有较好的鲁棒性。

(3) 比较随机偏差干扰和常值偏差干扰对实时可控模糊度解算的影响,可以看到常值偏差干扰的影响更大,因而在实践中,当偏差干扰可以进行建模估计时,应首先估计出相应的常值偏差干扰量并进行补偿,而当无法建模估计出相应的偏差干扰时,则应采用 2.5 节中数据质量控制的方法,降低偏差干扰的影响。

5.4 本章小结

本章基于整数孔径估计理论,讨论和分析了实现模糊度解算质量控制的方法:基于蒙特卡洛积分的固定失败率方法和 iCON 方法。由于固定失败率方法依赖于蒙特卡洛积分,因而其效率低下,不能实现实时的应用,必须依赖于事先制作的阈值速查表。相比于固定失败率法,iCON 方法从概率解析近似的角度出发,发掘整数孔径估计的检测阈值和整数孔径估计概率评估间的关系,通过数值优化的方法实现了检测阈值的实时解算,从而实现了模糊度解算的快速质量控制,这其中整数孔径估计质量评估的近似误差是影响该方法的主要因素。通过仿真实验,分别对两种整数孔径估计实时模糊度解算质量控制的性能进行了验证,比较了各类整数孔径估计的性能,结果表明基于 iCON 方法的线性整数孔径估计可以实现模糊度解算的实时可控,相比于基于查表法的比例孔径估计,对失败率的控制大多数情况下相对更为准确,更有助于保证 GNSS 定位或定向的精度。

第6章　比较与应用

尽管研究者已经提出了模糊度解算快速质量控制的方法,但通常仅通过仿真的手段予以对比验证,实际检验不足,导致用户往往对其有效性产生怀疑。此外,不同整数孔径估计的性能是有差异的,以往研究者只关注其性能好坏,并未分析各类整数孔径估计性能差异的机理。本章首先将分析两类整数孔径估计性能差异的机理,然后采用实测数据分析比较各类整数孔径估计的性能,对实际应用中各种因素的影响进行深入分析。

6.1　两种整数孔径估计的性能比较

作为两种实时可控模糊度解算方法的代表,差分孔径估计和比例孔径估计也是受关注较多的两类整数孔径估计。前者不仅可以通过 iCON 方法来实现实时可控,也可以基于速查表获得的阈值曲线参数,通过插值获得检测阈值;后者则有已公开发表的速查表,在部分研究中实现应用。本节将对两类整数孔径估计进行对比,分析二者性能差异的机理。

6.1.1　差分孔径估计和比例孔径估计的差异

首先这里简单列出差分检测和比例检测。差分孔径估计是基于差分检测的整数估计,即

$$\text{接受固定解}\breve{a}_1,\ \text{当且仅当}\ R_2-R_1\geqslant\mu_D \tag{6.1}$$

与之相比,比例孔径估计则是基于比例检测的整数估计,即

$$\text{接受固定解}\breve{a}_1,\ \text{当且仅当}\ \frac{R_1}{R_2}\leqslant\mu_R \tag{6.2}$$

式中:$\mu_{DT}>0, 0<\mu_{RT}\leqslant 1, R_i=\|\hat{a}-\breve{a}_i\|^2_{Q_{\hat{a}\hat{a}}}, i=1,2$。

差分孔径估计和比例孔径估计的特点在于分别是由两种不同的运算构成,减法和除法。做差的过程中,差分孔径估计中的最优解和次优解的二次项被消去,因而其归整区域的边界是由一次项构成。在做商的过程中,二次项等价于加权作差,因而比例孔径估计归整区域的边界保留了二次项带来的非线性,具

体可以参考 4.4 节和 4.7 节二者孔径归整区域的几何构型对比图。为了更鲜明地比较二者在不同 GNSS 模型强度下的区别，这里分别给出强模型和弱模型的条件下实现固定失败率的中心孔径归整区域的二维几何构型对比，如图 6.1 所示，其中，$\boldsymbol{Q}_{\hat{a}\hat{a}}=\begin{bmatrix} 0.0865 & -0.0364 \\ -0.0364 & 0.0847 \end{bmatrix}$。左图中的 GNSS 模型为 $Q_{\hat{a}\hat{a}}$，图(b)中的 GNSS 模型取为 $10Q_{\hat{a}\hat{a}}$。图中的绿色区域表示同时通过差分检测和比例检测的样本点，蓝色区域表示通过差分检测但未通过比例检测的样本点，褚色区域则表示通过比例检测但未通过差分检测的样本点。椭圆曲线为坐标点到原点的马氏距离相等的等距曲线。各个颜色区域的成功率均可通过表达式给出，这里定义绿色区域：$\Omega_0=\Omega_{0,D}\cap\Omega_{0,R}$，蓝色区域为 $\overline{\Omega}_{0,D}$，褚色区域为 $\overline{\Omega}_{0,R}$，因而差分孔径区域也可以记作 $\Omega_{0,D}=\overline{\Omega}_{0,D}\cup\Omega_0$，比例孔径区域记作 $\Omega_{0,R}=\overline{\Omega}_{0,R}\cup\Omega_0$。

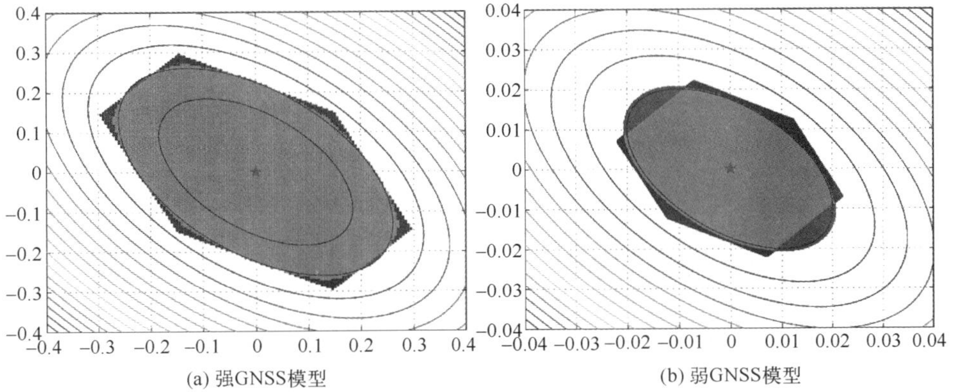

图 6.1 $\beta=0.001$ 时，差分孔径估计和比例孔径估计的孔径归整区域（见彩图）

此时，差分孔径估计和比例孔径估计的成功率之差为

$$
\begin{aligned}
P_{s,DT}-P_{s,RT} &= \int_{\overline{\Omega}_{0,D}\cup\Omega_0} f(\boldsymbol{x})\,\mathrm{d}\boldsymbol{x} - \int_{\overline{\Omega}_{0,R}\cup\Omega_0} f(\boldsymbol{x})\,\mathrm{d}\boldsymbol{x} \\
&= \int_{\overline{\Omega}_{0,D}} f(\boldsymbol{x})\,\mathrm{d}\boldsymbol{x} - \int_{\overline{\Omega}_{0,R}} f(\boldsymbol{x})\,\mathrm{d}\boldsymbol{x}
\end{aligned}
\tag{6.3}
$$

因而，两个整数孔径估计的性能优劣取决于蓝色区域和褚色区域的空间大小之差，除此之外，正态分布的密度函数 $f(x)$ 也起到一定作用。距离原点的马氏距离越小，概率密度函数越大。而对于蓝色区域和褚色区域，存在如下定理[168]：

定理：概率密度函数对比

对于差分孔径估计中的区域 $\overline{\Omega}_{0,D}=\{x\in\mathbb{R}^m \mid x\in\Omega_{0,D}\text{且 } x\notin\Omega_{0,R}\}$，比例孔径

估计的区域 $\overline{\Omega}_{0,R}=\{x\in\mathbb{R}^m \mid x\in\Omega_{0,R}$ 且 $x\notin\Omega_{0,D}\}$，且 $\Omega_{0,R}\cap\Omega_{0,D}=\varnothing$，$\Omega_{0,D}$ 和 $\Omega_{0,R}$ 分别为基于同一 GNSS 模型确定的固定失败率下的差分孔径中心区域和比例孔径中心区域，浮点模糊度 $x\sim N(0,Q_{\hat{a}\hat{a}})$。当 $x_R\in\overline{\Omega}_{0,R}$ 且 $x_D\in\overline{\Omega}_{0,D}$ 时，有

$$f(x_R)>f(x_D) \tag{6.4}$$

证明：见附录 D。

根据定理，当两个孔径区域的归整区域体积（面积）相等时，则浮点解更有可能属于比例孔径估计的归整区域。但是，当两个归整区域的体积（面积）不相等时，则浮点模糊度归属的可能性会有多种，总共可以分为两种确定的情况和一类不确定的情况

（1）$\Omega_{0,D}\leqslant\Omega_{0,R}$，则 $P_{s,DTIA}-P_{s,RTIA}\leqslant 0$；

（2）$\Omega_{0,D}\gg\Omega_{0,R}$，则 $P_{s,DTIA}-P_{s,RTIA}>0$；

（3）$\Omega_{0,D}>\Omega_{0,R}$，则 $P_{s,DTIA}-P_{s,RTIA}$ 的符号不确定。

这些变化趋势可以从图 6.1 看出，即 GNSS 模型 $Q_{\hat{a}\hat{a}}$ 的强度由强到弱变化。当 GNSS 模型特别强时，差分孔径和比例孔径区域的大小将近似等于整数归整区域，此时 $|P_{s,DTIA}-P_{s,RTIA}|$ 将非常小；当模型较强时，即图（a），$\Omega_{0,D}$ 区域的大小将明显大于 $\Omega_{0,R}$，第二种情况更有可能发生，此时差分孔径估计的性能将好于比例孔径估计；但随着 GNSS 模型的逐渐变弱，差分孔径区域的大小和比例孔径区域的大小逐渐接近，第一种和第三种情况出现的可能性逐渐增加；当模型很弱的时候，在固定失败率的约束条件下，两个孔径区域也将变得很小，导致 $|P_{s,DTIA}-P_{s,RTIA}|$ 的值也将很小。因此，当 GNSS 模型从特别强逐渐变弱时，$|P_{s,DTIA}-P_{s,RTIA}|$ 的值将从很小逐渐变大，达到最大值后再逐渐缩小。

6.1.2 差分孔径估计，比例孔径估计和最优整数孔径估计的关系

在前文对最优整数孔径估计的讨论中，已经推导了最优整数孔径估计和差分孔径估计之间的关系，这里主要分析比例孔径估计和最优整数孔径估计的关系，然后将三者进行综合对比。

从 4.9 节的分析可知，在强 GNSS 模型的条件下，差分孔径估计可以近似等价于最优整数孔径估计，但对于比例孔径估计而言则并非如此。这里从数值的角度来分析。

比例孔径估计和最优整数孔径估计之间的联系基于如下数值条件

$$\exp\left\{-\frac{1}{2}R_1\right\}\approx\frac{1}{2}R_1 \tag{6.5}$$

超越方程式(6.5)在如下的数值条件下成立

$$\left|\exp\left\{-\frac{1}{2}R_1\right\}-\frac{1}{2}R_1\right|<0.001 \tag{6.6}$$

此时 $R_1\in[1.1331,1.1335]$。在这一数值范围内,比例孔径估计可以实现对最优整数孔径估计的数值近似。R_1 满足如下不等式关系:

$$\frac{(\hat{\boldsymbol{a}}-\breve{\boldsymbol{a}}_1)^{\mathrm{T}}(\hat{\boldsymbol{a}}-\breve{\boldsymbol{a}}_1)}{\boldsymbol{\lambda}_{\max}}\leqslant(\hat{\boldsymbol{a}}-\breve{\boldsymbol{a}}_1)^{\mathrm{T}}Q_{\hat{a}\hat{a}}^{-1}(\hat{\boldsymbol{a}}-\breve{\boldsymbol{a}}_1)\leqslant\frac{(\hat{\boldsymbol{a}}-\breve{\boldsymbol{a}}_1)^{\mathrm{T}}(\hat{\boldsymbol{a}}-\breve{\boldsymbol{a}}_1)}{\boldsymbol{\lambda}_{\min}} \tag{6.7}$$

式中:$\boldsymbol{\lambda}_{\max}$ 和 $\boldsymbol{\lambda}_{\min}$ 分别是 $Q_{\hat{a}\hat{a}}$ 的最大特征值和最小特征值。

GNSS 模型变化时 R_1 的变化可以从两种情况下进行分析,$Q_{\hat{a}\hat{a}}$ 的变化和 $\hat{a}-\breve{a}_1$ 的变化。需要指出,两种情形讨论的前提是不同的 GNSS 模型产生了同样的浮点解和整数解,以及维数不同的 GNSS 模型存在部分相同的浮点元素和整数解元素,这个前提并不违反实际情况。

(1) $Q_{\hat{a}\hat{a}}$ 单独变化。此时 $(\hat{\boldsymbol{a}}-\breve{\boldsymbol{a}}_1)^{\mathrm{T}}(\hat{\boldsymbol{a}}-\breve{\boldsymbol{a}}_1)$ 保持不变,当模型 $Q_{\hat{a}\hat{a}}$ 变强时,$\boldsymbol{\lambda}_{\max}$ 和 $\boldsymbol{\lambda}_{\min}$ 至少一个将变小。根据文献[36],$Q_{\hat{a}\hat{a}}$ 的解析公式可以近似看作

$$Q_{\hat{a}\hat{a}}=\frac{1}{\kappa}\boldsymbol{Q} \tag{6.8}$$

式中:$\boldsymbol{Q}$ 为协方差等效矩阵;κ 为标量因子。当模型 $Q_{\hat{a}\hat{a}}$ 变强时,标量因子 κ 等效变小,则 $(\hat{\boldsymbol{a}}-\breve{\boldsymbol{a}}_1)^{\mathrm{T}}Q_{\hat{a}\hat{a}}^{-1}(\hat{\boldsymbol{a}}-\breve{\boldsymbol{a}}_1)$ 最终将增大;反之则标量因子 κ 等效变大,则 $(\hat{\boldsymbol{a}}-\breve{\boldsymbol{a}}_1)^{\mathrm{T}}Q_{\hat{a}\hat{a}}^{-1}(\hat{\boldsymbol{a}}-\breve{\boldsymbol{a}}_1)$ 最终将减小。

(2) $\hat{\boldsymbol{a}}-\breve{\boldsymbol{a}}_1$ 维数变化。当 $\hat{\boldsymbol{a}}-\breve{\boldsymbol{a}}_1$ 维数增加时,$(\hat{\boldsymbol{a}}-\breve{\boldsymbol{a}}_1)^{\mathrm{T}}(\hat{\boldsymbol{a}}-\breve{\boldsymbol{a}}_1)$ 变为 $(\hat{\boldsymbol{a}}'-\breve{\boldsymbol{a}}_1')^{\mathrm{T}}(\hat{\boldsymbol{a}}-\breve{\boldsymbol{a}}_1')$,$\hat{a}'=[\hat{a}^{\mathrm{T}},\hat{a}_{m+1}]^{\mathrm{T}}$,$\breve{a}'=[\breve{a}^{\mathrm{T}},\breve{a}_{m+1}]^{\mathrm{T}}$,意味着可见卫星的数目增多,实际情况中,增加卫星引入的新模糊度并不会减弱 GNSS 模型,因而最终 $(\hat{\boldsymbol{a}}'-\breve{\boldsymbol{a}}_1')^{\mathrm{T}}Q_{\hat{a}'\hat{a}'}^{-1}(\hat{\boldsymbol{a}}'-\breve{\boldsymbol{a}}_1')$ 将增大;反之,在 $\hat{\boldsymbol{a}}-\breve{\boldsymbol{a}}_1$ 维数减少时,减少的可见卫星不会增强 GNSS 模型,最终 $(\hat{\boldsymbol{a}}'-\breve{\boldsymbol{a}}_1')^{\mathrm{T}}Q_{\hat{a}'\hat{a}'}^{-1}(\hat{\boldsymbol{a}}'-\breve{\boldsymbol{a}}_1')$ 将减小。

如果(6.6)中的近似条件满足时,存在

$$\frac{\exp\left\{-\frac{1}{2}R_2\right\}}{\exp\left\{-\frac{1}{2}R_1\right\}}\approx\frac{2\exp\left\{-\frac{1}{2}R_1\right\}^{\frac{R_2}{R_1}}}{R_1} \tag{6.9}$$

基于式(6.9),最优整数孔径估计式(4.103)可以整理为

$$1+\frac{2\exp\left\{-\frac{1}{2}R_1\right\}^{\frac{R_2}{R_1}}}{R_1}+\sum_{i=3}^{m}\exp\left\{-\frac{1}{2}(R_i-R_1)\right\}\leqslant\mu_{OA} \tag{6.10}$$

进一步整理,可以从式(6.10)分离比例孔径估计的表达式

$$\frac{R_2}{R_1} \geqslant \frac{2}{R_1}\ln\frac{2}{R_1\left(\mu_{OA}-1-\sum_{i=3}^{m}\exp\left\{-\frac{1}{2}(R_i-R_1)\right\}\right)}=\frac{1}{\mu_R} \tag{6.11}$$

很明显,最优整数孔径估计的检测阈值 μ_{OA} 和 R_1 及 $R_i, i\geqslant 3$ 耦合在一起,因而无法同差分孔径估计一样从 μ_{OA} 直接获得 μ_R,这意味着比例孔径估计在任何 GNSS 条件下都无法实现和最优估计的直接等价。因而,根据差分孔径估计、比例孔径估计同最优整数孔径估计之间的等价转化关系,可以直观地给出成功率之间关系

$$P_{s,OA} \geqslant P_{s,DTIA} \geqslant P_{s,RTIA} \tag{6.12}$$

这里对不等式(6.12)给出几点说明:

(1) 根据精度损失定理[213],当 R_2 数值上接近 R_1 时,差分检测会出现几个二进制位的精度损失。这是计算机中减法运算的内在缺陷,但在 GNSS 的应用中,这种情况基本无影响。

(2) 根据前面对差分孔径归整区域和比例孔径归整区域在不同 GNSS 模型强度大小变化的分析,当二者的大小相差不大时,存在 $P_{s,OA} \geqslant P_{s,RTIA} \geqslant P_{s,DTIA}$ 的可能性,即出现 6.1.1 中的情况 3。

(3) 理论上而言,如果最优整数孔径估计的阈值通过固定失败率确定,在其他整数候选解已知的情况下,差分检测和孔径检测的固定失败率阈值均可以推导出来。但在实践中这是不现实的,通常仅已知最优和次优候选解,因而差分检测和比例检测永远都是次优的。

(4) 数值条件式(6.6)表明比例检测并非强 GNSS 模型的最佳选择,但这正好是差分孔径估计近似于最优整数孔径估计的条件。因而,再次证明差分孔径估计更适合未来多频多 GNSS 的应用。

结合式(4.109)和式(6.11),可以推导出比例检测阈值和差分检测阈值之间的关系

$$\mu_R=\frac{R_1}{\mu_D-2\ln\frac{R_2}{2}} \tag{6.13}$$

这一关系表明两种孔径检测的阈值和模糊度最优解存在耦合,因而这一等价关系和每个浮点解的最优解是相关的,换言之是时空相关而不是恒定的。这决定了差分孔径估计和比例孔径估计在绝大多数情况下都不是等价的。

6.1.3 差分孔径估计和比例孔径估计的比较

由于差分孔径估计和比例孔径估计均可以实现实时应用，这里将从实时应用的角度进行比较。根据计算得出的 4039 个 GNSS 模型样本，包括单 GNSS 系统和组合系统样本，分别计算每个样本两种整数孔径估计的性能差异，比较结果见图 6.2 所示，图中结果的统计参数见表 6.1。图(a)中的固定失败率为 0.01，图(b)中的固定失败率为 0.001，其中 $\delta P_s = P_{s,DTIA} - P_{s,RTIA}$，水平轴为差分孔径估计的成功率。注意，这里差分孔径估计利用的是 iCON 方法，比例孔径估计采用的是基于速查表的失败率控制方法。

对于图 6.2，当 $\delta P_s > 0$ 时，差分孔径估计的成功率要高于比例孔径估计，反之则差分孔径估计要差于比例孔径估计。可以看到当失败率要求不高时，即 $\beta = 0.01$，两种整数孔径估计的实时性能比较接近，差分孔径估计的成功率总体略好于比例孔径估计，且二者对失败率的控制能力同样非常接近，差分孔径估计的失败率区间略窄，控制力略强。当失败率要求较高时，即 $\beta = 0.001$，差分孔径估计的成功率在绝大多数情况下要优于比例孔径估计，相比而言，尽管差分孔径估计的失败率控制区间略宽，但上界基本一致，差异并不显著。

另外，可以看到，基于速查表的比例孔径估计的失败率并非完全固定在区间 $(0, \beta)$ 中，这是由于速查表仍然是基于特定数量 GNSS 模型并取其中最保守的情形分类制定的，并不能涵盖所有的 GNSS 模型的情况，因而可能出现超出固定失败率 β 的情形。

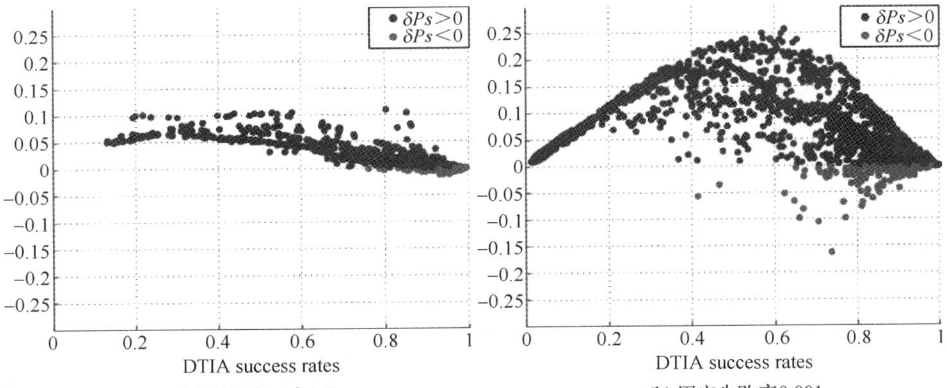

(a) 固定失败率0.01　　(b) 固定失败率0.001

图 6.2　两种整数孔径估计基于各自实时可控失败率方法的模糊度解算成功率之差

表 6.1　两种整数孔径估计性能比较的统计量

β		$P_{f,IA}$标准差	$P_{f,IA}$范围	$\delta P_s>0$	$\delta P_s>0$
0.01	DTIA	0.0015	$(3.4\times10^{-4},0.0112)$	1171	969
	RTIA	0.0015	$(3.2\times10^{-3},0.01131)$		
0.001	DTIA	2.321×10^{-4}	$(1.0\times10^{-5},0.0014)$	3285	354
	RTIA	1.758×10^{-4}	$(3.0\times10^{-5},0.0013)$		

除此之外，当 GNSS 模型由强到弱变化时，从图 6.2 中可以看到 $|P_{s,DTIA}-P_{s,RTIA}|$也将从较小的差值先逐渐变大，再逐渐缩小，符合 6.1.1 节中对于二者性能差异的分析。

综上所述，差分孔径估计的性能在统计概率的角度上要明显优于比例孔径估计，且差分孔径估计的应用更为独立和灵活，数值仿真结果验证了这一结论。比例孔径估计受限于相对保守的速查表且缺乏完整的质量评估，且无法实现多种多样的失败率控制，目前仅限于$\beta=0.01$或0.001。

6.2 静态应用

6.2.1 单频单系统应用

1. 低成本接收机静态实验

为了检验两种实时可控模糊度解算方法在实际应用中的效果，这里进行一次静态实验验证。场地实验的数据采集于 2013 年 1 月 9 日荷兰代尔夫特。两个低成本单频 u-blox 接收机组成 9.71m 的固定基线，一台位于代尔夫特 IGS 国际观测站的 Septentrio 高精度测量型接收机作为参考站。三台接收机的空间构型和实验场地如图 6.3 所示，图中 R1 和 R2 分别是两台低成本 u-blox 接收机，R 为高精度 Septentrio 测量型接收机。三台接收机共采集约 1h 的单频数据，采样间隔为 1s，数据采集过程中，两台低成本接收机的共视卫星个数及仰角变化见图 6.4。

由于单频观测数据难以实现高可靠性的模糊度解算，这里的数据处理分别采用单历元和迭代滤波的方式以比较不同的数据处理方式对于整数孔径估计的影响。在模糊度解算前进行粗差的探测，辨识与处理，然后分别采用两种实时可控的模糊度解算方法进行模糊度解算。

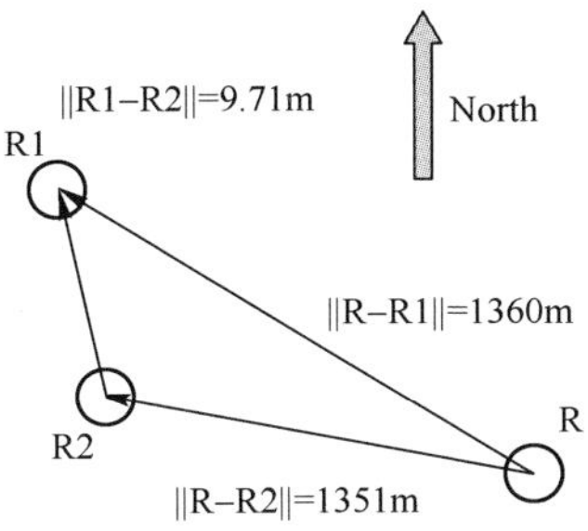

图 6.3 静态实验的接收机空间构型和实验场地

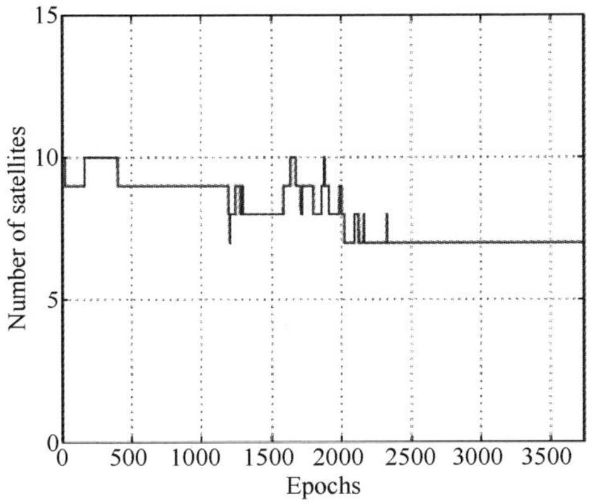

(a) 共视卫星数量

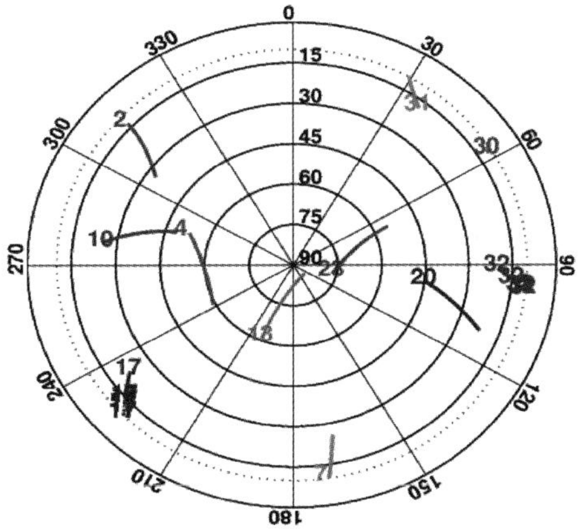

(b) 共视卫星的仰角变化

图 6.4 两台 u-blox 接收机共视卫星的数目和仰角随时间的变化

这里分别从三个方面分析各种因素对模糊度解算的影响:第一个是从观测数据中偏差干扰对整数估计和整数孔径估计的影响;第二个是基于单历元中不同整数孔径估计的定向性能比较;第三个是基于迭代滤波方法对不同的整数孔径估计的定向精度进行比较。

1) 观测数据中偏差的影响

对于整数孔径估计而言,在观测量无干扰的条件下,整数孔径估计的性能必然差于整数估计,然而实际应用中 GNSS 观测里会出现各种粗差和偏差干扰,从而对模糊度解算的结果带来了不可控因素,引入整数孔径估计的初衷便是降低由此带来的模糊度固定错误的影响。这里将以静态定向为例分析偏差给模糊度解算及其质量控制带来的影响。

对三条基线的观测数据质量进行分析,这里给出不同基线中检测到的粗差的数量,见表 6.2 所示。

表 6.2　各条基线中检测出的粗差个数

	R-R1	R-R2	R1-R2
粗差个数	22	44	72

可以看到,两个低成本接收机组成的基线粗差个数最多。由于 GNSS 观测数据的质量与接收机的质量紧密相关,为了进一步分析不同接收机观测数据的差别,这里给出三个接收机的载波原始观测值,如图 6.5 所示:

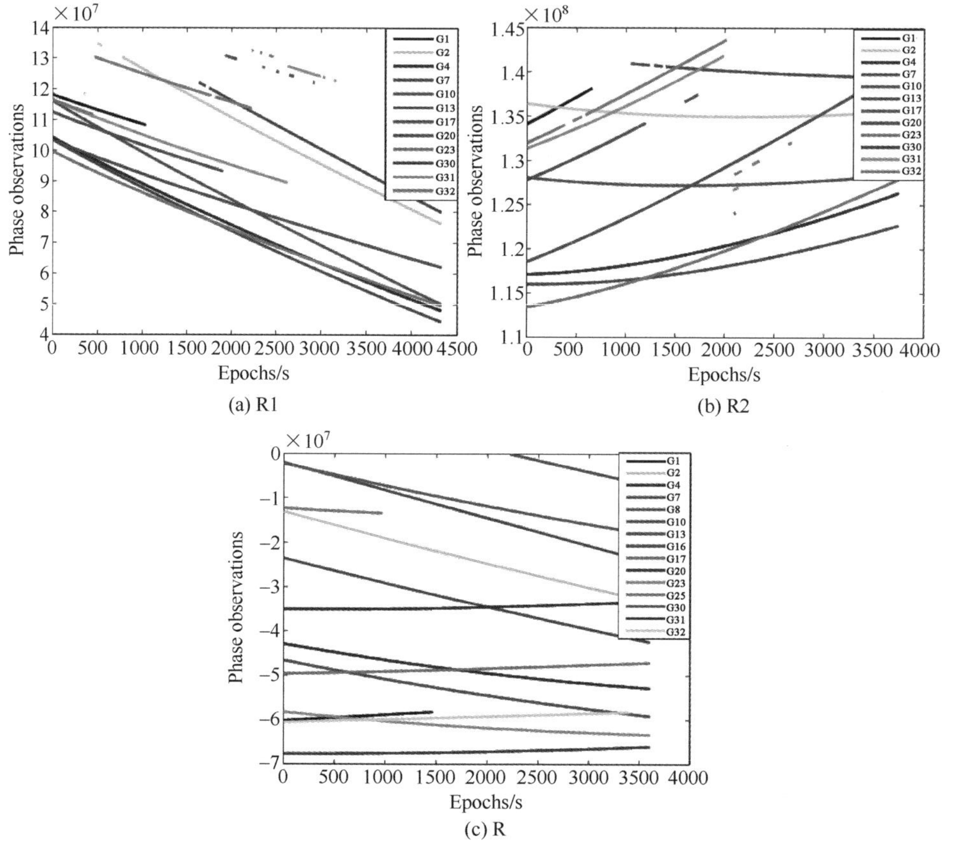

图 6.5　三台接收机载波相位观测的原始数据

可以看到,接收机 R1 和 R2 部分卫星的载波观测出现了大量间隔,某些卫星出现了严重的周跳,如接收机 R1 中,G10,G17,G32 中出现了明显的周跳,类似的周跳同样出现在接收机 R2,由于这三颗卫星都属于低仰角卫星,可以推测这是由于低仰角卫星受到遮挡引起的周跳问题。相比之下,接收机 R 中各个卫星的载波观测均十分连续,没有出现不连续的片段性观测。

由于周跳处理的复杂性，本书暂不考虑周跳的处理问题。对于粗差而言，从DIA过程估计出的粗差则必须在单历元解算或者滤波过程中进行补偿，否则，存在的粗差将导致无法进行最小二乘或者滤波发散。

为了对偏差干扰的影响进行分析，这里以天顶对流层延迟(ZTD)为例进行分析。由于R1-R2基线过短，接收机间的相对ZTD变化非常微小，因而这里仅考虑基线R-R1和R-R2。在状态估计量中引入ZTD后，由于观测余度的降低，将导致浮点解的收敛过程有所增加，因而为了更好地比较估计ZTD对定向精度的影响，取100个历元后的定向结果进行比较分析。模糊度质量控制中固定失败率取为0.01，数据处理采用卡尔曼滤波，模糊度解算采用逐历元固定的方法，分别比较ZTD估计前后不同整数孔径估计的成功率以及对应的定向精度，见表6.3所示。

表6.3　引入ZTD估计前后整数孔径估计的成功率

		ILS	IALS	DTIA	WTIA	RTIA
R-R1	不估ZTD	1.0	0.9997	0.9997	0.9991	0.9644
	估计ZTD	1.0	0.9994	0.9970	0.9862	0.9674
R-R2	不估ZTD	0.9796	0.9796	0.9778	0.9696	0.9528
	估计ZTD	0.9934	0.9934	0.9922	0.9868	0.9582

根据表6.3中整数孔径估计成功率的结果，可以给出以下两点说明：

(1) ZTD估计对于两条基线的模糊度解算产生不同的影响。对于基线R-R1，不用模糊度检验便可以实现100%的成功固定，引入ZTD估计后对整数孔径估计产生了一定影响，造成整数孔径估计的成功率有一定降低，这是由于ZTD估计的引入可能带来观测冗余度的减少，降低了模型强度，因而在对整数孔径估计结果产生了影响。

(2) 对于基线R-R2，引入ZTD估计后，整数估计和整数孔径估计的模糊度固定成功率均有提高，这表明该偏差对基线R-R2有显著影响，尽管引入ZTD估计后会带来观测冗余度的降低，但ZTD偏差显著减少了对模糊度解算的影响，最终提高了模糊度解算成功率。

从图6.6引入ZTD估计前后的定向结果可以看到，分离ZTD偏差后，两条基线的定向精度均有提高，特别对于基线R-R2，定向精度的提高尤为显著。这表明分离观测偏差对于提高GNSS的定位(定向)精度有重要意义。另外，引入整数孔径估计后，相比于整数估计，定向精度并没有任何提升，大部分整数孔径估计反而有所降低，这进一步说明，相比于整数孔径估计，分离或消除偏差影响对于模糊度解算更具有实际价值。需要指出，整数孔径估计也可以减少偏差对于定向精度的影响,后文会有结果予以说明。

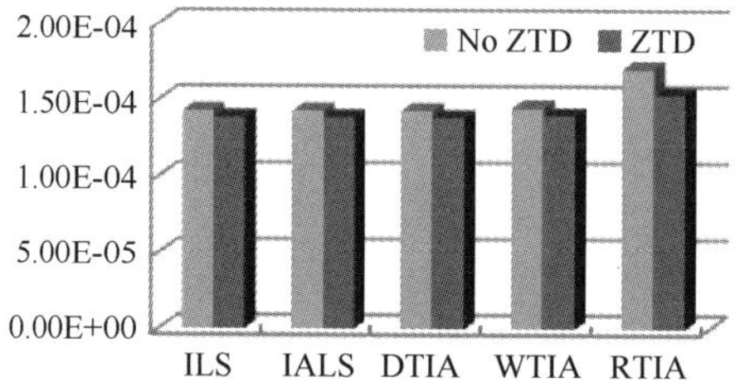

(a) 基线R-R1

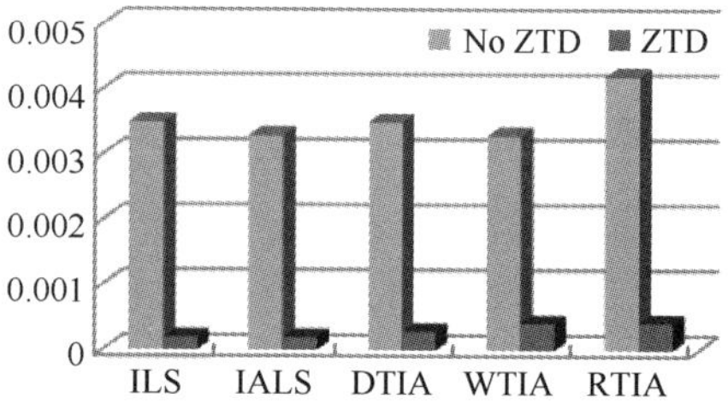

(b) 基线R-R2

图 6.6　引入 ZTD 估计前后的整数孔径估计的定向结果

2）单历元下不同整数孔径估计的比较

首先采用单历元的数据处理进行分析比较。由于两个低成本接收机 R1 和 R2 组成的基线观测模型过弱,导致单历元模糊度解算成功率过低,因而这里仅比较基线 R-R1 和 R-R2,结果如表 6.4 所列。$P_{fix}^{\cdot}$ 表示不同整数孔径估计模糊度固定的概率,包含正确固定和错误固定的情况。R-R1 的航向角浮点精度 $\hat{\sigma}_{\varphi}$ 为 0.0321°,当不进行整数孔径估计,直接固定模糊度时,航向角固定解精度为 0.0204°;R-R2 的航向角浮点精度 $\hat{\sigma}_{\varphi}$ 为 0.0366°,不进行整数孔径估计,直接固定模糊度时,航向角固定解精度为 0.0252°。需要说明的是,在模糊度解算中,这里引入了基线长度作为约束,以提高模糊度解算的成功率。

与迭代滤波中的结果类似,在单历元情况下,各个整数孔径估计之间的性能关系基本不变,结论如下:

（1）基线 R-R1 和 R-R2 可以实现部分模糊度解算,但经过整数孔径估计后的模糊度固定率大大小于迭代滤波的模糊度固定率,定向精度也有较大幅度下降。与此同时,两条基线单历元模糊度固定后的定向精度要远差于迭代滤波的定向精度,降低接近一个数量级。

（2）较小的固定失败率值对单历元模糊度固定影响很大,明显降低了模糊度固定的概率,同时定向精度也有所降低,因而单历元的处理模式要考虑固定失败率的设置问题。

（3）尽管基线 R-R2 的长度要长于基线 R-R1,但其定向的浮点精度和固定解精度均差于后者。这主要是由 R-R2 中部分观测出现周跳引起的,另外,也可以看到周跳对单历元下定向精度的影响有限,两条基线的定向精度相差并不大。

（4）从不同的整数孔径估计之间的性能对比中可以发现,整数孔径最小二乘均有最好的定向精度,模糊度固定率也最高;其次差分孔径估计也具有较好的模糊度固定率和定向精度。

表 6.4　单历元下,两条基线基于 iCON 方法的整数孔径估计性能对比

	β	P_{fix}^{DT}	P_{fix}^{WT}	P_{fix}^{LS}	P_{fix}^{RT}	$\sigma_{\varphi,DT}$	$\sigma_{\varphi,WT}$	$\sigma_{\varphi,LS}$	$\sigma_{\varphi,RT}$
R-R1	0.01	0.3062	0.4891	0.5834	0.3925	0.0298°	0.0285°	0.0275°	0.0300°
	0.001	0.1045	0.1990	0.3717	0.1939	0.0316°	0.0311°	0.0297°	0.0318°
R-R2	0.01	0.1689	0.2985	0.4007	0.1975	0.0353°	0.0343°	0.0330°	0.0356°
	0.001	0.0316	0.0839	0.2275	0.0421	0.0365°	0.0361°	0.0349°	0.0365°

3）迭代滤波下不同整数孔径估计的比较

分别基于 iCON 法采用不同的线性整数孔径估计进行模糊度解算,这里不估计 ZTD 参数的影响。进行比较的线性整数孔径估计包括差分孔径估计(DT),W-比例孔径估计(WT)以及整数孔径最小二乘(LS)。比较的主要参数包括模糊度解算的固定率,以及航向角的精度。模糊度固定概率 $P_{fix}=\dfrac{N_{fix}}{N}$,$N_{fix}$为固定的模糊度个数,$N$ 为历元个数。三条基线在不同整数孔径估计条件下的模糊度解算结果和航向固定解的精度见表 6.5,其中 $P_{fix}^{\cdot}$表示不同估计模糊度固定的概率,包含正确固定和错误固定的情况。R-R1 的航向角浮点精度$\hat{\sigma}_{\varphi}$ 为 0.0030°,直接固定模糊度的航向角精度为 1.435e-4°;R-R2 的航向角浮点精度为 0.0035°,直接固定模糊度的航向角精度为 0.0035°;R1-R2 的航向角浮点精度为 0.1938°,直接固定模糊度的航向角精度为 0.0329°。$\sigma_{\varphi,\cdot}$表示整数孔径估计后航向角的精度,1 表示基线 R-R1,2 为基线 R-R2,3 表示基线 R1-R2。

表 6.5　迭代滤波下,不同基线基于 iCON 方法的整数孔径估计性能对比

	β	P_{fix}^{DT}	P_{fix}^{WT}	P_{fix}^{LS}	P_{fix}^{RT}	$\sigma_{\varphi,DT}$	$\sigma_{\varphi,WT}$	$\sigma_{\varphi,LS}$	$\sigma_{\varphi,RT}$
1	0.01	0.9997	0.9992	0.9998	0.9656	1.548e-4°	1.549e-4°	1.548e-4°	1.788e-4°
	0.001	0.9994	0.9888	0.9994	0.9650	1.549e-4°	1.550e-4°	1.549e-4°	1.769e-4°
2	0.01	0.5618	0.5458	0.5708	0.5215	0.0032°	0.0033°	0.0033°	0.0032°
	0.001	0.5615	0.5455	0.5669	0.5215	0.0032°	0.0033°	0.0033°	0.0032°
3	0.01	0.9992	0.9976	1.0000	0.9834	0.0334°	0.0335°	0.0329°	0.0344°
	0.001	0.9981	0.9965	0.9984	0.9832	0.0335°	0.0335°	0.0334°	0.0361°

从表 6.5 可以得出以下结论：

（1）实现模糊度固定后，基线 R-R1 和 R1-R2 的航向角精度明显提高，R-R2 的航向精度反而降低，经检查发现这是由于 R-R2 的观测中存在周跳导致部分模糊度固定错误。这表明尽管迭代滤波可以大幅提高定向精度，但受到载波观测中周跳的影响比较严重。

（2）同一基线下对不同整数孔径估计而言，定向精度有不同程度下降。对于基线 R-R1 和 R1-R2，整数孔径估计的定向精度均差于整数最小二乘，其中整数孔径最小二乘和差分孔径估计的模糊度固定率和定向精度优于其他整数孔径估计，W-比例孔径估计最差，这说明当观测数据较好，不受周跳影响时，整数孔径估计并不是必须的；而对于基线 R-R2，尽管 W-比例孔径估计的模糊度固定率最低，定向精度反而最好，这进一步说明只有在观测数据质量较差时考虑整数孔径估计才有必要。

（3）整数孔径估计的模糊度固定率不能直接反映定向精度，需要具体考虑浮点解和模糊度全部固定时的定向精度。

（4）设置不同的固定失败率 β 大部分情况下会导致不同模糊度固定率，β 越小模糊度固定率越低，但在滤波模式下变化幅度很小，对最终的定向精度影响很小。

针对表 6.4 和表 6.5 中的定向精度与模糊度固定率结果，这里进行统计分析：

定义航向角为 φ，根据不同的模糊度解算结果下分为三种情况：浮点解 $\sum_{i=1}^{m}\hat{\varphi}_i$、正确固定解 $\sum_{j=1}^{n}\breve{\varphi}_j$、错误固定解 $\sum_{k=1}^{p}\breve{\varphi}_k$，对于这三种情况，其定向精度之间通常有 $\sigma_{\varphi_j} \ll \sigma_{\hat{\varphi}_i} < \sigma_{\varphi_k}$，即模糊度固定错误时定向精度反而差于浮点解，历元个数 $N=m+n+p$，$m>0$，$n>0$，$p>0$ 且均为整数，模糊度固定率 $P_s=\frac{p+n}{N}$。

当模糊度全部固定且正确时，$m=p=0$，$n=N$，此时 $P_{ILS}=1$ 为最大值，航向角精度为 $D\left(\sum_{j}^{N}\breve{\varphi}_j\right)$ 为最小值。引入整数孔径估计后，出现了未通过模糊度检验接受浮点解的情况，此时 $N=m+n$，$p=0$，整数孔径估计模糊度固定率 $P_{IA}=\frac{n}{m+n}<P_{ILS}$，且航向角精度 $D\left(\sum_{j}^{N}\breve{\varphi}_j\right) < D\left(\sum_{j}^{n}\breve{\varphi}_j+\sum_{i}^{m}\hat{\varphi}_i\right)$。对于不同的整数孔径估计，模糊度固定解越多，即 n 越大，m 越小，P_{IA} 越大，此时 $D\left(\sum_{j}^{n}\breve{\varphi}_j+\sum_{i}^{m}\hat{\varphi}_i\right)$ 也

将越小。

当模糊度全部固定但存在错误固定时，尽管 $P_{ILS}=1$，但此时航向精度 $D\left(\sum_{i}^{m}\hat{\varphi}_i+\sum_{j}^{n}\breve{\varphi}_j+\sum_{k}^{p}\breve{\varphi}_k\right)$，$p\neq 0$ 为最大值。引入整数孔径估计后，整数孔径估计的模糊度固定率 $P_{IA}=\dfrac{n+p}{N}\leqslant 1$，由于部分错误固定的模糊度可以通过整数孔径估计检测出来，当部分固定解被拒绝，接受浮点解时，此时 p 减小，m 增大，P_{IA} 减小，由于错误固定模糊度的定向精度很差，最终将导致 $D\left(\sum_{i}^{m}\hat{\varphi}_i+\sum_{j}^{n}\breve{\varphi}_j+\sum_{k}^{p}\breve{\varphi}_k\right)$ 的减小，此时会出现模糊度固定率变低，整数孔径估计的定向精度反而变好的情况。这对应于基线 R-R2 出现的定向结果。

需要指出，模糊度固定的时间也对最终的定向精度有影响。这是由于浮点解精度是一个逐渐收敛的过程，即存在 $D(\hat{\varphi}_1)>\cdots>D(\hat{\varphi}_i)>\cdots>D(\hat{\varphi}_n)$，在模糊度错误固定的个数相同时，即 $D\left(\sum_{k}^{p}\breve{\varphi}_k\right)$ 部分近似，模糊度正确固定的时间越早，对最终的定位或定向的精度改善越大。因此，要想取得较好的定向精度，必须尽快实现模糊度固定，缩短模糊度首次固定时间。后文的实验中也将出现这种情况。

由此可知，定向精度与模糊度是否能够正确固定和快速固定紧密相关。当模糊度正确固定的概率很高时，引入整数孔径估计很有可能会降低定向精度；当模糊度固定错误的概率较大时，采用整数孔径估计反而可能提高定向精度；对于早期固定的模糊度，整数孔径估计接受的时间越早，最终的定向精度可能越好。

另外，对于不同长度的基线，航向角的浮点精度也有明显不同，长基线的浮点航向精度要显著高于短基线 R1-R2 的浮点航向精度。这是由于在单基线的情况下，基线浮点解的精度 $Q_{\hat{b}\hat{b}}$ 与基线长度 l 有如下关系

$$Q_{\hat{b}\hat{b}}=\frac{\sigma_p^2}{l^2}(G^TQ_{yy}^{-1}G)^{-1} \tag{6.14}$$

式中：σ_p^2 为伪距观测的方差，$\boldsymbol{G}$ 为接收机到各个卫星的视线矢量矩阵。因而基线长度越长，基线的浮点解精度越高。因此，在长基线的情况下，表 6.5 中长基线的航向角浮点精度显著好于短基线的情况。

单历元模糊度解算的好处在于各个历元的数据处理相互独立，限制了粗差或周跳对其他历元的影响，而迭代滤波则充分利用了冗余观测和历史观测信息，可以极大地提高定位定向的精度，后面还将看到，动态条件下，迭代滤波仍有相应的优势。

2. 高精度接收机的静态实验

由于低成本接收机的 GNSS 数据质量较差,为了进一步分析数据质量对整数孔径估计的影响,采用两台高精度接收机进行静态实验。在一片开阔的场地将三台 Trimble R7 高精度双频接收机静置于地面,构成 20. 10m 和 1. 234m 长的基线,各采集 3600 个历元的数据,接收机天线的几何构型以及 GNSS 观测中的卫星仰角变化分别见图 6. 7 和图 6. 8 所示,仰角截止角为 10°。

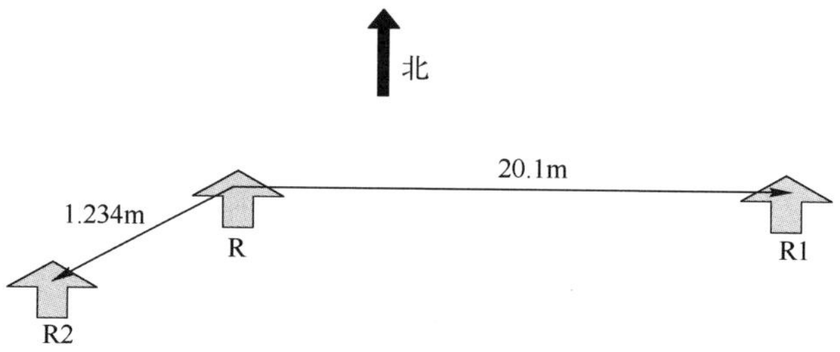

图 6. 7　高精度接收机静态实验的基线设置

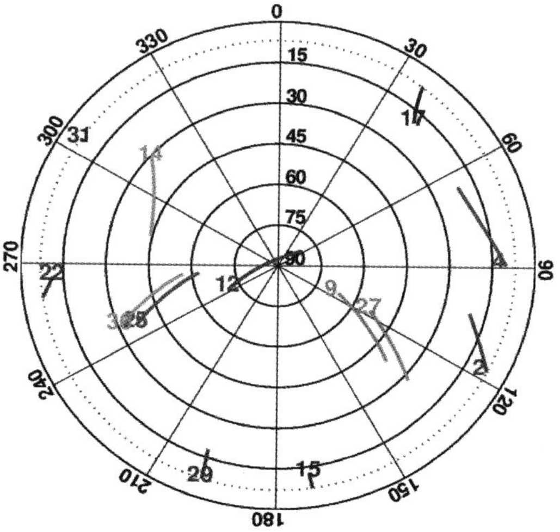

图 6. 8　高精度接收机静态实验中的卫星随时间的仰角变化

分别采用四种整数孔径估计在两种数据处理方式下进行模糊度解算。迭代滤波下,各个整数孔径估计及整数最小二乘估计的结果见表 6. 6,其中 R-R1 的浮点定向精度为 $\hat{\sigma}_{\varphi}=0.0592°$,直接固定模糊度的航向角精度为 0. 0083°;R-R2 的浮点定向精度为 $\hat{\sigma}_{\varphi}=1.0147°$,直接固定模糊度的航向角精度为 0. 0696°。

表 6.6　迭代滤波下,整数孔径估计和整数最小二乘的模糊度固定率和定向精度

	β	P_{fix}^{DT}	P_{fix}^{WT}	P_{fix}^{LS}	P_{fix}^{RT}	$\sigma_{\varphi,DT}$	$\sigma_{\varphi,WT}$	$\sigma_{\varphi,LS}$	$\sigma_{\varphi,RT}$
R-R1	0.01	1	1	1	1	0.0083°	0.0083°	0.0083°	0.0083°
	0.001	1	1	1	1	0.0083°	0.0083°	0.0083°	0.0083°
R-R2	0.01	1	1	1	0.9989	0.0696°	0.0696°	0.0696°	0.0714°
	0.001	1	1	0.9998	0.9989	0.0696°	0.0696°	0.0784°	0.0714°

从表 6.6 中可以看到,对于基线 R-R1,由于高精度接收机的观测数据质量高,所有的整数孔径估计均接受了所有的模糊度固定解,取得了和整数最小二乘同样的定向精度;对于基线 R-R2,线性整数孔径估计大部分仍接受了所有的模糊度固定解,且定向精度优于比例孔径估计。注意到仅有整数孔径最小二乘在 $\beta=0.001$ 时定向精度小于其他整数孔径估计。这是由于被拒绝的历元为第一个历元,由于此时的定向精度较差,因而影响了整体定向精度,即便整数孔径最小二乘的模糊度固定率大于比例孔径估计的固定率,整体定向精度仍然比较差,参见图 6.9。

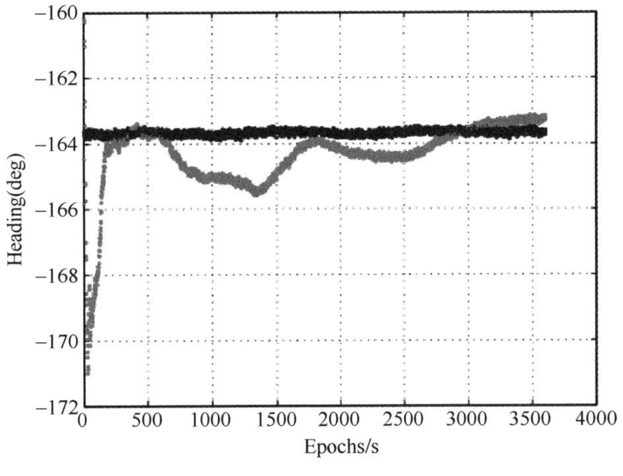

图 6.9　基线 R-R2 在迭代滤波下的定向结果

可以看到,图 6.9 中,浮点解表现为一个明显的收敛过程,而固定解的结果则相当稳定。同样数量的浮点解,出现在滤波初期和滤波收敛的末期,对最终定向精度会产生较大影响,这也是为何表 6.6 中 IALS 模糊度固定率高于 RTIA,最终定向精度却可能差于 RTIA 的原因。

单历元处理的整数孔径估计结果见表 6.7。单历元下,R-R1 的浮点定向

精度为$\hat{\sigma}_{\varphi}=0.9200°$,直接固定模糊度的航向角精度为 0.0878°;R-R2 的浮点定向精度为$\hat{\sigma}_{\varphi}=14.8075°$,直接固定模糊度的航向角精度为 2.4873°。

表 6.7 单历元下,整数孔径估计和整数最小二乘的模糊度固定率和定向精度

	β	P_{fix}^{DT}	P_{fix}^{WT}	P_{fix}^{LS}	P_{fix}^{RT}	$\sigma_{\varphi,DT}$	$\sigma_{\varphi,WT}$	$\sigma_{\varphi,LS}$	$\sigma_{\varphi,RT}$
R-R1	0.01	0.8625	0.9267	0.9592	0.9714	0.4401°	0.3611°	0.3024°	0.2856°
	0.001	0.5528	0.7167	0.8489	0.8294	0.7020°	0.6069°	0.4923°	0.5447°
R-R2	0.01	0.7997	0.8633	0.9125	0.9286	9.9663°	9.5019°	7.8209°	8.4829°
	0.001	0.4414	0.5839	0.7406	0.6657	13.2104°	12.2393°	11.0430°	12.5524°

相比前面的迭代滤波方法,单历元处理的定向精度衰减了一个数量级。由于高精度接收机组成的基线观测数据质量较好,因而整数孔径估计的引入并未带来定向精度的改善,特别对于基线 R-R2,引入整数孔径估计造成的精度衰减更严重,这表明单历元短基线定向对于模糊度固定更加敏感。

基线 R-R1 中,出现了比例孔径估计的定向精度好于其他线性整数孔径估计的情况,在特定的 GNSS 条件下,这是可能出现的,而大部分情况下,线性整数孔径估计,特别是整数孔径最小二乘,仍然具有更高的模糊度固定率和定向精度。

6.2.2 多频多系统应用

本节将重点分析多频多系统在不同长度的基线中进行相对定位的应用,重点关注的是大气偏差对整数孔径估计的影响。不同基线长度下,相对定位受到的大气偏差影响主要来自于天顶对流层延迟 ZTD 以及电离层延迟。下面将分别对比分离(估计)大气偏差后的定位精度与不分离大气偏差的定位精度。

1. 短基线实验

短基线实验的地点位于广东省广州市天河区,采用两个司南 K508 接收机于 2014 年 7 月 31 日采集约三个小时的数据,两个接收机板卡的天线分别位于两个建筑的顶层。参考站的位置为 23°06′33.30771″N, 113°26′31.48354″E,高度 44.826m,移动站的位置为 23°07′36.12582″N, 113°21′55.80256″E,高度为 42.255m。组成的基线长度约为 8km,采集双系统四频的观测数据,包括 GPS(L1+L2)和 GLONASS(G1+G2),数据采样间隔为 10 秒,两个接收机的位置如图 6.10 所示。

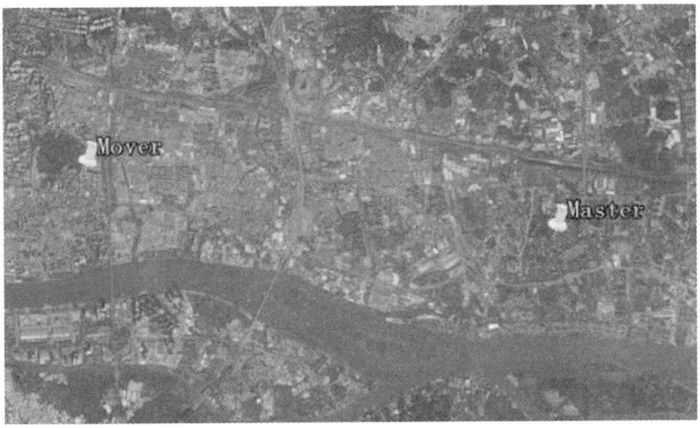

图6.10 短基线实验接收机位置图

这里分别给出大气偏差对双频单系统(GPS),以及四频双系统(GPS+GLONASS)相对定位的模糊度固定率以及定位精度的影响,从而比较整数最小二乘,线性整数孔径估计和比例孔径估计的性能,结果如表6.8和表6.9所示。

表6.8 单系统下,整数最小二乘和整数孔径估计的模糊度固定率及定位精度

	STD	ILS	IALS	DTIA	WTIA	RTIA
不估计大气偏差	东(cm)	1.10	1.10	1.10	1.10	1.49
	北(cm)	0.98	0.98	0.98	0.98	1.32
	天(cm)	1.16	1.16	1.16	1.16	1.53
	固定率	100%	100%	100%	100%	91.3%
估计大气偏差	东(cm)	1.03	1.36	1.55	1.78	1.84
	北(cm)	0.75	1.06	1.29	1.45	1.17
	天(cm)	2.15	2.49	2.67	2.75	3.47
	固定率	100%	95.1%	94.1%	94.0%	80.9%

表6.9 双系统下,整数最小二乘和整数孔径估计的模糊度固定率及定位精度

	STD	ILS	IALS	DTIA	WTIA	RTIA
不估计大气偏差	东(cm)	1.09	1.09	1.09	1.09	1.45
	北(cm)	0.86	0.86	0.86	0.86	1.07
	天(cm)	0.96	0.96	0.96	0.96	1.35
	固定率	100%	100%	100%	100%	80.9%

（续）

	STD	ILS	IALS	DTIA	WTIA	RTIA
估计大气偏差	东(cm)	0.94	1.45	2.08	1.81	2.65
	北(cm)	0.63	1.00	1.28	1.23	2.03
	天(cm)	1.55	2.01	2.81	2.62	3.33
	固定率	100%	86.7%	81.5%	82.0%	47.2%

根据表 6.8 和表 6.9,可以概括出如下结论：

(1) 对于整数最小二乘,尽管估计大气偏差后并不影响模糊度解算的固定率,但可以看到整体的定位精度明显衰减,特别是在天向,水平方向的定位精度略有改善。相比单系统的定位精度,引入双系统后,各个方向的定位精度均有明显提升,尽管如此,估计大气偏差同样带来了天向定位精度的恶化。

(2) 相比于整数最小二乘,是否估计大气偏差对于整数孔径估计的影响更大。在估计大气偏差后,所有整数孔径估计的模糊度固定率明显降低。在四个整数孔径估计中,整数孔径最小二乘的模糊度固定率最高且定位精度最高。与之相比,基于速查表的比例孔径估计定位精度最差且模糊度固定率最低,W-比例孔径估计和差分孔径估计的性能基本相当。

(3) 受整数孔径估计模糊度固定率的影响,出现了双系统下的定位精度比单系统下的定位精度更差的情况。可能的原因是由于双系统观测值的定权不当,影响了双系统的模糊度解算固定率。

总结而言,短基线的相对定位并不需要对大气偏差进行估计或分离,否则反而会造成定位结果的恶化,原因可能是由于短基线中的大气偏差已经在双差的过程中抵消,位置估计的过程中再考虑估计大气偏差反而降低了系统余度,恶化了定位精度。

2. 中长基线实验

中长基线的实验数据下载自美国的 CORS(Continuous Operation Reference System)网(www.ngs.noaa.gov/CORS/),选择的 CORS 站均位于德克萨斯州,包括 TXAN,TXHA,TXBC,TXVA 和 TXED,形成的基线长度从 30km 到 259km。站点分布如图 6.11 所示。包含 GPS 和 GLONASS 的观测数据采集于 2016 年 1 月 8 日,采样间隔为 30s,所有数据均采用动态相对定位的方式处理。

简单起见,本节进行定位精度对比时仅比较三维定位精度,即 $\sigma_{3D}=\sqrt{\sigma_E^2+\sigma_N^2+\sigma_U^2}$。仅处理 GPS 数据时,考虑大气偏差前后的定位精度和模糊度固定率如图 6.12 和图 6.13 所示。

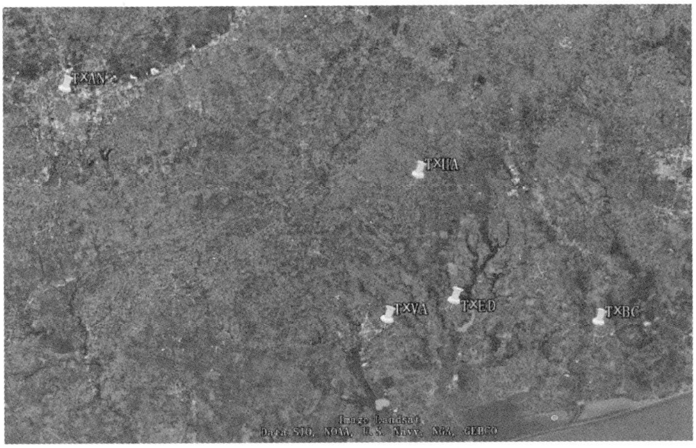

图 6.11　中长基线中 CORS 站地理分布图

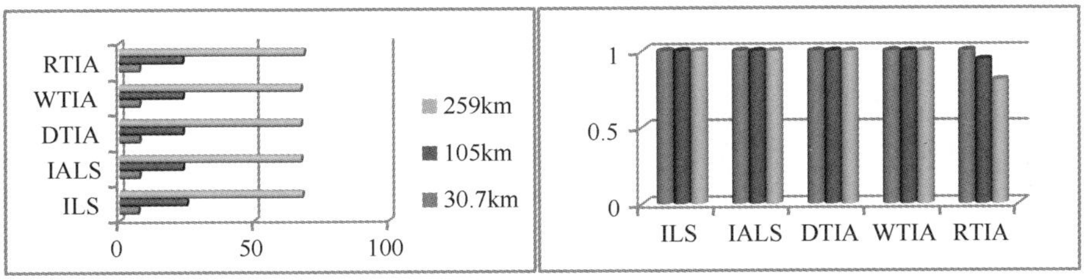

(a) 定位精度(cm)　　(b) 固定率

图 6.12　GPS 数据,不考虑大气偏差时整数最小二乘和整数孔径估计的模糊度固定率和定位精度

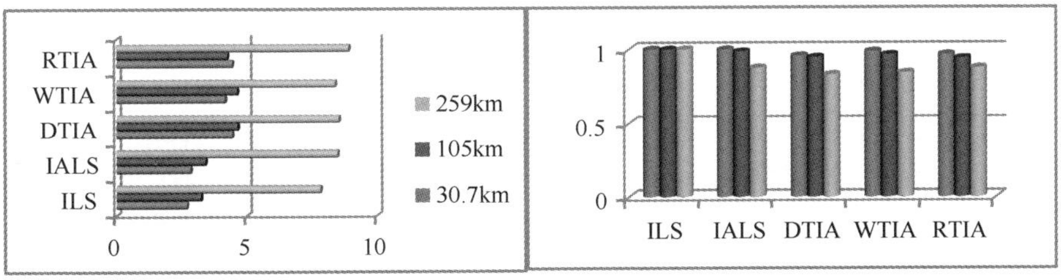

(a) 定位精度(cm)　　(b) 固定率

图 6.13　GPS 数据,考虑大气偏差时整数最小二乘和整数孔径估计的模糊度固定率和定位精度

根据上述两图,可以得出如下结论:

(1) 不估计大气偏差时,各个基线的定位精度明显较差,且除了比例孔径估计外,线性整数孔径估计与整数最小二乘并无明显差异。由于拒绝了部分错

误固定模糊度的影响,整数孔径估计的定位精度有时会优于整数最小二乘。基线长度越长,定位精度越差,这可能是由于随着基线长度的增加,大气偏差的影响会越来越显著。从模糊度的固定率来看,尽管比例孔径估计的固定率明显随着基线长度的增加而降低,但并未带来定位精度的提高。

(2) 估计大气偏差后,各基线的定位精度有显著提升。与整数孔径估计相比,整数最小二乘的定位精度最高,整数孔径最小二乘略差于整数最小二乘,但明显优于其他整数孔径估计。基线长度越长,定位精度越差,相应的模糊度固定率也较差。这可能是由于基线越长,双差观测中未分离的其他误差越多所致。相比于整数最小二乘,整数孔径最小二乘在整数孔径估计中的模糊度固定率最高,W-比例孔径估计的性能与差分孔径估计的性能相似。

(3) 结合图 6.12 和图 6.13 的结果可知,对于中长基线而言,尽管估计大气偏差降低了观测余度,但却大大提高了定位精度。这表明,对于中长基线而言,大气偏差的影响是不可忽略的。同时,模糊度固定率与定位精度并无明显的对应关系,不适合作为反映定位性能的间接指标。

进一步,引入 GLONASS 数据,分析多频多系统下整数孔径估计的性能。

结合图 6.14 和图 6.15,可以给出如下结论:

(1) 引入 GLONASS 的数据后,各条基线的定位精度有明显提高。具体而言,短基线相比长基线的定位精度仍然更高,整数最小二乘的定位精度优于整数孔径估计,整数孔径最小二乘类似于整数最小二乘,由于其他整数孔径估计。

(2) 尽管整数孔径最小二乘的定位精度优于其他整数孔径估计,其模糊度固定率并非总是最高,这进一步表明模糊度的固定率和定位精度没有直接的对应关系。双系统组合有助于提高模糊度的固定率,但未必一定会提高模糊度固定率。

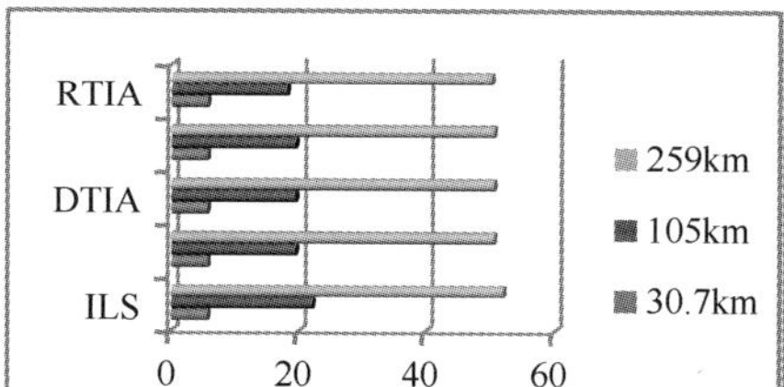

(a) 定位精度(cm)

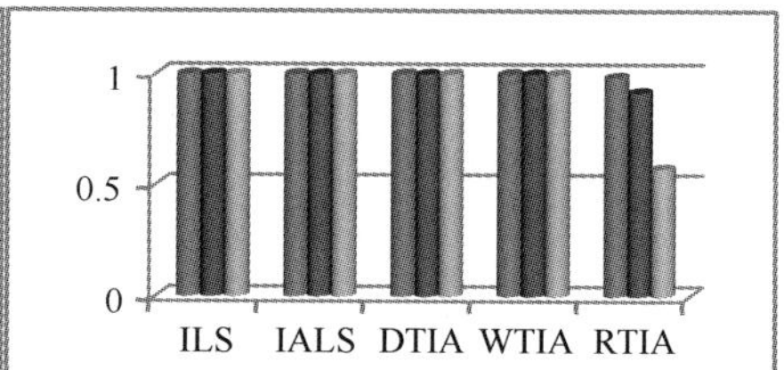

(b) 固定率

图 6.14 GPS+GLONASS 数据,不考虑大气偏差时整数最小二乘和整数孔径估计的模糊度固定率和定位精度

总而言之,GNSS 多系统组合可以提供更多的观测余度,进而提高定位精度。但基线越长,需要处理的偏差越多,从而降低最终的定位精度,尽管采用整

数孔径估计可能改善定位精度,但改善的程度有限。

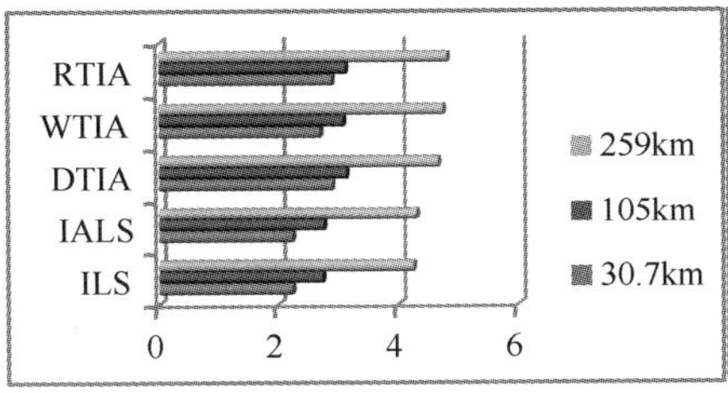

(a) 定位精度(cm)

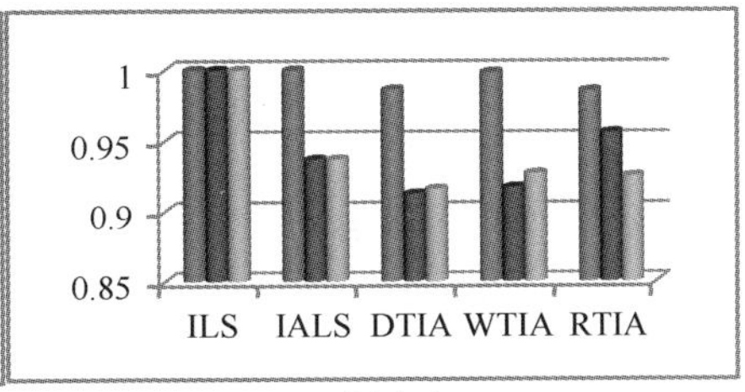

(b) 固定率

图 6.15 GPS+GLONASS 数据,考虑大气偏差时整数最小二乘和整数孔径估计的模糊度固定率和定位精度

6.2.3 实验总结

本节结合静态相对定位,先后分析了多种因素对基于整数孔径估计的模糊度解算性能的影响,包括数据处理方式、大气偏差和基线长度等因素,以定位精度作为判断模糊度解算性能的最终指标,最终得出以下结论:

(1) 线性整数孔径估计和非线性整数孔径估计均能在一定程度上实现对模糊度解算的质量控制,且两类整数孔径估计的性能差别不大,在不同程度上起到排除错误模糊度,接受正确模糊度的作用。

(2) 迭代滤波的数据处理方式可靠性更高,最终获得的定位精度也可能更高,但相对而言模糊度固定带来的精度提升效果小于单历元的处理方式,单历元数据处理的优势在于不受载波观测中周跳的影响。

(3) 短基线(通常指小于 10km)相对定位中,大气偏差在双差的过程中相抵消,因而不必考虑其影响。否则,估计额外的大气偏差参数将降低系统冗余度,从而降低定位精度。值得一提的是,在数据质量较差的情况下,引入额外的参数可以吸收相应的偏差,从而降低偏差的影响,提高定位精度。

(4) 对于中长基线,由于大气偏差的影响无法消除,因而必须考虑其影响。通过估计相应的大气偏差参数,可以显著提高整数最小二乘和整数孔径估计的定位精度。整数孔径估计的选择对最终的定位精度有一定影响,但大大小于观测中的偏差带来的影响。

(5) 模糊度解算的成功率可以用作反映定位精度的间接指标,但模糊度的固定率和定位精度没有直接关系。由于在实际应用中通常仅能得到模糊度的固定率,因而去除偏差的影响对于提高定位精度的意义远大于选择模糊度检验的方法。

需要指出，由于短基线单频单历元情况下 GNSS 模型过弱，浮点解的精度可能很差，往往会出现整数估计后，无论模糊度固定对错，最后得到的定位精度均优于浮点解定位精度的情况，即

$$\sigma(\breve{\boldsymbol{a}})<\sigma(\bar{\boldsymbol{a}})<\sigma(\hat{\boldsymbol{a}}) \tag{6.15}$$

式中：$\sigma(\breve{\boldsymbol{a}})$为模糊度固定全部正确时的定位精度；$\sigma(\bar{\boldsymbol{a}})$为存在模糊度固定错误的定位精度；$\sigma(\hat{\boldsymbol{a}})$为模糊度浮点解的定位精度。在这种情况下，应尽可能地固定更多的模糊度，此时模糊度检验反而不必要。

6.3 动态应用

6.3.1 船载实验

为了检验实时可控模糊度解算在动态情况下的应用，利用低动态的船载实验进行验证。

航船在荷兰代尔夫特的运河中航行约 2.5 小时，UTC 时间从 09:04 到 11:40，采集约 9000 多个 GPS 观测历元，采样速率为 1Hz，方便起见这里使用其中的 4900 个历元。船载实验如图 6.16 所示，三个接收机分别安装在固定于船体上的三根金属杆上，其中，R 为 Ashtech 接收机，R1 为 Novatel 接收机，R2 为 Leica 接收机。三个接收机连接在一个环形圆天线上且作为参考站，三台接收机未采用外部时钟进行同步。船载实验期间各个卫星的仰角见图 6.17 所示，仰角截止角取为 10°。

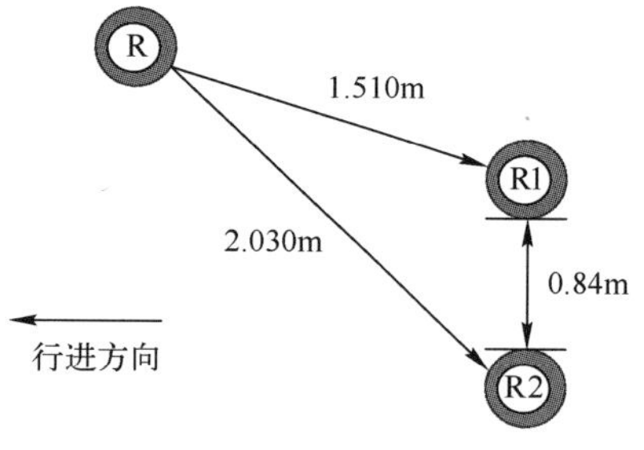

图 6.16 船载实验接收机的安装位置图

由于船载实验并未安装外参考基准，因而取 GNSS 定向精度最高的双频结果作为定向的基准，在未进行模糊度检验的条件下，单频观测的单历元处理（Epoch by Epoch，EBE）和迭代滤波（Kalman Filter，KF）的定向精度如图 6.18 所示：

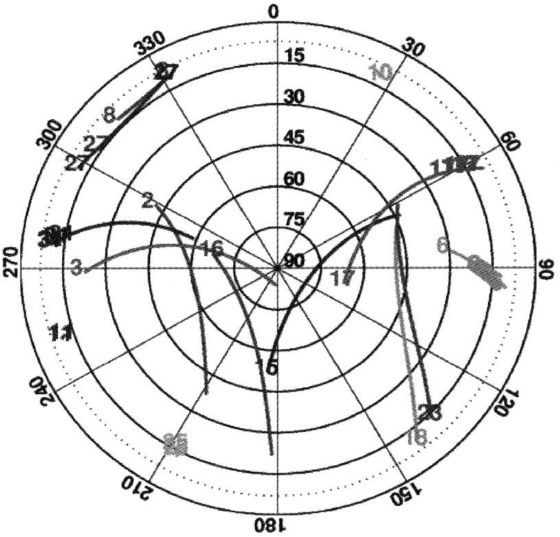

图 6.17　船载实验期间各个卫星的仰角图

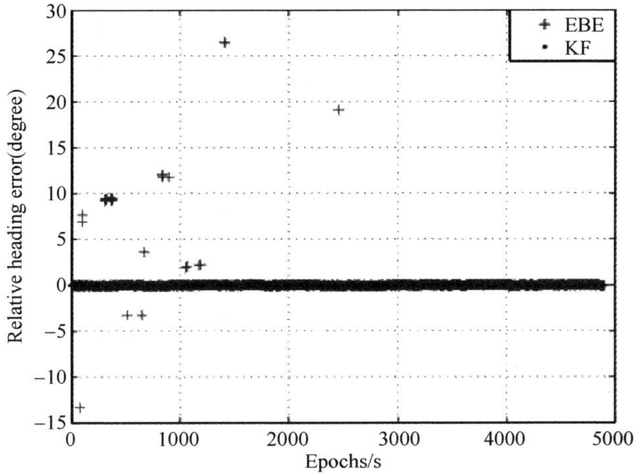

图 6.18　两种数据处理方式下的相对航向角误差比较图

表 6.10 给出了图 6.18 中结果的标准差统计量：

表 6.10　不同处理模式下，基线 R-R2 的单频定向精度

数据处理方法	单　历　元	迭代滤波
$\breve{\sigma}_{\varphi}$	0.8841°	0.0547°

从图 6.18 中可以明显看到迭代滤波的处理方式航向角的相对误差总体小于单历元的处理方式。表 6.10 中的数值结果也表明迭代滤波的定向精度要明

显高于单历元条件下的定向精度,这表明迭代滤波的可靠性要高于单历元的数据处理方式。但需要指出,单历元的另一个好处在于模糊度解算不受周跳的影响,但迭代滤波的方式却必须事先修复周跳,否则会产生很大影响。由于接收机 R1 的观测中存在大量周跳,对基线 R-R1 和 R1-R2 的定向结果影响很大,因而这里仅处理 R-R2。

首先给出迭代滤波下的定向精度比较,如表 6.11 所示,其中,R-R2 的航向角的浮点精度为 1.1646°,直接固定模糊度的航向角精度为 0.0547°。

表 6.11 迭代滤波下,基线 R-R2 的整数孔径估计模糊度固定率及其定向精度

	β	P_{fix}^{DT}	P_{fix}^{WT}	P_{fix}^{LS}	P_{fix}^{RT}	$\sigma_{\varphi,DT}$	$\sigma_{\varphi,WT}$	$\sigma_{\varphi,LS}$	$\sigma_{\varphi,RT}$
R-R2	0.01	0.9994	0.9947	0.9996	0.9924	0.0560°	0.0703°	0.0558°	0.1999°
	0.001	0.9992	0.9990	0.9994	0.9922	0.0568°	0.0706°	0.0562°	0.2001°

从表 6.11 可以看到,在动态条件下,整数孔径最小二乘依然取得最高的定向精度,比例孔径最差。从整数孔径估计的模糊度固定率来看,比例孔径估计显然受到了较为保守的检测阈值的影响。这也说明基于 iCON 方法的线性整数孔径估计受 GNSS 模型成功率大小的影响较小。这里 W-比例孔径估计出现了定向精度差于差分孔径估计的线性,从前文的仿真结果和其他实验结果来看,这种情况在 GNSS 模型较强的情况下是可能的。

在迭代滤波条件下,整数孔径估计的引入并没有带来定向精度的改善,反而有所降低,进一步说明当 GNSS 观测条件较好,周跳或粗差的影响不大时,没有必要在迭代滤波的条件下引入整数孔径估计。

作为对比,这里同样给出单历元条件下基线 R-R2 的整数孔径估计结果及其定向精度,如表 6.12 所示,其浮点定向精度为 5.3731°,直接固定模糊度的航向角精度为 4.0949°。

表 6.12 单历元下,基线 R-R2 的整数孔径估计模糊度固定率及其定向精度

	β	P_{fix}^{DT}	P_{fix}^{WT}	P_{fix}^{LS}	P_{fix}^{RT}	$\sigma_{\varphi,DT}$	$\sigma_{\varphi,WT}$	$\sigma_{\varphi,LS}$	$\sigma_{\varphi,RT}$
R-R2	0.01	0.4006	0.4667	0.5322	0.4651	4.0268°	3.7368°	3.5042°	3.7263°
	0.001	0.1147	0.1753	0.2804	0.1478	5.0030°	4.8281°	4.4201°	4.8684°

可以看到,相比于 1.234m 基线下的单历元定向结果,R-R2 的定向精度反而更差。动态下 GNSS 观测数据中出现的周跳或粗差导致整数最小二乘的模糊度固定容易出现固定错误的情况。引入整数孔径估计后,部分排除了低质量观

测的影响,提高了定向精度。其中,整数孔径最小二乘仍然取得最好的定向精度,比例孔径估计次之,差分孔径估计反而最差。

从不同的固定失败率设定的结果来看,当固定失败率为 0.001 时,保守的失败率设置大大降低了模糊度固定率,仅仅使得定向精度略好于浮点定向精度。

对比船载实验两种处理模式下的定向结果,可以直观地得到以下结论:

(1) 单历元处理时的定向精度要远低于迭代滤波,这表明迭代滤波的定向可靠性要远高于单历元;

(2) 在周跳或粗差影响不大时,在迭代滤波中引入整数孔径估计会恶化定向结果,而在单历元条件下,通过采用浮点解,避免错误的模糊度固定,则可能会带来定向精度的改善,但即便如此,单历元定向的精度仍远差于迭代滤波;

(3) 单历元处理中,固定失败率的设定对定向精度影响较大,为了取得更好的定向精度,设置较为乐观的固定失败率 β 更有意义;

(4) 整数孔径估计的引入提高了定向精度,这表明在单历元处理中,整数孔径估计通过控制模糊度解算改善定向精度,但此时的定向精度仍然很差,引入整数孔径估计带来的改善十分有限。各个整数孔径估计中,整数孔径最小二乘的定向精度仍优于其他整数孔径估计。

6.3.2 引入基线约束

船载实验中由于接收机 R1 的观测中存在大量周跳,导致 R-R1 和 R1-R2 在不修复周跳的情况下难以实现迭代滤波下较好的模糊度解算。对于基线 R-R2,采用直接进行模糊度解算的方法,模糊度固定率也较低。为此,这里参考 C-LAMBDA 方法引入基线长度的约束,进行单基线的单历元定向,以减少观测中周跳的影响。定向结果仍以双频定向的结果作为参考。

这里直接给出单历元下,不同整数孔径估计的模糊度固定率及其定向精度,如表 6.13 所示,基线 R-R2 的浮点定向精度为 6.4016°,直接固定模糊度的航向角精度为 0.9270°;基线 R-R1 的浮点定向精度为 29.5763°,直接固定模糊度的航向角精度为 13.3112°;基线 R-R1 的浮点定向精度为 47.9997°,直接固定模糊度的航向角精度为 21.8587°。

从表 6.13 中可以以下结论:

(1) 对比 R-R2 的单历元定向结果,引入基线长度约束后,定向精度有明显提高,此时整数估计的定向精度达到 0.9270°,从精度结果来看,仍然可能存在模糊度固定错误的历元。

表 6.13 单历元下,不同基线的整数孔径估计模糊度固定率及其定向精度

	β	P_{fix}^{DT}	P_{fix}^{WT}	P_{fix}^{LS}	P_{fix}^{RT}	$\sigma_{\varphi,DT}$	$\sigma_{\varphi,WT}$	$\sigma_{\varphi,LS}$	$\sigma_{\varphi,RT}$
R-R2	0.01	0.9510	0.8645	0.4308	0.7737	1.1312°	2.0122°	4.9321°	2.1426°
	0.001	0.9449	0.8698	0.2600	0.7416	1.2658°	1.9554°	5.7186°	2.4666°
R-R1	0.01	0.9163	0.7747	0.4559	0.7347	15.172°	20.641°	24.221°	18.639°
	0.001	0.9112	0.7304	0.4559	0.6727	15.198°	21.782°	24.221°	21.181°
R1-R2	0.01	0.9296	0.7884	0.4235	0.6976	23.095°	29.532°	42.831°	31.015°
	0.001	0.9157	0.7955	0.2676	0.6473	23.992°	29.233°	45.227°	35.462°

(2) 对三条基线而言,按照 C-LAMBDA 的思想引入基线约束后,尽管线性整数孔径估计的定向结果大部分仍优于比例孔径估计,但此前性能较好的整数孔径最小二乘定向结果和模糊度固定结果反而最差,差分孔径估计反而优于其他孔径估计。这是由于 C-LAMBDA 在引入基线约束的过程中,仅利用基线约束信息改变了浮点解,没有利用基线长度信息对矩阵协方差矩阵进行更新,由于各整数孔径估计的检测函数中均包含浮点解和协方差矩阵,因而各个整数孔径估计的性能最终受到了影响。

(3) 结合各个基线的基线长度和定向精度对比来看,长基线的定向精度要明显优于短基线的定向精度。

(4) 单历元处理中,即便部分降低了粗差和周跳的影响,引入了基线约束,整数孔径估计的定向精度仍明显低于整数估计。

6.3.3 实验总结

根据前面的动态条件下的船载实验,可以得出以下几点结论:

(1) 在迭代滤波的处理下,船载动态定向仍能取得相对较好的定向精度,即便不采用基线长度等约束,最终的定向精度仍远优于单历元定向。

(2) 由于迭代滤波受观测值中周跳的影响较大,因而,当观测中包含大量周跳时,迭代滤波如基线 R-R1 和 R1-R2 的定向结果将无法有效收敛,从而导致最终的定向精度很差。

(3) 在单历元定向中,定向精度基于与模糊度固定率成正比,模糊度固定率越高,定向精度越好,因此,在单历元处理时,应优先考虑引入基线长度等额外的先验信息,提高模糊度固定率。同时,整数孔径估计尽管有可能改善定向精度,但改善的程度有限,意义不大。

(4) 由于迭代滤波的定向精度和可靠性要远好于单历元处理,因此,有必

要对数据进行预处理，减少粗差和周跳对迭代滤波的影响。

6.4 本章小结

本章首先比较了两种常见的有代表性的整数孔径估计：差分孔径估计和比例孔径估计，对二者之间的关系和各自性能进行了详细探讨，着重分析了二者模糊度解算性能差异的机理。仿真实验的对比表明，二者在模糊度解算性能上的差异也是统计性的。最后，通过从静态到动态，从单频单系统到多系统等多方面的应用实验，详细讨论了不同的整数孔径估计在 GNSS 定向和定位中的应用，实验结果表明：

(1) 采用迭代滤波的数据处理方式可以取得较好的定向和定位精度，但迭代滤波对观测中的周跳较为敏感，低质量的观测数据容易引起模糊度的错误固定，继而影响后续的滤波结果，因而数据预处理对迭代滤波的数据处理更有必要。当观测数据的质量较好，整数估计的定向结果要明显好于整数孔径估计的结果，而当观测数据质量较差，引入整数孔径估计可以减少模糊度的错误固定，继而带来定向精度的改善。

(2) 单历元的数据处理可以避免周跳对不同历元模糊度解算的影响，但同时，单历元数据处理的定向精度和可靠性在观测数据质量较好时远差于迭代滤波。无论观测数据质量如何，在单历元数据处理中引入整数孔径估计不能带来定向精度的改善，更低的模糊度固定率反而进一步恶化了定向结果。

(3) 短基线相对定位中，不必考虑大气偏差对定位精度的影响，在中长基线的相对定位中，考虑并估计大气偏差有助于提高定位精度。定位精度和模糊度成功率有直接关系，成功率越高，定位精度越高，和模糊度固定率没有直接的关系。

(4) 选择合适整数孔径估计可以在一定程度上改善定位精度，观测中的偏差对定位精度的影响远大于整数孔径估计，因而实践中应首先考虑如何恰当地处理各类偏差。

(5) 当没有额外的约束信息引入时，以整数孔径最小二乘为代表的线性整数孔径估计在各种数据处理方式中的模糊度解算结果几乎总优于比例孔径估计；而当引入基线约束信息，将改变各类整数孔径估计的性能，但线性整数孔径估计仍然有一定优势。

第7章　结论与展望

7.1　全书总结

作为高精度定位定姿中的关键问题,模糊度解算一直是其中的核心难点和研究热点。模糊度验证是模糊度解算研究中的重要环节,长期以来一直受到关注和研究。随着近年来整数孔径估计理论的提出,模糊度验证开始有一定的理论基础,并出现了相应的应用方法。但遗憾地是,模糊度验证的理论基础,即模糊度解算质量评估理论的发展并不完善,特别是整数孔径估计的质量评估理论研究仍有大片空白,从而导致了模糊度解算质量控制方法的研究一直处于支离破碎的状态,缺乏系统性研究和有效的应用检验。

本书从实现 GNSS 模糊度解算的实时质量控制出发,通过完善和发展整数估计、整数孔径估计及其质量评估理论,提出新的模糊度解算质量控制方法,并通过仿真分析和实测数据进行比较和验证,结果表明新的质量控制方法既保证了实时性,又有效降低了模糊度检验的保守性。同时,深入分析偏差对整数孔径估计和定位精度的影响,从实际应用出发论证整数孔径估计在定位定向中的意义。

本书的研究成果可归纳为如图 7.1 所示的理论框架,图中白色的方框表示原有的研究基础,黄色的填充区域为本书的贡献,具体成果如下:

1. 补充了整数估计及其质量评估理论

首次关注并研究了次优模糊度的性质,次优模糊度是几何上构成最优模糊度归整区域的必要条件,是确定最优模糊度归整区域数值边界的基础,同时次优模糊度和最优模糊度存在一定的定量关系,即去相关条件下欧式距离之差最小为 1,且各元素之差最大为 1;回顾了整数估计的质量评估方法,基于仿真实验比较了对整数最小二乘的性能进行近似评估的公式,结果表明,在去相关空间中,基于自举估计可以更好地实现对整数最小二乘概率的解析近似;讨论和评估了偏差干扰对整数估计及其质量评估的影响,在给定先验偏差的情况下,分析偏差干扰对整数估计质量评估的影响,并给出合理的解析近似公式,通过

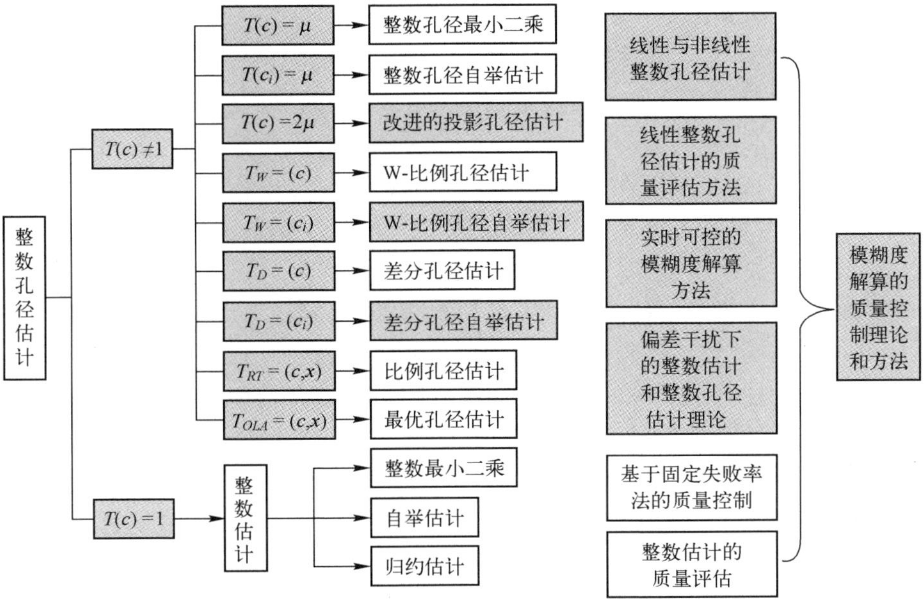

图 7.1 整数模糊度估计与检验的理论和方法框架

仿真实验验证了相关结论，即弱 GNSS 模型条件下，基于偏差干扰的概率近似方法具有更小的近似误差，而在较强的 GNSS 模型下，无偏差干扰的概率近似方法相比于有偏差时最终的误差更小。

2. 建立了新的整数孔径估计理论框架并完善其质量评估理论

首先，回顾了整数孔径自举和整数孔径最小二乘的性质和评估方法，提出整数孔径最小二乘新的实现方法；其次，以差分孔径估计为例，对其检测范围进行了研究分析，给出了简单紧凑的检测值上界评估方法，利用提出的差分孔径自举估计实现了对差分孔径估计的解析概率近似，并通过数值仿真实验验证了该近似方法的有效性；再次，对 W-比例孔径估计，投影孔径估计进行了回顾，并提出相应的简单实现和改进方法，并对比例孔径估计以及最优整数孔径估计在新的整数孔径估计理论框架下进行了梳理和讨论，新的理论框架可以更好地对整数孔径估计的性质进行定性分析；进一步，在总结前文各个整数孔径估计研究的基础上，将现存的主要整数孔径估计分为线性整数孔径估计和非线性整数孔径估计，给出了对线性整数孔径估计进行解析质量评估的统一方法；最后，研究了偏差干扰下线性整数孔径估计的质量评估问题，推导了对各个线性整数孔径估计进行解析近似的公式，仿真实验的结果表明，线性概率近似的方法可以实现对线性整数孔径估计成功率较好的近似，对于较弱的 GNSS 模型，存在偏差干扰的概率近似具有较小的近似误差，而在较强的 GNSS 模型下，无偏差干扰的概率近似方法可以取得更好的效果。

3. 提出模糊度解算质量控制新方法

回顾并分析了基于固定失败率方法的模糊度解算质量控制方法,对固定失败率方法的优缺点和实际效果进行了分析和检验,在此基础上,从整数孔径估计近似评估的角度出发,提出了新的实时可控(iCON)模糊度解算方法,通过多GNSS 仿真实验比较并验证了新方法对于传统的基于阈值表的比例孔径估计的优势和有效性。

为解决固定失败率法时间成本过高的问题,首先从线性整数孔径估计概率近似的角度出发,评估了对整数孔径估计的成功率进行概率近似的误差大小,同时推导了孔径归整区域的失败率和整数归整区域失败率之间的关系,在此基础上,提出了新的实时可控的模糊度解算方法。通过选择一定数量的孔径归整区域作为对所有整数向量归整区域的近似,采用非线性优化求解满足所有孔径区域失败率之和为固定失败率的阈值,最终获得实现可控模糊度解算的模糊度检验阈值。模糊度解算质量控制新方法的时间成本大大降低,比原先的固定失败率法提高了十倍以上。最后,采用多 GNSS 仿真实验对基于该方法的线性整数孔径估计性能进行了评估,同时,对现有的模糊度解算质量控制方法在模糊度真值已知和未知的条件下分别进行了综合比较,结果表明,在仿真无干扰的条件下,基于新方法的线性整数孔径估计的模糊度解算成功率高于基于查表法的比例孔径估计的成功率,且受控的失败率更接近于目标值。

4. 比较两种常见的整数孔径估计,给出整数孔径估计间性能差异的机理

从几何构型的角度看,比例孔径估计和差分孔径估计在固定失败率下的性能差异取决于各自孔径归整区域的空间大小,特别是非重合区域的大小,研究表明,非重合区域对应的概率密度函数大小同样有差别。与此同时,数值分析表明,二者和最优整数孔径估计存在特定条件下的数值近似,差分孔径估计的近似条件更容易得到满足。利用仿真实验验证前文的结论,结果表明,两种整数孔径估计的性能差异是统计性的,即差分孔径估计的性能大多数情况下优于比例孔径估计。

5. 通过静态和动态应用中的实测数据验证模糊度解算的质量控制方法,进一步分析整数孔径估计在实际应用中的有效性和必要性

在静态应用中,首先,对比引入 ZTD 估计前后模糊度解算的结果和定向精度,分析偏差干扰对模糊度解算和质量控制的影响。数据处理的结果表明,引入 ZTD 估计前,当观测数据中粗差较少,数据质量较好时,引入整数孔径估计只会降低模糊度固定的成功率并造成定向精度下降;当数据质量较差时,采取整数孔径估计同样会降低模糊度固定率,但也避免了模糊度固定错误的概率,因而有可能会带来定向精度的提升。通过进一步分离 ZTD 偏差,在两种情况下最终的定向精度均有提升,特别对于较差的数据质量,可以吸收部分偏差干扰的影响,明显提高模糊度固定成功率和定位精度。

其次,不同的数据处理方式下引入整数孔径估计的效果也不同:在迭代滤波的处理条件下,整数孔径估计的引入有可能改善定向精度,但即便有所改善,程度也很有限,大部分情况下整数孔径估计只会恶化定向精度;对于单频单历元处理,由于浮点解的定向精度很差,因而即便模糊度固定错误也有可能带来定位或定向精度的改善,此时引入整数孔径估计只会造成模糊度固定成功率下降以及定向精度的损失。

再次,随着基线长度的增加,大气偏差的影响逐渐显著,通过比较中长基线条件下大气偏差对整数孔径估计的影响,可以看到,偏差干扰相比整数孔径估计对定位精度的影响更大。在中长基线条件下,不分离大气偏差的影响,尽管采用不同的整数孔径估计会带来不同定位精度,但定位结果依旧很差。如果分离大气偏差的影响,对于不同的整数孔径估计,均带来了定位精度的大幅提升。这表明,在精密定位中,应把处理偏差问题放在更加重要的位置上。

最后,在模糊度解算中引入基线约束也可能会给整数孔径估计的性能带来影响。船载动态实验的结果表明,在模糊度解算中引入基线约束,能够显著提高模糊度解算成功率,但同时,不同整数孔径估计的性能也有所变化。相比于比例孔径估计的固定失败率法,本书提出的实时可控新方法依然降低了模糊度固定的保守性,大部分情况下最终的定向精度仍优于固定失败率法。

7.2 研究展望

在完善和发展整数估计和整数孔径估计理论的基础上,本书提出了实时可控的模糊度解算质量控制新方法,推广性更强,大大降低了原有方法的保守性。采用静态和动态的实测数据,对整数孔径估计的应用效果进行了检验和分析,对模糊度检验应用的必要性和有效性进行了深入分析。未来还需要在以下几个方面进行深入研究和验证:

(1) 优化去相关过程,降低 iCON 方法的近似误差。

新的实时可控模糊度解算方法本质上是基于概率近似的优化方法,概率近似过程中的误差主要来自于去相关过程中的残余误差,因而进一步优化去相关过程,降低概率近似过程中的误差是提高 iCON 方法的重要途径。

(2) 精化 iCON 方法的参数配置,使之更适宜工程应用。

通过实时可控模糊度解算方法的应用比较,可以看到现有的两类固定失败率参数设置对最终的定向(定位)精度影响很小,因此精化这类参数的选择是实现该方法工程化应用的前提。未来可以通过在不同应用背景下的大量比较分析,提出更加检验实用的参数配置。

(3) 进一步拓展应用范围,验证不同应用背景下整数孔径估计的特性。

本书仅从相对定位或定向的角度出发,对实时可控的整数孔径估计的性能进行比较和分析,在绝对定位背景下,即 PPP-RTK 的应用中,同样也存在模糊度解算的质量控制问题,需要进行进一步的应用分析。此外,本书的实测数据实验采用的 GNSS 系统仅包括 GPS 和 GLONASS,未来还需要引入 BeiDou 等其他系统。

(4) 分析偏差干扰对模糊度解算定量的影响,发展出系统的 GNSS 模糊度解算质量控制理论和灵活有效的方法。

GNSS 观测中各种偏差干扰的存在是各种质量控制措施存在的前提,虽然本书主要解决的是模糊度解算的质量控制问题,但相关的分析和实验结果表明,数据处理中的质量控制方法和模糊度解算中的质量控制方法紧密相关,将二者结合起来,形成系统性的 GNSS 模糊度解算质量控制理论并发展出更有效的方法将更有实用价值。除此之外,可以进一步量化分析模糊度解算固定错误的影响,对不同情况下模糊度固定错误对定位定向精度的影响进行分析验证,为更好地应用整数孔径估计提供更完整的理论和实践基础。

参考文献

[1] Leick A. GPS satellite surveying[M]. New York:John Wiley,2003.

[2] Teunissen P J G,Kluensberg A. GPS for Geodesy[M]. Berlin:Springer,1998.

[3] 张开东. 基于 SINS/DGPS 的航空重力测量方法研究[D]. 长沙:国防科学技术大学,2006.

[4] Montenbruck O, Gill E. Satellite Orbits: models, methods, and applications [J]. Applied Mechanics Reviews,2002,55(2):2504-2510.

[5] Bevis M,Businger S,Herring T A,et al. GPS meteorology:Remote sensing of atmospheric water vapor using GPS[J]. Journal of Geophysical Research Atmospheres,1992,97(D14):15787-15801.

[6] Sutardja S. GPS-based traffic monitoring system:US7885759 [P].

[7] Misra P,Enge P. Global Positioning System:Signals,Measurements,and Performance[M]. Lincoln:Ganga-Jamuna Press,2006.

[8] Li X,Ge M,Lu C,et al. High-rate GPS seismology using real-time precise point positioning with ambiguity resolution[J]. IEEE Transaction on Geoscience and Remote Sensing,2014:1-15.

[9] Selective Availability[EB/OL]. https://www. gps. gov/systems/gps/ modernization/ sa/, 2018-9-27/ 2019-7-25.

[10] Hofmann-Wellenhof B,Lichtenegger H,Wasle E. GNSS:Global Navigation Satellite Systems:GPS,GLONASS,Galileo,and More[M]. NewYork:Springer,2008.

[11] Gupta N,Hauser R,Kalman Filtering with Equality and Inequaltiy State Constraints[R]. Oxford,England: Oxford University Computing Laboratory,2007.

[12] Zumberge J F,Heflin M B,Jefferson DC,et al. Precise point positioning for the efficient and robust analysis of GPS data from large networks[J]. J Geophys Res,1997,102:5005-5017.

[13] Rocken C,Ware R,Hove TV,et al. Sensing atmoshpheric water vapor with the global positioning system [J]. Geophys Res Lett,1993,20(23):2631-2634.

[14] Rizos C. Alternatives to current GPS-RTK services and some implications for CORS infrastructure and operations[J]. GPS Solut,2003,11(3):151-158.

[15] Teunissen P J G. Integer least-square theory for the GNSS compass[J]. J Geod,2010,84:433-447.

[16] Park C,Teunissen P J G. Integer least squares with quadratic equality constraints and its application to GNSS attitude determination[J]. International Journal of Control,Automation and Systems,2009,7(4): 566-576.

[17] Park C,Teunissen P J G. A new carrier phase ambiguity estimation for GNSS attitude determination systems:proceedings of the International GPS/GNSS symposium[C]. Tokyo,2003.

[18] Buist P,Teuniseen P J G,Giorgi G,et al. Multiplatform Instantaneous GNSS Ambiguity Resolution for Triple- and Quadruple-Antenna Configuration and Constraints[J]. International Journal of Navigation and Observation,2009:1687-5990.

[19] Buist P. Multi-platform Integrated Positioning and Attitude Determination using GNSS[D] Delft:Delft

University of Technology,2013.

[20] Shen Z K,Zhao C,Yin A,et al. Contemporary crustal deformation in east Asia constrained by Global Positioning System measurements[J]. J Geophy Res Atmos,2000,105(B3):5721-5734.

[21] Juan J M,Hernandez-Pajares M. Enhanced Precise Point Positioning for GNSS Users[J]. IEEE Transactions on Geoscience and Remote Sensing,2012,50(10):4213-4222.

[22] Li X, Ge M, Dai X. Accuracy and reliability of multi - GNSS real - time precise positioning: GPS, GLONASS,BeiDou and Galileo[J]. J Geod,2015,89(6):607-635.

[23] Li T,Wang J,Laurichesse D. Modeling and quality control for reliable precise point positioning integer ambiguity resolution with GNSS modernization[J]. GPS Solutions,2013,18(3):429-442.

[24] Rizos C,Han S. Reference station network based RTK system-concepts and progress[J]. Wuhan Univ J Nat Sci,2003,8(2):566-574.

[25] Kouba J,Heroux P. Precise Point Positioning Using IGS Orbit and Clock Products[J]. GPS Solut,2001, 5(2):12-28.

[26] Wubbena G,Schmidt M,Bagge A. PPP-RTK:Precise Point Positioning Using State-Space Representation in RTK Networks[C]:proceedings of the International Technical Meeting,ION-GNSS-05,Long Beach, California,2005.

[27] Laurichesse D,Mercier F,Berthias JP,et al. Integer Ambiguity Resolution on Undifferenced GPS Phase Measurements and Its Application to PPP and Satellite Precise Orbit Determination[J]. Navigation,2009, 56(2):135-149.

[28] Collins P. Isolating and estimating undifferenced GPS integer ambiguities[J]. Proceedings of the National Technical Meeting of the Institute of Navigation Ntm,2008,4890(504):720-732.

[29] Ge M,Gendt G,Rothacher M,et al. Resolution of GPS carrier-phase ambiguities in Precise Point Positioning (PPP) with daily observations[J]. International Journal of Implant Dentistry,2008,82(7): 389-399.

[30] Teunissen P J G,Khodabandeh A. Review and principles of PPP-RTK methods[J]. Journal of Geodesy, 2014,89(3):1-24.

[31] Laurichesse D. The CNES Real-time PPP with undifferenced integer ambiguity resolution demonstrator [J].Proceedings of International Technical Meeting of the Satellite Division of the Institute of Navigation, 2011,10(1):654-662.

[32] Ge M,Dousa J,Li X,et al. A Novel Real-time Precise Positioning Service System:Global Precise Point Positioning With Regional Augmentation[J]. J Global Positioning Systems,2012,11(1):2-10.

[33] Li X,Ge M,Zhang X,et al. Real-time high-rate co-seismic displacement from ambiguity-fixed precise point positioning: Application to earthquake early warning [J]. Geophysical Research Letters, 2013, 40(2):295-300.

[34] Geng J,Teferle F N,Meng X,et al. Kinematic precise point positioning at remote marine platforms[J]. GPS Solutions,2010,14(4):343-350.

[35] Liu Z. A new automated cycle slip detection and repair method for a single dual-frequency GPS receiver [J]. Journal of Geodesy,2011,85(3):171-183.

[36] Verhagen S. The GNSS integer ambiguities :estimation and validation[D],Delft:NCG,2005.

[37] Verhagen S. On the reliability of Integer Ambiguity Resolution[J]. J Navig,2005,52 (2):99-110 .

[38] Xie P, Petovello M G. Measuring GNSS Multipath Distributions in Urban Canyon Environments[J]. IEEE Transactions on Instrumentation & Measurement, 2015, 64(64): 366-377.

[39] Groves P D. Shadow Matching: A New GNSS Positioning Technique for Urban Canyons[J]. Journal of Navigation, 2011, 64(3): 417-430.

[40] Teunissen P J G, Bakker P F D. Single-receiver single-channel multi-frequency GNSS integrity: Outliers, slips, and ionospheric disturbances[J]. Journal of Geodesy, 2012, 87(2): 161-177.

[41] Kim D, Langley R B. Instantaneous Real-Time Cycle-Slip Correction for Quality Control of GPS Carrier-Phase Measurements[J]. Navigation, 2002, 49(4): 205-222.

[42] Baarda W. A Testing Procedure For Use in Geodetic Networks[M]. Delft: Netherlands Geodetic Commission, 1968.

[43] Teunissen P J G. Quality Control in Integrated Navigation Systems[J]. IEEE Aerospace and Electronic Systems Magazine, 1990, 5 (7): 35-41.

[44] Yang Y. Adaptively Robust Kalman Filters with Applications in Navigation [M]. Berlin: Springer-Verlag, , 2010.

[45] Shuang D, Yang G. Inertial Aided Cycle Slip Detection and Identification for Integrated PPP GPS and INS [J]. Sensors, 2012, 12(11): 14344-14362.

[46] Montenbruck O, Steigenberger P, Khachikyan R, et al. IGS-MGEX: preparing the ground for multi-constellation GNSS science[J]. Espace, 2014, 9(1): 42-49.

[47] Verhagen S. Integer ambiguity validation: an open problem? [J]. GPS Solut, 2004, 8 (1): 36-43.

[48] Teunissen P J G. Teunissen P . GNSS Integer Ambiguity Validation: Overview of Theory and Methods[J]. Proceedings of the ION Pacific Pnt Meeting, 2013, 82(2): 673-684.

[49] Rao C R. Linear statistical inference and its applications[M]. New York: Wiley, 1965: 225-228.

[50] Abidin HA. Computational and geometrical aspects of on-the-fly ambiguity resolution[D] New Brunswick: University of New Brunswick, 1993.

[51] Frei E, Beutler G. Rapid static positioning based on the fast ambiguity resolution approach FARA: theory and first results[J]. Manuscr Geod, 1990, 15 325-356.

[52] Laudau H, Euler H J. On-the-fly ambiguity resolution for precise differential positioning: Proceedings of the ION GPS-1992[C]. Albuquerque N. M, 1992.

[53] Teunissen P J G. On the integer normal distribution of the GPS ambiguities[J]. Artif Satell, 1998, 33 (2): 49-64 .

[54] Liu X. A Comparison of Stochastic Models for GPS Single Differential Kinematic Positioning: Proceedings of the ION GPS 2002[C]. Portland, Oregon, 2002.

[55] Teunissen P J G. The parameter distributions of the integer GPS model[J]. J Geod, 2002, 76 (1): 41-48.

[56] Teunissen P J G. Integer aperture GNSS ambiguity resolution[J]. Artif Satell, 2003, 38 (3): 79-88 .

[57] Teunissen P J G. Towards a unified theory of GNSS ambiguity resolution[J]. J Global Positioning Systems, 2003, 2 (1): 1-12 .

[58] Verhagen S, Teunissen P J G. New global navigation satellite system ambiguity resolution method compared to existing approaches[J]. J Guid Cont Dyn, 2006, 29 (4): 981-991 .

[59] Teunissen P J G. A canonical theory for short GPS baselines. Part IV: precision versus reliability[J]. J Geod, 1997, 71 (9): 513-525 .

[60] Teunissen P J G. Success probability of integer GPS ambiguity rounding and bootstrapping[J]. J Geod, 1998,72 (10):606-612 .

[61] Teunissen P J G. An optimality property of the integer least-squares estimator[J]. J Geod,1999,73 (11): 587-593 .

[62] Teunissen P J G. The probability distribution of the GPS baseline for a class of integer ambiguity estimators [J]. J Geod,1999,73 (5):275-284 .

[63] Teunissen P J G. The success rate and precision of GPS ambiguities[J]. J Geod,2000,74 (3-4):321-326 .

[64] Teunissen P J G. Integer aperture bootstrapping:a new GNSS ambiguity estimator with controllable fail-rate [J]. J Geod,2005,79 (6-7):389-397.

[65] Teunissen P J G. Integer aperture least-square estimation[J]. Artif Satell,2005,40 (3):149-160 .

[66] Zhang J,Wu M,Li T. Instantaneous and controllable integer ambigiuty resolution:review and an alternative approach[J]. J Geod,2015.

[67] Verhagen S,Teunissen P J G. The ratio test for future GNSS ambiguity resolution[J]. GPS Solut,2013,17 (4):535-548 .

[68] Brack A. On reliable data-driven partial GNSS ambiguity resolution[J]. GPS Solut,2015,19:1-12.

[69] Wang L,Verhagen S. A new ambiguity acceptance test threshold determination method with controllable failure rate[J]. J Geod,2014,89:361-375.

[70] Zhang J,Wu M,Zhang B,et al. Instantaneous and controllable integer aperture ambiguity resolution with difference test:proceedings of the China Satellite Navigation Conference[C],Xi'an,. 2015.

[71] (1996-1999) IS,GPS ambiguity resolution and validation.

[72] Counselman CC,Gourevitch SA. Miniature Interferometer Terminals for Earth Surveying: Ambiguity And Multipath with Global Positioning System[J]. IEEE Transaction on Geoscience Remote Sensing, 1981, 19(4):244-252.

[73] Remondi B W. Using the Global Positioning System (GPS) phase observable for relative geodesy:modeling,processing and results[D],1984.

[74] Kim D,Langley R B. GPS ambiguity resolution and validation:methodologies[C],trends and issues:Proceedings of the 7th GNSS International workshop,2000.

[75] Cocard M,Geiger A. Systematic search for all possible widelanes:proceedings of the The Sixth International Geodetic Symposium on Satellite Positioning[C],Columbus,Ohio,1992.

[76] Collins J P,Langley R B,Possible weighting schemes for GPS carrier phase observations in the presence of multipath:Final contract report for the U. S. Army Corps of Engineers Topographic Engineering Center, 1999.

[77] Remondi B W. Performing Centimeter-Level Surveys in Seconds with GPS Carrier Phase: Initial Results [J].Navigation,1985,32(4):386-400.

[78] Han S,Rizos C. Improving the computational efficiency of the ambiguity function algorithm[J]. Journal of Geodesy,1996,70(6):330-341.

[79] Hatch R. Instantaneous Ambiguity Resolution[M]. New York:Springer,1991:299-308.

[80] Teunissen P J G. Least-squares estimation of the integer GPS ambiguities:proceedings of the IAG general meeting,Beijing,China,1993.

[81] Teunissen P J G. The least-squares ambiguity decorrelation adjustment: a method for fast GPS integer ambiguity estimation[J]. J Geod, 1995, 70(1-2): 65-82.

[82] Euler H. J LH. Fast GPS ambiguity resolution on-the-fly for real-time application: proceedings of the The Sixth International Geodetic Symposium on Satellite Positioning, 1992.

[83] Teunissen P J G. Integer least-square theory for the GNSS compass[J]. J Geod, 2010, 84: 433-447.

[84] Martin-Neira M, Toledo M, Pelaez A. The null space method for GPS integer ambiguity resolution: proceedings of the ION GPS-99, Nashville, Tennessee, 1995.

[85] Chen D, Lachapelle G. A comparison of the FASF and least-squares search algorithms for on-the-fly ambiguity resolution[J]. Navigation-Washington, 1995, 42 (2): 371-390.

[86] Zhao Q, Dai Z, Hu Z, et al. Three-carrier ambiguity resolution using the modified TCAR method[J]. GPS Solutions, 2015, 19(4): 589-599.

[87] Vollath U, Birnbach S, Landau H, et al. Analysis of three-carrier ambiguity resolution (TCAR technique for precise relative positioning in GNSS-2: Proceedings of the Global navigation satellite systems European symposium, 1998.

[88] Jung J. Optimization of Cascade Integer Resolution with Three Civil GPS Frequencies[J]. Proceedings of International Technical Meeting of the Satellite Division of the Institute of Navigation, 2000: 2191-2200.

[89] Kim D, Langley R B. An optimized least-squares technique for improving ambiguity resolution and computational efficiency[J]. ION GPS, 1999.

[90] Damen M O, Gamal H E, Caire G. On maximum-likelihood detection and the search for the closest lattice point[J]. IEEE Transactions on Information Theory, 2003, 49(10): 2389-2402.

[91] Lovasz L. Factoring Polynomials with Rational Coecients[J]. Mathematische Annalen, 1982.

[92] Lannes A. On the theoretical link between LLL-reduction and Lambda-decorrelation[J]. Journal of Geodesy, 2013, 87(4): 323-335.

[93] Jazaeri S, Amiri-Simkooei A R, Sharifi M A. Erratum to: Fast integer least-squares estimation for GNSS high-dimensional ambiguity resolution using lattice theory[J]. Journal of Geodesy, 2011, 86(2): 123-136.

[94] Grafarend E W. Mixed Integer-Real Valued Adjustment (IRA) Problems: GPS Initial Cycle Ambiguity Resolution by Means of the LLL Algorithm[J]. GPS Solutions, 2000, 4(4): 31-44.

[95] Teunissen P J G. A canonical theory for short GPS baselines. Part Ⅲ: the geometry of the ambiguity search space[J]. J Geod, 1997, 71 (8): 486-501.

[96] Teunissen P J G. The LAMBDA method for the GNSS compass[J]. Artif Satell, 2006, 41(3): 89-103.

[97] Teunissen P J G. A general multivariate formulation of the multi-antenna GNSS attitude determination problem[J]. Artif Satell, 2007, 42 (2): 97-111.

[98] Teunissen P J G. The affine constrained GNSS attitude model and its multivariate integer least-squares solution[J]. J Geod, 2012, 86 (7): 547-563.

[99] 刘根友,郝晓光,柳林涛. 参数约束平差法[J]. 大地测量与地球动力学,2006,26(4):5-9.

[100] Pinchin J, Hide C, Park D. Development of a low cost multiple GPS antenna attitude system: proceedings of the International Technical Meeting of the Satellite Division of the Institute of Navigation[C], 2007.

[101] Hauschild A, Montenbruck O. GPS-Based Attitude Determination for Microsatellites: proceedings of the ION GNSS[C], 2007.

[102] Hauschild A, Grillmayer G, Montenbruck O, et al. GPS Based Attitude Determination for the Flying Laptop Satellite: proceedings of the Small Satellites for Earth Observation, International Symposium of the IAAA[C], 2007.

[103] Dai L. Real-time Attitude Determination for Microsatellite by Lambda Method Combined with Kalman Filtering: proceedings of the Aiaa International Communications Satellite Systems Conference & Exhibit [C], 2004.

[104] Tahk M, Speyer JL. Target tracking problems subject to kinematic constraints[J]. IEEE Transactions on Automatic Control, 1990, 35(3): 324-326.

[105] Park C, Kim I, Lee J G, et al. Efficient ambiguity resolution using constraint equation: proceedings of the Position Location and Navigation Symposium[C], 1996.

[106] Monikes R, Wendel J, Trommer G F. A modified LAMBDA method for ambiguity resolutioin in the presence of position domain constraints: proceedings of ION[C], 2005.

[107] Wang B, Miao L, Wang S, et al. A constrained LAMBDA method for GPS attitude determination[J]. GPS Solut, 2009, 13 (2): 97-107 .

[108] Povalyaev A A, Sorokina I A, Glokhov PB. Ambiguity resolution under known base vector length: proceedings of the Proceedings of ION-ITM GNSS[C], 2006.

[109] 吴美平,胡小平,逯亮清. 卫星定向技术[M]. 北京:国防工业出版社,2013.

[110] Teunissen P J G, Giorgi G, Buist P. Testing of a new single-frequency GNSS carrier phase attitude determination method: land, ship and aircraft experiments[J]. GPS Solutions, 2011, 15(1): 15-28.

[111] Teunissen P J G, Nadarajah G G N, Buist PJ. Low-Complexity Instantaneous GNSS Attitude Determination with Multiple Low-Cost Antennas: proceedings of the ION International Technical Meeting[C], 2011.

[112] Nadarajah N, Teunissen P J G, Raziq N. Instantaneous BeiDou - GPS attitude determination: A performance analysis[J]. Advances in Space Research, 2014, 54(5): 851-862.

[113] Nadarajah N, Teunissen P J G. Instantaneous GPS/Galileo/QZSS/SBAS Attitude Determination: A Single-Frequency (L1/E1) Robustness Analysis under Constrained Environments [J]. Navigation, 2014, 61(1): 65-75.

[114] Giorgi G, Teunissen P J G. Carrier phase GNSS attitude determination with the multivariate constrained LAMBDA method: proceedings of ION[C], 2010.

[115] Giorgi G, Teunissen P J G, Gourlay TP. Instantaneous global navigation satellite system (GNSS)-based attitude determination for maritime applications[J]. IEEE Journal of Oceanic Engineering, 2012, 37 (3): 348-362.

[116] Giorgi G, Verhagen S, Buist P J, et al. Instantaneous ambiguity resolution in Global-Navigation-Satellite-System- based attitude determination applications: A multivariate constrained approach[J]. Journal of Guidance, Control, and Dynamics, 2012, 35 (1): 51-67.

[117] Nadarajah N, Teunissen P J G, Raziq N. Instantaneous GPS-Galileo Attitude Determination: Single-Frequency Performance in Satellite - Deprived Environments [J]. IEEE Transactions on Vehicular Technology, 2013, 62(7): 2963-2976.

[118] Giorgi G, Teunissen P J G. Low - complexity instantaneous ambiguity resolution with the affine - constrained GNSS attitude model[J]. IEEE Transactions on Aerospace and Electronic Systems, 2013, 49 (3): 1745-1758.

[119] Giorgi G, Teunissen P J G. Multivariate GNSS Attitude Integrity: The Role of Affine Constraints[M]. Springer Berlin Heidelberg, 2015: 1-7.

[120] Giorgi G. GNSS Carrier Phase-based Attitude Determination: Estimation and Applications[D] : Delft University of Technology, 2011.

[121] Nadarajah N, G. T P J, Bakker P F D. GNSS Array-Aided Positioning and Attitude Determination: Real data Analyses: proceedings of the the 27th International Technical Meeting of the ION Satellite Division, ION GNSS+ 2014, Tampa, Florida, 2014.

[122] Teunissen P J G. A-PPP: Array-Aided Precise Point Positioning With Global Navigation Satellite Systems[J]. IEEE Transactions on Signal Processing, 2012, 60(6): 2870-2881.

[123] Li B, Teunissen P J G. GNSS antenna array-aided CORS ambiguity resolution[J]. Journal of Geodesy, 2014, 88(4): 363-376.

[124] Teunissen P J G, Odijk D, Zhang B. PPP-RTK: results of CORS network-based PPP with integer ambiguity resolution[J]. Journal of Aeronautics Astronautics & Aviation, 2010, 42.

[125] Zhang B C, Teunissen P J G. A Novel Un-differenced PPP-RTK Concept[J]. The Journal of Navigation, 2011, 64 180-191 .

[126] Parkins A. Increasing GNSS RTK availability with a new single-epoch batch partial ambiguity resolution algorithm. GPS Solut[J]. GPS Solutions, 2011, 15(4): 391-402.

[127] Wang J, Feng Y. Reliability of partial ambiguity fixing with multiple GNSS constellations[J]. Journal of Geodesy, 2013, 87(1): 1-14.

[128] Brack A. On reliable data-driven partial GNSS ambiguity resolution[J]. GPS Solutions, 2014, 19(3): 1-12.

[129] Brack A, Gunther C. Generalized integer aperture estimation for partial GNSS ambiguity fixing[J]. Journal of Geodesy, 2014, 88(5): 479-490.

[130] Bock H, Dach R, Jäggi A, et al. High-rate GPS clock corrections from CODE: support of 1 Hz applications[J]. Journal of Geodesy, 2009, 83(11): 1083-1094.

[131] Guo F, Zhang X H. Impact of Sample Rate of IGS Satellite Clock on Precise Point Positioning[J]. Geomatics and Information Science of Wuhan University, 2010, 13(2): 150-156.

[132] 姜卫平,邹璇,唐卫明. 基于 CORS 网络的单频 GPS 实时精密单点定位新方法[J]. 地球物理学报,2012,55(5):1549-1556.

[133] Li X, Zhang X, Ge M. Regional reference network augmented precise point positioning for instantaneous ambiguity resolution[J]. Journal of Geodesy, 2011, 85(3): 151-158.

[134] Ceng J, Meng X, Dodson A H, et al. Integer ambiguity resolution in precise point positioning: method comparison[J]. Journal of Geodesy, 2010, 84(9): 569-581.

[135] Shi J, Gao Y. A comparison of three PPP integer ambiguity resolution methods[J]. GPS Solutions, 2014, 18(4): 519-528.

[136] http://www. rtigs. net/[EB/OL].

[137] Laurichesse D, Mercier F. Real-time PPP with undifferenced integer ambiguity resolution, experimental results[J]. Egu General Assembly, 2010, 7672(6): 8801.

[138] Li X, Ge M, Zhang Y, et al. New approach for earthquake/tsunami monitoring using dense GPS networks [J]. Scientific Reports, 2013, 3(38): 2682-2682.

[139] Teunissen P J G. Mixed integer estimation and validation for next generation GNSS[J]. Handbook of Geomathematics,2010:1101-1127 .

[140] Chen Y. An approach to validate the resolved ambiguities in GPS rapid positioning: proceedings of the Proceedings of the International symposium on kinematic systems in geodesy, geomatics and navigation [C]. Banff,Canada,1997.

[141] Wang J,Stewart M P,Tsakiri M. A discrimination test procedure for ambiguity resolution on-the-fly[J]. J Geod,1998,72 (11):644-653 .

[142] Han S. Quality-control issues relating to instantaneous ambiguity resolution for real-time GPS kinematic positioning[J]. J Geod,1997,71 (6):351-361 .

[143] Han S,Rizos C. Validation and rejection criteria for integer least-squares estimation[J]. Survey Review, 1996,33 (260):375-382 .

[144] Han S,Rizos C. Integrated method for instantaneous ambiguity resolution using new generation GPS receivers: proceedings of the Position Location and Navigation Symposium[C],1996.

[145] Wei M, Schwarz KP. Fast ambiguity resolution using an integer nonlinear programming method: proceedings of the ION-GPS[C]. Nashville TN,1995.

[146] Leick A. GPS satellite surveying[M]. New York:John Wiley,2004.

[147] Parkins A. Increasing GNSS RTK availability with a new single-epoch batch partial ambiguity resolution algorithm[J]. GPS Solutions,2011,15 (4):391-402 .

[148] Xu P. Random simulatoin and GPS decorrelation[J]. J Geod,2001,75 408-423.

[149] Jonkman N F. The Geometry-Free Approach to Integer GPS Ambiguity Estimationc[J]. Proceedings of International Technical Meeting of the Satellite Division of the Institute of Navigation,1998:369-379.

[150] Teunissen P J G. GNSS ambiguity bootstrapping: theory and application: proceedings of ION[C],2001.

[151] Babai L. On Lovász' lattice reduction and the nearest lattice point problem[J]. Combinatorica, 1986, 6(1):1-13.

[152] Hassibi A, Boyd S. Integer parameter estimation in linear models with applications to GPS[J]. IEEE Transactions on Signal Processing,1998,46 (11):2938-2952 .

[153] Xu P. Voronoi cells, probabilistic bounds, and hypothesis testing in mixed integer linear models[J]. IEEE Transactions on Information Theory,2006,52(7):3122-3138.

[154] Chang XW,Wen J,Xie X. Effects of the LLL Reduction on the Success Probability of the Babai Point and on the Complexity of Sphere Decoding[J]. IEEE Transaction on Information Theory,2013,59(8):4915-4926.

[155] Teunissen P J G. On the computation of the best integer equivariant estimator[J]. Artificial Satellites, 2005,40(40):161-171.

[156] Teunissen P J G. A carrier phase ambiguity estimator with easy-to-evaluate fail-rate[J]. Artif Satell, 2003,38 (3):89-96.

[157] Teunissen P J G. Penalized GNSS Ambiguity Resolution[J]. J Geod,2004,78 235-244.

[158] Teunissen P J G. GNSS Ambiguity Resolution with Optimally Controlled Failure Rate[J]. Artif Satell, 2005,40 219-227 .

[159] Teunissen P J G. Integer estimation in the presence of biases[J]. J Geod,2001,75 399-407 .

[160] Verhagen S,D. Odijk,Boon F. Reliable Multi-Carrier Ambiguity Resolution in the Presence of Multipath

[M]. 2007.

[161] Li B, Verhagen S, Teunissen P J G. Robustness of GNSS integer ambiguity resolution in the presence of atmospheric biases[J]. GPS Solutions, 2014, 18(2): 283-296.

[162] Feng Y, Wang J. Computed success rates of various carrier phase integer estimation solutions and their comparison with statistical success rates[J]. Journal of Geodesy, 2011, 85(2): 93-103.

[163] Wang J, Feng Y. Reliability of partial ambiguity fixing with multiple GNSS constellations[J]. Journal of Geodesy, 2013, 87 (1): 1-14.

[164] Verhagen S, Li B, Teunissen P J G. Ps-LAMBDA Ambiguity success rate evaluation software for interferometric applications[J]. Computers & Geosciences, 2013, 54 361-376.

[165] Zhang J, Wu M, Zhang K. Integer aperture ambiguity resolution based on difference test[J]. J Geod, 2015, 89(7): 667-693.

[166] Teunissen PJG, Simons DG, Tiberius C. Probability and observation theory[J]. Lecture Notes Delft University of Technology, 2009, 6.

[167] Wang L, Verhagen S. Ambiguity acceptance testing: a comparision of the ratio test and difference test: proceedings of the CSNC 2014 [C]. Nanjing, 2014.

[168] Li T, Zhang J, Wu M, et al. Integer aperture estimation comparison between ratio test and difference test: from theory to application[J]. GPS Solut, 2015, 20(3): 539-551.

[169] Teunissen P J G, Verhagen S. GNSS Ambiguity Resolution: When and How to Fix or not fix ?: proceedings of the VI Hotine-Marussi Symposium on Theoretical and Computational Geodesy[C]. Berlin: Springer Heidelberg, 2008.

[170] Teunissen P J G, Verhagen S. The GNSS ambiguity ratio-test revisited: a better way of using it[J]. Survey Review, 2009, 41 (312): 138-151.

[171] Odijk D, Teunissen P J G, Khodabandeh A. Single-Frequency PPP-RTK: The theory and Experimental Results: proceedings of the International Association of Geodesy Symposia 139, [C]. Springer-Verlag Berlin Heidelberg, 2014.

[172] Verhagen S, Teunissen P J G, Zhang J. Application-Driven Critical Values for GNSS Ambiguity Acceptance Testing[J]. International Association of Geodesy Symposia, 2015: 1-7.

[173] http://www. navcen. uscg. gov/[EB/OL].

[174] 陈俊勇. GPS技术进展及其现代化[J]. 大地测量与地球动力学, 2010, 30(3): 1-4.

[175] 宁津生, 姚宜斌, 张小红. 全球导航卫星系统发展综述[J]. 导航定位学报, 2013, 1(1): 1-8.

[176] https://www. glonass-iac. ru/en/[EB/OL].

[177] Ishihama M, Yamazaki M. A study of smartphone satellite positioning performance at sea using GPS and GLONASS systems: proceedings of the International Symposium on Electronics in Transport[C], 2014.

[178] http://www. esa. europa. eu/ [M].

[179] www. beidou. gov. cn[M].

[180] 张小红, 左翔, 李盼, 等. BDS/GPS精密单点定位收敛时间与定位精度比较[J]. 测绘学报, 2015, 44(3): 250-256.

[181] 朱永兴, 冯来平, 贾小林, 等. 北斗区域导航系统的PPP精度分析[J]. 测绘学报, 2015, 44(4).

[182] Montenbruck O, Hauschild A, Steigenberger P. Initial assessment of the COMPASS/BeiDou-2 regional navigation satellite system[J]. GPS Solutions, 2013, 17 (2): 211-222.

[183] Odolinski R, Teunissen P J G, Odijk D. First combined COMPASS/BeiDou-2 and GPS positioning results in Australia. Part Ⅱ: single and multiple-frequency single-baseline RTK positioning[J]. J Spat Sci, 2014, 59(1): 3-24.

[184] Kibe SV. GAGAN and IRNSS Status Presentation: proceedings of the ICG-3 Meeting, Pasadena, USA, [C]. 2008.

[185] 武汉大学测绘学院测量平差学科组. 误差理论与测量平差基础. 2 版, [M]. 武汉: 武汉大学出版社, 2009.

[186] Odijk D. Fast precise GPS positioning in the presence of ionosphere delays[D]. Delft: Delft University of Technology, 2002.

[187] http://www.novatel.com/[EB/OL].

[188] http://www.veripos.com/[EB/OL].

[189] Beyerle G. Carrier phase wind-up in GPS reflectometry[J]. GPS Solutions, 2009, 13(3): 191-198.

[190] Markhovsky F, Prevatt T. Multi-path mitigation in rangefinding and tracking objects using reduced attenuation RF technology: US8648722 [P]. 02/05/2016.

[191] De Jonge P J. A processing strategy for the application of the GPS in networks[M]. NCG, Nederlandse Commissie voor Geodesie, 1998.

[192] 张宝成. GNSS 非差非组合精密单点定位的理论方法与应用研究[D]. 北京: 中国科学院测量与地球物理研究所, 2012.

[193] Gao Y, Shen X B. Improving Ambiguity Convergence in Carrier Phase-based Precise Point Positioning [J]. Proceedings of ION GPS, 2002, 49(2): 1532-1539.

[194] 李博峰, 葛海波, 沈云中. 无电离层组合、UofC 和非组合精密单点定位观测模型比较[J]. 测绘学报, 2015, (7): 734-740.

[195] Bona P. Precision, Cross Correlation, and Time Correlation of GPS Phase and Code Observations[J]. GPS Solutions, 2000, 4(2): 3-13.

[196] Bona P. Accuracy of GPS Phase and Code Observations in Practice[J]. Acta Geodaetica Et Geophysica Hungarica, 2000, 35(4): 433-451.

[197] Euler H. J Goad C C. On optimal filtering of GPS dual frequency observations without using orbit information[J]. Bulletin Geodesique, 1991, 65: 130-143.

[198] Odijk D, Verhagen S. Recursive Detection, Identification and Adaptation of Model Errors for Reliable High-Precision GNSS Positioning and Attitude Determination: proceedings of the Recent Advances in Space Technologies[C], 2007.

[199] Teunissen P J G. Single-receiver single-channel multi-frequency GNSS integrity: outliers, slips, and ionospheric disturbances[J]. Journal of Geodesy, 2013, 87(2): 161-177.

[200] Blewitt G. An Automatic Editing Algorithm for GPS data [J]. Geophysical Research Letters, 1990, 17(3): 199-202.

[201] 谢政. 非线性最优化理论与方法[M]. 北京: 高等教育出版社, 2010.

[202] De Jonge P, Tiberius C C J M. The LAMBDA method for integer ambiguity estimation: implementation aspects[J]. Publications of the Delft Computing Centre, LGR Series, 1996, (12): 1-26.

[203] Teunissen P J G. Ambiguity Dilution of Precision: Definition, Properties and Application: proceedings of the International Technical Meeting of the Satellite Division of the Institute of Navigation[C], 1997.

[204] Takasu T, Yasuda A. Development of the low-cost RTK-GPS receiver with an open source program package RTKLIB[J]. International Symposium on Gps/gnss Jeju South Korea, 2009.

[205] Tiberius C, de Jonge P. Fast positioning using the LAMBDA method: proceedings of the Proceedings of 4th international conference differential satellite systems[C]. Bergen, Norway, 1995.

[206] Zhang J, Wu M, Li T. Instantaneous and controllable ambiguity resolution based on linear integer aperture estimator: from theory to application: proceedings of the China Satellite Navigation Conference 2016[C], Changsha, 2016.

[207] Li T, Wang J. Analysis of the upper bounds for the integer ambiguity validation statistics[J]. GPS Solut, 2014, 18 85-94 .

[208] Golub G H, Loan v F C. Matrix Computations[M]. Maryland: The Johns Hopkins University Press, 1996.

[209] Li T, Wang J. Some remarks on GNSS integer ambiguity validation methods[J]. Survey Review, 2012, 44(326): 230-238.

[210] 茆诗松. 高等数理统计[M]. 北京:高等教育出版社, 1998.

[211] Rubinstein R Y, Kroese D P. Simulation and the Monte Carlo method[M]. Singapore: John Wiley 2011.

[212] Nocedal J, Wright S. Numerical optimization[M]. New York: Springer-Verlag, 1999.

[213] Kincaid D, Cheney W. Numerical Analysis: Mathematics of Scientific Computing[M]. Austin: Texas&Austin University Press, 2003.

附 录 A

A.1 差分孔径自举估计的成功率

这里将以 1 维到 m 维的方法来推导差分孔径自举的成功率。

在标量,即 1 维的情况下,其成功率直接计算如下

$$P(\breve{a}_{DTIAB}=a)=P(|\hat{a}-a|\leqslant|x|) \tag{A1.1}$$

式中:x 为孔径归整区间在坐标轴上的分界点。

根据浮点模糊度正态分布的特性,(A1.1)可进一步记为

$$P(\breve{a}_{DTIAB}=a)=2\Phi\left(\frac{|x|}{\sigma}\right)-1 \tag{A1.2}$$

实际上,在标量的情况下,差分孔径自举估计等价于缩小的整数归约估计。

在 m 维的情况下,整数孔径自举估计的成功率可记为

$$P(\breve{a}_{DTIAB}=a)=P\left(\bigcap_{i=1}^{m}|\hat{a}-a|\leqslant|x_i|\right) \tag{A1.3}$$

式中:$|x_i|$为中心孔径归整区域和坐标轴的交点坐标。

根据条件估计的链式法则,成功率的解析表达式为

$$\begin{aligned}P(\breve{a}_{DTIAB}=a) &= \prod_{i=1}^{m}P([\hat{a}_{i|I}]=a_i \mid [\hat{a}_1]=a_1,\cdots,[\hat{a}_{i-1|I}]=a_{i-1})\\ &= \prod_{i=1}^{m}\left(2\Phi\left(\frac{|x_i|}{\sigma_{\hat{a}_{i|I}}}\right)-1\right)\end{aligned} \tag{A1.4}$$

A.2 差分孔径估计的成功率下限

为证明这一结论,首先这里概率差分孔径估计和整数最小二乘的关系

$$\Omega_{z,DTIA}=\bigcup_{\boldsymbol{c}\in\mathbb{Z}^m\setminus\{z\}}T(\boldsymbol{c})S_{z,ILS}(\boldsymbol{c}+\boldsymbol{z}) \tag{A1.5}$$

根据 3.2.6 节中的讨论可知,在去相关后,整数最小二乘可以通过整数自

举进行近似,即

$$S_{0,ILS} \approx S_{0,IB} \tag{A1.6}$$

因而在模糊度残余的相关性较弱时,可认为二者的模糊度次优解相同,结合式(A1.6)和式(A1.5),有

$$\boldsymbol{\Omega}_{z,DTIA} \approx \boldsymbol{\Omega}_{z,DTIAB} \tag{A1.7}$$

根据浮点解的概率分布特性,整数最小二乘归整区域的浮点解符合超椭球等高分布为

$$f_z(x) = (2\pi)^{-\frac{m}{2}} \sqrt{\det(Q_{\hat{z}\hat{z}}^{-1})} \exp\left(-\frac{\|\boldsymbol{x}-\boldsymbol{z}\|_{Q_{\hat{z}\hat{z}}}^2}{2}\right) \tag{A1.8}$$

中心整数归整区域内概率密度函数值相对于其他归整区域的概率密度函数有

$$S_{z,ILS} = \{\boldsymbol{x} \in \mathbb{R}^m, u \in \mathbb{Z}^m \mid f_z(\boldsymbol{x}) \geqslant f_u(\boldsymbol{x})\} \tag{A1.9}$$

而对于差分孔径估计中心归整区域内的点,同样有

$$f_z(x) \geqslant \sum_{u \in \mathbb{Z}^m} \boldsymbol{\omega}_u(\boldsymbol{x}) f_u(\boldsymbol{x}), \ \forall x \in \boldsymbol{\Omega}_{z,DTIA} \tag{A1.10}$$

指示函数为 $\boldsymbol{\omega}_u(\boldsymbol{x}) = \begin{cases} 1, & x \in \boldsymbol{\Omega}_{u,DTIAB} \\ 0, & \text{其他} \end{cases}$。

对(A1.10)两侧取 $\boldsymbol{\Omega}_{z,DTIA}$ 区域内的积分

$$\int_{\Omega_{z,DTIA}} f_z(\boldsymbol{x})\,\mathrm{d}x \geqslant \sum_{u \in \mathbb{Z}^m} \int_{\Omega_{z,DTIA} \cap \Omega_{u,DTIAB}} f_u(\boldsymbol{x})\,\mathrm{d}x \tag{A1.11}$$

对不等式(A1.11)右侧进行变量替换,令 $f_u(\boldsymbol{x}) \to f_u(\boldsymbol{y}+z-u) = f_z(y)$,$\boldsymbol{\Omega}_{u,DTIAB} \to \boldsymbol{\Omega}_{z,DTIAB}$,$\boldsymbol{\Omega}_{z,DTIA} \to \boldsymbol{\Omega}_{2z-u,DTIA}$,有

$$\int_{\Omega_{z,DTIA}} f_z(\boldsymbol{x})\,\mathrm{d}\boldsymbol{x} \geqslant \sum_{u \in \mathbb{Z}^m} \int_{\Omega_{2z-u,DTIA} \cap \Omega_{z,DTIAB}} f_z(\boldsymbol{y})\,\mathrm{d}\boldsymbol{y} = \int_{\Omega_{z,DTIAB}} f_z(\boldsymbol{y})\,\mathrm{d}\boldsymbol{y} \tag{A1.12}$$

根据(A1.7),有 $\left(\bigcup_{u \in \mathbb{Z}^m} \boldsymbol{\Omega}_{2z-u,DTIA}\right) \cap \boldsymbol{\Omega}_{z,DTIAB} \approx \left(\bigcup_{u \in \mathbb{Z}^m} \boldsymbol{\Omega}_{2z-u,DTIAB}\right) \cap \boldsymbol{\Omega}_{z,DTIAB} = \boldsymbol{\Omega}_{z,DTIAB}$。

最终可得

$$P(\breve{z}_{DTIA} = \boldsymbol{z}) \geqslant P(\breve{z}_{DTIAB} = \boldsymbol{z}) \tag{A1.13}$$

除此之外,由于

$$P(\breve{z}_{DTIAB} = \boldsymbol{z}) \geqslant P(\breve{a}_{DTIAB} = \boldsymbol{a}) \tag{A1.14}$$

因而同样有

$$P(\breve{z}_{DTIA} = \boldsymbol{z}) \geqslant P(\breve{a}_{DTIAB} = \boldsymbol{a}) \tag{A1.15}$$

A.3 差分孔径估计的成功率上限

令 $\rho=\sqrt{\dfrac{c_m}{ADOP^2}}$ 表示 m 维的欧几里得球。球的体积为

$$V_m=\frac{\rho^m}{c_m^{\frac{m}{2}}}=\frac{\sqrt[m]{\dfrac{c_m}{ADOP^2}}}{c_m^{\frac{m}{2}}} \tag{A1.16}$$

式中：$c_m=\dfrac{\left(\dfrac{\pi}{2}\Gamma\left(\dfrac{m}{2}\right)\right)^{\frac{m}{2}}}{\pi}$。

整数最小二乘基于 ADOP 的上界记为

$$P_{s,ILS}\leqslant P(\chi^2(m,0)\leqslant\rho^2) \tag{A1.17}$$

当整数最小二乘的归整区域放缩到差分孔径归整区域时，欧几里得球的半径同样被放缩到特定值。由于各个方向上的压缩因子大小不同，欧几里得球实际上变为超椭球。为了简便起见，这里的计算上界时仍在去相关之后。在采用孔径自举逼近整数孔径最小二乘时，放缩在各个坐标轴上进行，与之类似，这里对欧几里得球的放缩同样在各坐标轴方向上进行，即

$$\tilde{\rho}=2|x_i|\rho \quad i=1,\cdots,m \tag{A1.18}$$

超椭球半径$\tilde{\rho}$的均值表示为

$$\tilde{\rho}=\frac{\sum_{i=1}^{m}\tilde{\rho}_i}{m}=2\frac{\sum_{i=1}^{m}|x_i|\rho}{m}=2|\bar{x}|\rho \tag{A1.19}$$

式中：$|\bar{x}|=\dfrac{\sum_{i=1}^{m}|x_i|}{m}$。对于欧几里得球的体积，存在不等式

$$\prod_{i=1}^{m}\frac{\tilde{\rho}_i}{c_m^{1/2}}\leqslant\frac{\left(\dfrac{\sum_{i=1}^{m}\tilde{\rho}_i}{m}\right)^m}{c_m^{\frac{m}{2}}}\leqslant\frac{\bar{\rho}^m}{c_m^{\frac{m}{2}}} \tag{A1.20}$$

当各个半径方向上压缩因子的值相等时，等式成立。

最终差分孔径估计基于 ADOP 的上界为

$$P(\chi^2(m,0)\leqslant\bar{\rho}^2)=P(\chi^2(m,0)\leqslant 4\bar{x}^2\rho^2)=P\left(\chi^2(m,0)\leqslant\frac{4\bar{x}^2c_m}{ADOP^2}\right)\tag{A1.21}$$

最终可得

$$P(\breve{z}_{DTIA}=z)\leqslant P\left(\chi^2(m,0)\leqslant\frac{4\bar{x}^2c_m}{ADOP^2}\right)\tag{A1.22}$$

A.4 偏差干扰下整数自举估计的概率

假设去相关条件下，偏差干扰下的浮点解符合正态分布 $x\sim N(Z^{\mathrm{T}}a+Z^{\mathrm{T}}b,Q_{\hat{z}\hat{z}})$。

对于整数向量$\breve{z}=z$，偏差干扰下的整数自举估计的概率可以记作

$$P_{b,IB}(\breve{z}=z)=\int_{S_{b,z}}(2\pi)^{-\frac{m}{2}}\sqrt{\det Q_{\hat{z}\hat{z}}}^{-1}\exp\left\{-\frac{1}{2}(\boldsymbol{x}-\boldsymbol{z}-\boldsymbol{Z}^{\mathrm{T}}\boldsymbol{b})^{\mathrm{T}}Q_{\hat{z}\hat{z}}^{-1}(\boldsymbol{x}-\boldsymbol{z}-\boldsymbol{Z}^{\mathrm{T}}\boldsymbol{b})\right\}\mathrm{d}x\tag{A1.23}$$

其中 $Q_{\hat{z}\hat{z}}=\widetilde{L}\widetilde{D}\widetilde{\boldsymbol{L}}^{\mathrm{T}}$。

令 $y=L^{-1}x$，上式可继续整理为

$$\begin{aligned}&\int_{\widetilde{S}_{b,z}}(2\pi)^{-\frac{m}{2}}\sqrt{\det Q_{\hat{z}\hat{z}}}^{-1}\exp\left\{-\frac{1}{2}(\boldsymbol{x}-\boldsymbol{z}-\boldsymbol{Z}^{\mathrm{T}}\boldsymbol{b})^{\mathrm{T}}Q_{\hat{z}\hat{z}}^{-1}(\boldsymbol{x}-\boldsymbol{z}-\boldsymbol{Z}^{\mathrm{T}}\boldsymbol{b})\right\}\mathrm{d}x\\&=\int_{f(\widetilde{S}_{b,z})}(2\pi)^{-\frac{m}{2}}\sqrt{\det\widetilde{D}}^{-1}\exp\left\{-\frac{1}{2}(\boldsymbol{y}-\widetilde{L}^{-1}\boldsymbol{z}-\widetilde{L}^{-1}Z^{\mathrm{T}}\boldsymbol{b})^{\mathrm{T}}\widetilde{D}^{-1}(\boldsymbol{y}-\widetilde{L}^{-1}\boldsymbol{z}-\widetilde{L}^{-1}\boldsymbol{Z}^{\mathrm{T}}\boldsymbol{b})\right\}\mathrm{d}(y)\\&=\int_{f(\widetilde{S}_{b,z})}(2\pi)^{-\frac{m}{2}}\prod_{i=1}^{m}\sigma_{\hat{z}_{i|I}}^{-1}\exp\left\{-\frac{1}{2}\sum_{i=1}^{m}\left(\frac{\boldsymbol{c}_i^{\mathrm{T}}\boldsymbol{y}-\boldsymbol{c}_i^{\mathrm{T}}\widetilde{L}^{-1}\boldsymbol{z}-\boldsymbol{c}_i^{\mathrm{T}}\widetilde{L}^{-1}Z^{\mathrm{T}}\boldsymbol{b}}{\sigma_{\hat{z}_{i|I}}}\right)^2\right\}\mathrm{d}(y)\end{aligned}\tag{1.24}$$

式中：$\widetilde{S}_{b,0}$为去相关后的 $S_{b,0}$归整区域。变换后的整数自举归整区域有

$$f(\widetilde{S}_{b,0})=\left\{y\in\mathbb{R}^m\ \middle|\ |\boldsymbol{c}_i^{\mathrm{T}}\boldsymbol{y}|\leqslant\frac{1}{2},i=1,\cdots,m\right\}\tag{A1.25}$$

考虑到式（A1.25），式（A1.24）可继续转化为一维积分的乘积

$$\begin{aligned}P_{b,IB}(\breve{z}=\boldsymbol{z})&=\prod_{i=1}^{m}\int_{|y_i|\leqslant\frac{1}{2}}\frac{1}{\sqrt{2\pi}\sigma_{\hat{z}_{i|I}}}\exp\left\{-\frac{1}{2}\left(\frac{\boldsymbol{c}_i^{\mathrm{T}}\boldsymbol{y}-\boldsymbol{c}_i^{\mathrm{T}}\widetilde{L}^{-1}\boldsymbol{z}-\boldsymbol{c}_i^{\mathrm{T}}\widetilde{L}^{-1}Z^{\mathrm{T}}\boldsymbol{b}}{\sigma_{\hat{z}_{i|I}}}\right)^2\right\}\mathrm{d}y_i\\&=\prod_{i=1}^{m}\left(\Phi\left(\frac{1-2\boldsymbol{c}_i^{\mathrm{T}}\widetilde{L}^{-1}\boldsymbol{z}-2\boldsymbol{c}_i^{\mathrm{T}}\widetilde{L}^{-1}Z^{\mathrm{T}}\boldsymbol{b}}{2\sigma_{\hat{z}_{i|I}}}\right)+\Phi\left(\frac{1+2\boldsymbol{c}_i^{\mathrm{T}}\widetilde{L}^{-1}\boldsymbol{z}+2\boldsymbol{c}_i^{\mathrm{T}}\widetilde{L}^{-1}Z^{\mathrm{T}}\boldsymbol{b}}{2\sigma_{\hat{z}_{i|I}}}\right)-1\right)\end{aligned}\tag{A1.26}$$

当 $z=0$ 时，表示偏差干扰下整数自举估计的成功率，$z\neq 0$ 的所有向量概率之和则表示为偏差干扰下整数自举估计的失败率。

A.5 偏差干扰下整数估计成功率的上下界

首先证明偏差干扰下整数估计的上界。

对于整数归约估计、整数自举估计和整数最小二乘，其归整区域都可以看作去相关空间中的区域 U_z 的子集

$$U_z=\left\{\boldsymbol{x}\in\mathbb{R}^m \mid |\boldsymbol{f}^{\mathrm{T}}(\boldsymbol{x}-\boldsymbol{z})|\leqslant\frac{1}{2}\right\} \tag{A1.27}$$

式中：$\boldsymbol{x}\sim N(\boldsymbol{Z}^{\mathrm{T}}\boldsymbol{a}+\boldsymbol{Z}^{\mathrm{T}}\boldsymbol{b},Q_{\hat{z}\hat{z}})$，$\boldsymbol{z}=\boldsymbol{Z}^{\mathrm{T}}\boldsymbol{a}$ 以及 $\boldsymbol{x}\in U_z$。

归一化后，有

$$\frac{\boldsymbol{f}^{\mathrm{T}}(\boldsymbol{x}-\boldsymbol{Z}^{\mathrm{T}}\boldsymbol{a}-\boldsymbol{Z}^{\mathrm{T}}\boldsymbol{b})}{\|\boldsymbol{f}\|_{Q_{\hat{z}\hat{z}}^{-1}}}\sim N(0,1) \tag{A1.28}$$

将式(A1.28)代入式(A1.27)，有

$$\frac{\boldsymbol{f}^{\mathrm{T}}(\boldsymbol{x}-\boldsymbol{Z}^{\mathrm{T}}\boldsymbol{a}-\boldsymbol{Z}^{\mathrm{T}}\boldsymbol{b})}{\|\boldsymbol{f}\|_{Q_{\hat{z}\hat{z}}^{-1}}}\in\left[-\frac{1+2\boldsymbol{f}^{\mathrm{T}}\boldsymbol{Z}^{\mathrm{T}}\boldsymbol{b}}{\|\boldsymbol{f}\|_{Q_{\hat{z}\hat{z}}^{-1}}},\frac{1-2\boldsymbol{f}^{\mathrm{T}}\boldsymbol{Z}^{\mathrm{T}}\boldsymbol{b}}{\|\boldsymbol{f}\|_{Q_{\hat{z}\hat{z}}^{-1}}}\right] \tag{A1.29}$$

由于式(A1.29)的左侧变量符合正态分布，落入右侧区间内的概率可以计算为

$$P(x\in U_z)=\Phi\left(\frac{1-2\boldsymbol{f}^{\mathrm{T}}\boldsymbol{Z}^{\mathrm{T}}\boldsymbol{b}}{\|f\|_{Q_{\hat{z}\hat{z}}^{-1}}}\right)+\Phi\left(\frac{1+2\boldsymbol{f}^{\mathrm{T}}\boldsymbol{Z}^{\mathrm{T}}\boldsymbol{b}}{\|f\|_{Q_{\hat{z}\hat{z}}^{-1}}}\right)-1 \tag{A1.30}$$

对于整数归约估计，$f=c_i$；对于整数自举估计，$f=\widetilde{L}^{-1}c_i$；对于整数最小二乘，$f=\dfrac{1}{\|z\|_{Q_{\hat{z}\hat{z}}}^2}Q_{\hat{z}\hat{z}}^{-1}z$。

对于三种整数估计的下界，可以取作椭圆区域 L_z 的子集，有

$$L_z=\{x\in\mathbb{R}^m \mid (\boldsymbol{x}-\boldsymbol{z})^{\mathrm{T}}Q_{\hat{z}\hat{z}}^{-1}(\boldsymbol{x}-\boldsymbol{z})\leqslant\chi_0^2\} \tag{A1.31}$$

式中：χ_0^2 为待定的正常数。一旦 χ_0^2 的数值确定，去相关空间中的成功率下界可以表示为

$$P(\boldsymbol{x}\in L_z)=P(\chi^2(m,\|\boldsymbol{Z}^{\mathrm{T}}\boldsymbol{b}\|_{Q_{\hat{z}\hat{z}}}^2)\leqslant\chi_0^2) \tag{A1.32}$$

式中：$\chi^2(m,\|\boldsymbol{Z}^{\mathrm{T}}\boldsymbol{b}\|_{Q_{\hat{z}\hat{z}}}^2)$ 为自由度为 m，非中心参数为 $\|\boldsymbol{Z}^{\mathrm{T}}\boldsymbol{b}\|_{Q_{\hat{z}\hat{z}}}^2=(\boldsymbol{Z}^{\mathrm{T}}\boldsymbol{b})^{\mathrm{T}}Q_{\hat{z}\hat{z}}^{-1}\boldsymbol{Z}^{\mathrm{T}}\boldsymbol{b}$ 的

χ^2 分布。

常数χ_0^2 的选择可以参考文献[159],唯一的区别在于这里仅考虑去相关空间中的取值。

因此,对于整数归约估计,$\chi_0^2=\frac{1}{4}\frac{1}{\max\sigma_{\hat{z}_i}^2}$;对于整数自举估计,$\chi_0^2=\frac{1}{4}\frac{1}{\max\sigma_{\hat{z}_{i|I}}^2}$;对于整数最小二乘,$\chi_0^2=\frac{1}{4}\min\limits_{z\in\mathbf{Z}^m/\{0\}}\|z\|_{Q_{\hat{z}\hat{z}}}^2$。

附　录　B

B.1　偏差干扰下整数孔径自举估计的概率

假设去相关空间中浮点解的统计分布符合 $\boldsymbol{x} \sim N(\boldsymbol{Z}^{\mathrm{T}}\boldsymbol{a}+\boldsymbol{Z}^{\mathrm{T}}\boldsymbol{b}, Q_{\hat{z}\hat{z}})$。

类似于文献[64]无干扰下整数孔径估计概率的表达式，偏差干扰下去相关空间中每个整数向量对应的概率表达式推导如下：

$$
\begin{aligned}
P_{b,IAB}(\breve{z}=\boldsymbol{z}) &= \int_{\Omega_{z,IAB}} f_{\hat{z}}(\boldsymbol{x})\,\mathrm{d}\boldsymbol{x} \\
&= \int_{S_{z,IB}} \mu f_{\hat{z}}(\mu\boldsymbol{y})\,\mathrm{d}\boldsymbol{y} \\
&= \int_{\mu S_{z,IB}} (2\pi)^{-\frac{m}{2}}\sqrt{\det Q_{\hat{z}\hat{z}}}^{-1}\exp\left\{-\frac{1}{2}(\mu\boldsymbol{y}-z-\boldsymbol{Z}^{\mathrm{T}}\boldsymbol{b})^{\mathrm{T}}Q_{\hat{z}\hat{z}}^{-1}(\mu\boldsymbol{y}-z-\boldsymbol{Z}^{\mathrm{T}}\boldsymbol{b})\right\}\mathrm{d}\boldsymbol{y} \\
&= \int_{\Omega_{z,IAB}} (2\pi)^{-\frac{m}{2}}\sqrt{\det\widetilde{D}}^{-1}\exp\left\{-\frac{\mu^2}{2}\left(\tilde{y}-\frac{\widetilde{L}^{-1}z+\widetilde{L}^{-1}\boldsymbol{Z}^{\mathrm{T}}\boldsymbol{b}}{\mu}\right)^{T}\widetilde{D}^{-1}\left(\tilde{\boldsymbol{y}}-\frac{\widetilde{L}^{-1}z+\widetilde{L}^{-1}\boldsymbol{Z}^{\mathrm{T}}\boldsymbol{b}}{\mu}\right)\right\}\mathrm{d}\tilde{\boldsymbol{y}} \\
&= \int_{\Omega_{z,IAB}} (2\pi)^{-\frac{m}{2}}\prod_{i=1}^{m}\sigma_{\hat{z}_{i|I}}^{-1}\exp\left\{-\frac{\mu^2}{2}\sum_{i=1}^{m}\left(\frac{\mu\boldsymbol{c}_i^{\mathrm{T}}\tilde{\boldsymbol{y}}-(\boldsymbol{c}_i^{\mathrm{T}}\widetilde{L}^{-1}z+\boldsymbol{c}_i^{\mathrm{T}}\widetilde{L}^{-1}\boldsymbol{Z}^{\mathrm{T}}\boldsymbol{b})}{\mu\sigma_{\hat{z}_{i|I}}}\right)^2\right\}\mathrm{d}\tilde{\boldsymbol{y}} \\
&= \prod_{i=1}^{m}\int_{\Omega_{z,IAB}} (2\pi)^{-\frac{1}{2}}\sigma_{\hat{z}_{i|I}}^{-1}\exp\left\{-\frac{1}{2}\left(\frac{\mu\boldsymbol{c}_i^{\mathrm{T}}\tilde{\boldsymbol{y}}-(\boldsymbol{c}_i^{\mathrm{T}}\widetilde{L}^{-1}z+\boldsymbol{c}_i^{\mathrm{T}}\widetilde{L}^{-1}\boldsymbol{Z}^{\mathrm{T}}\boldsymbol{b})}{\sigma_{\hat{z}_{i|I}}}\right)^2\right\}\mathrm{d}\tilde{\boldsymbol{y}}_i \\
&= \prod_{i=1}^{m}\left(\Phi\left(\frac{\mu-2(\boldsymbol{c}_i^{\mathrm{T}}\widetilde{L}^{-1}z+\boldsymbol{c}_i^{\mathrm{T}}\widetilde{L}^{-1}\boldsymbol{Z}^{\mathrm{T}}\boldsymbol{b})}{2\sigma_{\hat{z}_{i|I}}}\right)+\Phi\left(\frac{\mu+2(\boldsymbol{c}_i^{\mathrm{T}}\widetilde{L}^{-1}z+\boldsymbol{c}_i^{\mathrm{T}}\widetilde{L}^{-1}\boldsymbol{Z}^{\mathrm{T}}\boldsymbol{b})}{2\sigma_{\hat{z}_{i|I}}}\right)-1\right)
\end{aligned}
\tag{B2.1}
$$

式中：$\boldsymbol{x}\in\Omega_{z,IAB}$；$\boldsymbol{y}\in S_{z,IB}$；$\Omega_{z,IAB}\subset S_{z,IB}$；$\Omega_{z,IAB}=\mu S_{z,IB}$；$\boldsymbol{x}=\mu y$ 且 $\tilde{\boldsymbol{y}}=\widetilde{L}^{-1}y$。

通常默认整数向量 $\boldsymbol{z}=0$ 时为模糊度的真值，此时式(B2.1)又称为整数孔径自举估计的成功率，最终简化为

$$
P_{b,s,IAB}=\prod_{i=1}^{m}\left(\Phi\left(\frac{\mu-2\boldsymbol{c}_i\widetilde{L}^{-1}\boldsymbol{Z}^{\mathrm{T}}\boldsymbol{b}}{2\sigma_{\hat{z}_{i|I}}}\right)+\Phi\left(\frac{\mu+2\boldsymbol{c}_i\widetilde{L}^{-1}\boldsymbol{Z}^{\mathrm{T}}\boldsymbol{b}}{2\sigma_{\hat{z}_{i|I}}}\right)-1\right)
\tag{B2.2}
$$

若 $z\neq 0$,所有整数向量 z 的和称为整数孔径自举估计的失败率,记为

$$P_{b,f,IAB}=\sum_{z\in \mathbf{Z}^m/\{0\}}\prod_{i=1}^{m}\left(\Phi\left(\frac{\mu-2\boldsymbol{c}_i^{\mathrm{T}}L^{-1}\boldsymbol{z}-2\boldsymbol{c}_i^{\mathrm{T}}L^{-1}\boldsymbol{Z}^{\mathrm{T}}\boldsymbol{b}}{2\sigma_{\hat{z}_{i|I}}}\right)+\Phi\left(\frac{\mu+2\boldsymbol{c}_i^{\mathrm{T}}L^{-1}\boldsymbol{z}+2\boldsymbol{c}_i^{\mathrm{T}}L^{-1}\boldsymbol{b}}{2\sigma_{\hat{z}_{i|I}}}\right)-1\right) \tag{B2.3}$$

B.2 偏差干扰下差分(W-比例)孔径自举估计的概率

类似于 B.1 中的证明,同样可以推导出差分孔径估计的概率表达式。

假设 $\boldsymbol{x}\in\Omega_{z,DTIAB}(\boldsymbol{c}_i)$、$\boldsymbol{y}\in S_{z,IB}(\boldsymbol{c}_i)$、$\Omega_{z,DTIAB}=\bigcup_{i=1}^{m}\Omega_{z,DTIAB}(\boldsymbol{c}_i)=\bigcup_{i=1}^{m}2\,|x_i|_D S_{z,IB}(\boldsymbol{c}_i)$、$S_{z,IB}=\bigcup_{i=1}^{m}S_{z,IB}(\boldsymbol{c}_i)$、$x=2\,|x_i|_D\boldsymbol{y}$ 且 $\tilde{\boldsymbol{y}}=\tilde{L}^{-1}\boldsymbol{y}$,那么有

$$\begin{aligned}
&P_{b,DTIAB}(\breve{\boldsymbol{z}}=\boldsymbol{z})\\
&=\int_{\Omega_{z,DTIAB}} f_{\hat{z}}(x)\,\mathrm{d}\boldsymbol{x}\\
&=\int_{\bigcup_{i=1}^{m}S_{z,IB}(c_i)} 2\,|x_i|_D f_{\hat{z}}(2\,|x_i|_D y)\,\mathrm{d}\boldsymbol{y}\\
&=\int_{\bigcup_{i=1}^{m}2|x_i|_D S_{z,IB}(c_i)} (2\pi)^{-\frac{m}{2}}\sqrt{\det Q_{\hat{z}\hat{z}}}^{-1}\exp\left\{-\frac{4\,|x_i|_D^2}{2}\left(y-\frac{\boldsymbol{z}+\boldsymbol{Z}^{\mathrm{T}}\boldsymbol{b}}{2\,|x_i|_D}\right)^{\mathrm{T}}Q_{\hat{z}\hat{z}}^{-1}\left(y-\frac{\boldsymbol{z}+\boldsymbol{Z}^{\mathrm{T}}\boldsymbol{b}}{2\,|x_i|_D}\right)\right\}\mathrm{d}\boldsymbol{y}\\
&=\int_{\bigcup_{i=1}^{m}2|x_i|_D S_{z,IB}(c_i)} (2\pi)^{-\frac{m}{2}}\sqrt{\det\tilde{D}}^{-1}\exp\left\{-\frac{4\,|x_i|_D^2}{2}\left(\tilde{y}-\frac{\tilde{L}^{-1}\boldsymbol{z}+\tilde{L}^{-1}\boldsymbol{Z}^{\mathrm{T}}\boldsymbol{b}}{2\,|x_i|_D}\right)^{\mathrm{T}}\tilde{D}^{-1}\left(\tilde{y}-\frac{\tilde{L}^{-1}\boldsymbol{z}+\tilde{L}^{-1}\boldsymbol{Z}^{\mathrm{T}}\boldsymbol{b}}{2\,|x_i|_D}\right)\right\}\mathrm{d}\boldsymbol{y}\\
&=\int_{\Omega_{z,DTIAB}}(2\pi)^{-\frac{m}{2}}\prod_{i=1}^{m}\sigma_{\hat{z}_{i|I}}^{-1}\exp\left\{-\frac{4\,|x_i|_D^2}{2}\sum_{i=1}^{m}\left(\frac{2\,|x_i|_D\boldsymbol{c}_i^{\mathrm{T}}\tilde{y}-(\boldsymbol{c}_i^{\mathrm{T}}\tilde{L}^{-1}\boldsymbol{z}+\boldsymbol{c}_i^{\mathrm{T}}\tilde{L}^{-1}\boldsymbol{Z}^{\mathrm{T}}\boldsymbol{b})}{2\,|x_i|_D\sigma_{\hat{z}_{i|I}}}\right)^2\right\}\mathrm{d}\boldsymbol{y}\\
&=\prod_{i=1}^{m}\int_{\Omega_{z,DTIAB}}(2\pi)^{-\frac{1}{2}}\sigma_{\hat{z}_{i|I}}^{-1}\exp\left\{-\frac{1}{2}\left(\frac{2\,|x_i|_D\boldsymbol{c}_i^{\mathrm{T}}\tilde{\boldsymbol{y}}-(\boldsymbol{c}_i^{\mathrm{T}}\tilde{L}^{-1}\boldsymbol{z}+\boldsymbol{c}_i^{\mathrm{T}}\tilde{L}^{-1}\boldsymbol{Z}^{\mathrm{T}}\boldsymbol{b})}{\sigma_{\hat{z}_{i|I}}}\right)^2\right\}\mathrm{d}\boldsymbol{y}_i\\
&=\prod_{i=1}^{m}\left(\Phi\left(\frac{|x_i|_D-(\boldsymbol{c}_i^{\mathrm{T}}\tilde{L}^{-1}\boldsymbol{z}+\boldsymbol{c}_i^{\mathrm{T}}\tilde{L}^{-1}\boldsymbol{Z}^{\mathrm{T}}\boldsymbol{b})}{\sigma_{\hat{z}_{i|I}}}\right)+\Phi\left(\frac{|x_i|_D+(\boldsymbol{c}_i^{\mathrm{T}}\tilde{L}^{-1}\boldsymbol{z}+\boldsymbol{c}_i^{\mathrm{T}}\tilde{L}^{-1}\boldsymbol{Z}^{\mathrm{T}}\boldsymbol{b})}{\sigma_{\hat{z}_{i|I}}}\right)-1\right)
\end{aligned} \tag{B2.4}$$

式中:$|x_i|_D=\dfrac{\|c\|_{Q_{\hat{z}\hat{z}}}^2-\mu_{DT}}{\|c\|_{Q_{\hat{z}\hat{z}}}^2}$。

当 $\boldsymbol{z}=0$ 时,方程式(B2.4)称为偏差干扰下差分孔径自举估计的成功率,

记为

$$P_{b,s,DTIAB}=\prod_{i=1}^{m}\left(\Phi\left(\frac{|x_i|_D-\boldsymbol{c}_i^{\mathrm{T}}\widetilde{L}^{-1}\boldsymbol{Z}^{\mathrm{T}}\boldsymbol{b}}{\sigma_{\hat{z}_{i|I}}}\right)+\Phi\left(\frac{|x_i|_D+\boldsymbol{c}_i^{\mathrm{T}}\widetilde{L}^{-1}\boldsymbol{Z}^{\mathrm{T}}\boldsymbol{b}}{\sigma_{\hat{z}_{i|I}}}\right)-1\right) \tag{B2.5}$$

同样,偏差干扰下 W-比例孔径估计可按照类似的方法进行推导。

B.3 偏差干扰下整数孔径估计的成功率上下界

首先推导整数孔径自举估计对应的成功率上下界。

令 $x\in S_{z,IB}$、$y\in\Omega_{z,IAB}$ 且 $\boldsymbol{y}=\mu\boldsymbol{x}$,偏差干扰下整数孔径自举估计的成功率下界可以看作椭圆区域 $L_{0,IAB}$ 的子集

$$\begin{aligned}L_{0,IAB}&=\{\boldsymbol{y}\in\mathbb{R}^m \mid \boldsymbol{y}^{\mathrm{T}}Q_{\hat{z}\hat{z}}^{-1}\boldsymbol{y}\leqslant\chi^2_{0,IAB}\}\\&=\{\boldsymbol{x}\in\mathbb{R}^m \mid \mu^2\boldsymbol{x}^{\mathrm{T}}Q_{\hat{z}\hat{z}}^{-1}x\leqslant\chi^2_{0,IAB}\}\\&=\left\{\boldsymbol{x}\in\mathbb{R}^m \mid \boldsymbol{x}^{\mathrm{T}}Q_{\hat{z}\hat{z}}^{-1}\boldsymbol{x}\leqslant\frac{\chi^2_{0,IAB}}{\mu^2}\right\}\end{aligned} \tag{B2.6}$$

由于 $L_{0,IAB}\subset L_{0,IB}$,因而有

$$\frac{\chi^2_{0,IAB}}{\mu^2}\leqslant\frac{1}{4}\frac{1}{\max\sigma^2_{\hat{z}_{i|I}}} \tag{B2.7}$$

因此,$\chi^2_{0,IAB}$ 的最大值可以取作 $\frac{\mu^2}{4}\frac{1}{\max\sigma^2_{\hat{z}_{i|I}}}$。去相关空间中,偏差干扰下整数孔径自举估计的概率下界可以记作

$$P(y\in L_{0,IAB})=P(\chi^2(m,\|\boldsymbol{Z}^{\mathrm{T}}b\|^2_{Q_{\hat{z}\hat{z}}})\leqslant\chi^2_{0,IAB}) \tag{B2.8}$$

当 $\chi^2_{0,IAB}=\frac{\mu^2}{4}\frac{1}{\max\sigma^2_{\hat{z}_{i|I}}}$ 时,$P(y\in L_{0,IAB})$ 为最紧下界。

对应的上界同样可以看作集合 $U_{0,IAB}$ 的子集

$$\begin{aligned}U_{0,IAB}&=\left\{\boldsymbol{x}\in\mathbb{R}^m \mid \frac{|\boldsymbol{f}^{\mathrm{T}}\boldsymbol{x}|}{\mu}\leqslant\frac{1}{2}\right\}\\&=\left\{\boldsymbol{x}\in\mathbb{R}^m \mid |\boldsymbol{f}_{IAB}^{\mathrm{T}}\boldsymbol{x}|\leqslant\frac{1}{2}\right\}\end{aligned} \tag{B2.9}$$

这里 $\boldsymbol{x}\sim N(\boldsymbol{Z}^{\mathrm{T}}\boldsymbol{b},Q_{\hat{z}\hat{z}})$。

进一步单位化,忽略具体的推导过程,最终有

$$\frac{\boldsymbol{f}_{IAB}^{\mathrm{T}}(\boldsymbol{x}-Z^{\mathrm{T}}\boldsymbol{b})}{\|\boldsymbol{f}_{IAB}\|_{Q_{\hat{z}\hat{z}}^{-1}}}\in\left[-\frac{1+2\boldsymbol{f}_{IAB}^{\mathrm{T}}Z^{\mathrm{T}}\boldsymbol{b}}{2\|\boldsymbol{f}_{IAB}\|_{Q_{\hat{z}\hat{z}}^{-1}}},\frac{1-2\boldsymbol{f}_{IAB}^{\mathrm{T}}Z^{\mathrm{T}}\boldsymbol{b}}{2\|\boldsymbol{f}_{IAB}\|_{Q_{\hat{z}\hat{z}}^{-1}}}\right] \tag{B2.10}$$

因而,最终偏差干扰下的整数孔径自举估计成功率上界记作

$$P(x \in U_{0,IAB}) = \Phi\left(\frac{1-2\boldsymbol{f}_{IAB}^{\mathrm{T}}\boldsymbol{Z}^{\mathrm{T}}\boldsymbol{b}}{2\|\boldsymbol{f}_{IAB}\|_{Q_{\hat{z}\hat{z}}^{-1}}}\right)+\Phi\left(\frac{1+2\boldsymbol{f}_{IAB}^{\mathrm{T}}\boldsymbol{Z}^{\mathrm{T}}\boldsymbol{b}}{2\|\boldsymbol{f}_{IAB}\|_{Q_{\hat{z}\hat{z}}^{-1}}}\right)-1 \tag{B2.11}$$

式中：$f_{IAB}=\dfrac{\widetilde{L}^{-1}c_i}{\mu}$。

为了使上下界的约束更紧，可以取上界的最小值和下界的最大值。最终其上下界表达式概括为

$$P(\chi^2(m,\|Z^{\mathrm{T}}\boldsymbol{b}\|_{Q_{\hat{z}\hat{z}}}^2)\leqslant\chi_{0,IAB}^2)\leqslant P_{b,s,IAB}\leqslant\min_{c_i}\left(\Phi\left(\frac{1-2\boldsymbol{f}_{IAB}^{T}\boldsymbol{Z}^{\mathrm{T}}\boldsymbol{b}}{2\|\boldsymbol{f}_{IAB}\|_{Q_{\hat{z}\hat{z}}^{-1}}}\right)+\Phi\left(\frac{1+2\boldsymbol{f}_{IAB}^{\mathrm{T}}\boldsymbol{Z}^{\mathrm{T}}\boldsymbol{b}}{2\|\boldsymbol{f}_{IAB}\|_{Q_{\hat{z}\hat{z}}^{-1}}}\right)-1\right) \tag{B2.12}$$

其次，推导整数孔径最小二乘对应的上下界。

整数孔径最小二乘的下界可以看作椭圆集合 $L_{0,IALS}$ 的概率子集，有

$$\begin{aligned} L_{0,IALS} &= \{\boldsymbol{y}\in\mathbb{R}^m \mid \boldsymbol{y}^{\mathrm{T}}Q_{\hat{z}\hat{z}}^{-1}\boldsymbol{y}\leqslant\chi_{0,IALS}^2\} \\ &= \{\boldsymbol{x}\in\mathbb{R}^m \mid \mu^2\boldsymbol{x}^{\mathrm{T}}Q_{\hat{z}\hat{z}}^{-1}\boldsymbol{x}\leqslant\chi_{0,IALS}^2\} \\ &= \left\{\boldsymbol{x}\in\mathbb{R}^m \mid \boldsymbol{x}^{\mathrm{T}}Q_{\hat{z}\hat{z}}^{-1}\boldsymbol{x}\leqslant\frac{\chi_{0,IALS}^2}{\mu^2}\right\} \end{aligned} \tag{B2.13}$$

由于 $L_{0,IALS}\subset L_{0,ILS}$，继而有

$$\frac{\chi_{0,IALS}^2}{\mu^2}\leqslant\frac{\mu^2}{4}\min_{z\in\mathbb{Z}^m/\{0\}}\|\boldsymbol{z}\|_{Q_{\hat{z}\hat{z}}}^2 \tag{B2.14}$$

因此，$\chi_{0,IALS}^2=\dfrac{\mu^2}{4}\min\limits_{z\in\mathbb{Z}^m/\{0\}}\|\boldsymbol{z}\|_{Q_{\hat{z}\hat{z}}}^2$ 时，偏差干扰下整数孔径最小二乘的成功率下界有最大值，记为

$$P(y\in L_{0,IALS})=P(\chi^2(m,\|\boldsymbol{Z}^{\mathrm{T}}\boldsymbol{b}\|_{Q_{\hat{z}\hat{z}}}^2)\leqslant\chi_{0,IALS}^2) \tag{B2.15}$$

对应的上界同样可以看作区域 $U_{0,IALS}$ 的子集，有

$$\begin{aligned} U_{0,IALS} &= \left\{\boldsymbol{x}\in\mathbb{R}^m \mid \frac{|\boldsymbol{f}^{\mathrm{T}}\boldsymbol{x}|}{\mu}\leqslant\frac{1}{2}\right\} \\ &= \left\{\boldsymbol{x}\in\mathbb{R}^m \mid |\boldsymbol{f}_{IALS}^{\mathrm{T}}\boldsymbol{x}|\leqslant\frac{1}{2}\right\} \end{aligned} \tag{B2.16}$$

式中：$f_{IALS}=\dfrac{1}{\mu\|\boldsymbol{z}\|_{Q_{\hat{z}\hat{z}}}^2}Q_{\hat{z}\hat{z}}^{-1}\boldsymbol{z}$。

类似的，其上界的概率表达式最终写为

$$P(\boldsymbol{x}\in U_{0,IALS})=\Phi\left(\frac{1-2\boldsymbol{f}_{IALS}^{\mathrm{T}}\boldsymbol{Z}^{\mathrm{T}}\boldsymbol{b}}{2\|\boldsymbol{f}_{IALS}\|_{Q_{\hat{z}\hat{z}}^{-1}}}\right)+\Phi\left(\frac{1+2\boldsymbol{f}_{IALS}^{\mathrm{T}}\boldsymbol{Z}^{\mathrm{T}}\boldsymbol{b}}{2\|\boldsymbol{f}_{IALS}\|_{Q_{\hat{z}\hat{z}}^{-1}}}\right)-1 \tag{B2.17}$$

结合方程式（B2.15）和式（B2.17），偏差干扰下整数孔径最小二乘的成功

率最紧上下界为

$$P(\chi^2(m,\|\boldsymbol{Z}^{\mathrm{T}}\boldsymbol{b}\|_{Q_{\hat{z}\hat{z}}}^2)\leqslant\chi_{0,IALS}^2)\leqslant P_{b,s,IALS}\leqslant\min_{f_{IALS}}\left(\Phi\left(\frac{1-2\boldsymbol{f}_{IALS}^{\mathrm{T}}Z^{\mathrm{T}}\boldsymbol{b}}{2\|\boldsymbol{f}_{IALS}\|_{Q_{\hat{z}\hat{z}}^{-1}}}\right)+\Phi\left(\frac{1+2\boldsymbol{f}_{IALS}^{\mathrm{T}}Z^{\mathrm{T}}\boldsymbol{b}}{2\|\boldsymbol{f}_{IALS}\|_{Q_{\hat{z}\hat{z}}^{-1}}}\right)-1\right)$$

(B2.18)

最后,简要给出偏差干扰下差分孔径估计和 W-比例孔径估计的成功率上下界。

由于不同方向上的放缩因子大小不同,近似椭圆应该相对保守从而保证没有区域落在差分孔径归整区域的外部,而最保守的方法应取所有方向上放缩因子的最小值 $\min(T_D(c))$,$T_D(c)$ 的取值参考第 4 章相关章节。

忽略重复的推导过程,偏差干扰下差分孔径估计的成功率下界可推导为

$$P(y\in L_{0,DTIA})=P(\chi^2(m,\|\boldsymbol{Z}^{\mathrm{T}}b\|_{Q_{\hat{z}\hat{z}}}^2)\leqslant\chi_{0,DTIA}^2)\qquad(2.19)$$

式中:$\chi_{0,DTIA}^2=\min\limits_{c\in\mathbb{Z}^m/\{0\}}\dfrac{T_D(c)^2}{4}\|c\|_{Q_{\hat{z}\hat{z}}}^2$。

对应的上界可以看作 $U_{0,DTIA}$ 的子集,有

$$\begin{aligned}U_{0,DTIA}&=\left\{\boldsymbol{x}\in\mathbb{R}^m\mid\frac{\boldsymbol{c}^{\mathrm{T}}Q_{\hat{z}\hat{z}}^{-1}\boldsymbol{x}}{\|\boldsymbol{c}\|_{Q_{\hat{z}\hat{z}}}^2-\mu}\leqslant\frac{1}{2}\right\}\\&=\left\{\boldsymbol{x}\in\mathbb{R}^m\mid|\boldsymbol{f}_{DTIA}^{\mathrm{T}}\boldsymbol{x}|\leqslant\frac{1}{2}\right\}\end{aligned}\qquad(B2.20)$$

同样忽略重复推导,该区域对应的概率为

$$P(\boldsymbol{x}\in U_{0,DTIA})=\Phi\left(\frac{1-2\boldsymbol{f}_{DTIA}^{\mathrm{T}}Z^{\mathrm{T}}\boldsymbol{b}}{2\|\boldsymbol{f}_{DTIA}\|_{Q_{\hat{z}\hat{z}}^{-1}}}\right)+\Phi\left(\frac{1+2\boldsymbol{f}_{DTIA}^{\mathrm{T}}Z^{\mathrm{T}}\boldsymbol{b}}{2\|\boldsymbol{f}_{DTIA}\|_{Q_{\hat{z}\hat{z}}^{-1}}}\right)-1\qquad(B2.21)$$

式中:$f_{DTIA}=\dfrac{1}{\|\boldsymbol{c}\|_{Q_{\hat{z}\hat{z}}}^2-\mu}Q_{\hat{z}\hat{z}}^{-1}\boldsymbol{c}$。

最终,偏差干扰下差分孔径估计成功率的最紧上下界

$$P(\chi^2(m,\|\boldsymbol{Z}^{\mathrm{T}}\boldsymbol{b}\|_{Q_{\hat{z}\hat{z}}}^2)\leqslant\chi_{0,DTIA}^2)\leqslant P_{b,s,DTIA}\leqslant\min_{f_{DTIA}}\left(\Phi\left(\frac{1-2\boldsymbol{f}_{DTIA}^{\mathrm{T}}\boldsymbol{Z}^{\mathrm{T}}\boldsymbol{b}}{2\|\boldsymbol{f}_{DTIA}\|_{Q_{\hat{z}\hat{z}}^{-1}}}\right)+\Phi\left(\frac{1+2\boldsymbol{f}_{DTIA}^{\mathrm{T}}\boldsymbol{Z}^{\mathrm{T}}\boldsymbol{b}}{2\|\boldsymbol{f}_{DTIA}\|_{Q_{\hat{z}\hat{z}}^{-1}}}\right)-1\right)$$

(B2.22)

W-比例孔径估计的相关结论可参考差分孔径估计进行推导,这里不再赘述。

附　录　C

C.1　概率比例因子性质 1 的证明

正态分布的概率密度函数给出如下 $x\in N(0,\sigma^2)$

$$f(x)=\frac{1}{\sqrt{2\pi}\sigma}\exp\left(-\frac{x^2}{2\sigma^2}\right) \tag{C3.1}$$

由于 $f(x)$ 是偶函数关于 y 轴对称，因而这里主要讨论 $(0,+\infty)$ 区间的性质，另一个对称区间的性质可以类似地推导出来。概率密度函数式(C3.1)的一阶微分为

$$\frac{\partial f}{\partial x}=-\frac{x}{\sqrt{2\pi}\sigma}\exp\left(-\frac{x^2}{2\sigma^2}\right)<0 \tag{C3.2}$$

二阶微分为

$$\frac{\partial f^2}{\partial^2 x}=-\frac{1}{\sqrt{2\pi}\sigma^3}\exp\left(-\frac{x^2}{2\sigma^2}\right)+\frac{x^2}{\sqrt{2\pi}\sigma^5}\exp\left(-\frac{x^2}{2\sigma^2}\right) \tag{C3.3}$$

从式(C3.2)和式(C3.3)可得，当 $x\in U\subset(\sigma,+\infty)$，$f(x)$ 是一个单调递减的凸函数。根据 Jensity 不等式，有

$$\int_U f(x)\mathrm{d}x=f(\xi(x))\geqslant f(x_0) \tag{C3.4}$$

其中，$x_0=z_i(k)-a_i$。类似的，可以得到 $f(\xi_x(x))\geqslant f(x_0)$。

由于 $f(x)$ 为减函数，明显有 $\xi(x)\leqslant x_0$ 以及 $\xi_x(x)\leqslant x_0$。

如果 $\xi_x(x)<\xi(x)$，那么 $f(\xi_x(x))>f(\xi(x))$。当 $|x_i|\to 0$ 时

$$\lim_{|x_i|\to 0} f(\xi_x(x))=f(x_0)>f(\xi(x)) \tag{C3.5}$$

这与式(C3.4)中的不等式是矛盾的。据此可知 $\xi_x(x)\geqslant\xi(x)$，且

$$f(\xi_x(x))\leqslant f(\xi(x)) \tag{C3.6}$$

由于 $f(x)$ 为偶函数，因而当 $U\subset(-\infty,-\sigma)$ 时，$f(x)$ 是一个单调递增的凸函数。同样根据反证法，可以推出此时 $\xi_x(x)\leqslant\xi(x)$，且

$$f(\xi_x(x)) \geqslant f(\xi(x)) \tag{C3.7}$$

性质 1 得证。

C.2 概率比例因子性质 2 的证明

令性质 1 中的 $\xi_x = x_0 + \delta_x, \xi = x_0 + \delta$ 以及 $x_0 = z_i(k) - a_i$，当 $U \subset (\sigma, +\infty)$ 时，基于性质 1 有 $\delta_x \geqslant \delta$。然后有

$$\frac{f(\xi_x(k))}{f(\xi(k))} = \exp\left(\frac{2(\delta - \delta_x)(z_i(k) - a_i) + \delta_x^2 - \delta^2}{2\sigma^2}\right) \tag{C3.8}$$

当 $z_i(k) \to \infty$ 时，$2(\delta - \delta_x)(z_i(k) - a_i) \to -\infty$，然后有

$$\lim_{z_i(k) \to +\infty} \frac{f(\xi_x(k))}{f(\xi(k))} = 0 \tag{C3.9}$$

由于 $0 < |x_i| \leqslant 1, 2|x_i| \leqslant 1$，那么有

$$\lim_{z_i(k) \to +\infty} 2|x_i| \frac{f(\xi_x(k))}{f(\xi(k))} = 0 \tag{C3.10}$$

如果 $z_i(k) \to +\infty$，那么概率比例因子的极限将有

$$\lim_{k \to +\infty} \frac{P_{f,DTIA}(k,\mu)}{P_{f,ILS}(k,\mu)} \approx \lim_{k \to +\infty} \prod_{i=1}^{m} 2|x_i| \frac{f(\xi_x(k))}{f(\xi(k))} = 0 \tag{C3.11}$$

类似的，在区间 $U \subset (-\infty, -\sigma)$，同样有

$$\lim_{k \to \infty} \frac{P_{f,DTIA}(k,\mu)}{P_{f,ILS}(k,\mu)} = 0 \tag{C3.12}$$

证毕。

附　录　D

6.1.1 节定理的证明

若 $x_R \in \Omega_{0,R}$ 且 $x_R \notin \Omega_{0,D}$，意味着该浮点解通过比例检测未通过差分检测，有

$$R_2-\mu_D \leqslant R_1 \leqslant \mu_R R_2 \tag{D4.1}$$

据此可知 $0<R_2 \leqslant \dfrac{\mu_D}{1-\mu_R}$。类似地，若 $x_D \in \Omega_{0,D}$ 且 $x_D \notin \Omega_{0,R}$，即通过差分检测未通过比例检测，有

$$\mu_R \overline{R}_2 \leqslant \overline{R}_1 \leqslant \overline{R}_2-\mu_D \tag{D4.2}$$

此时有 $\overline{R}_2 \geqslant \dfrac{\mu_D}{1-\mu_R}$。

由于 μ_D 和 μ_R 均根据固定失败率法确定，根据前面的数值关系，此时有

$$R_2 \leqslant \overline{R}_2 \tag{D4.3}$$

继而

$$R_1 \leqslant \mu_R R_2 \leqslant \mu_R \overline{R}_2 \leqslant \overline{R}_1 \tag{D4.4}$$

最终可得

$$f(x_R)=C\exp\left(-\frac{R_1}{2}\right) \geqslant C\exp\left(-\frac{\overline{R}_1}{2}\right)=f(x_D) \tag{D4.5}$$

由于 $\Omega_{0,R} \cap \Omega_{0,D}=\varnothing$，最终有

$$f(x_R)>f(x_D) \tag{D4.6}$$

证毕。

附录 E　定位和定向的关系

定向的本质是求解单基线上一个接收机相对于参考接收机的位置矢量的方向,因而其理论基础仍然是相对定位,定向和定位存在一定的数学关系。

图 D. 1 中 R1 和 R2 为两个接收机组成的接收机,R1 设为参考接收机,R2 为移动接收机,δ 为 R2 根据相对定位测得的定向精度。当 R2 的位置变化方向垂直于基线 R1-R2 时,基线矢量 R1-R2 的方向角变化量最大,设方向角的变化量为 θ,基线长度为 L 时,定位变化量 δ 与定向变化量关系为

$$\theta = \arctan \frac{\delta}{L} \tag{E5. 1}$$

对于不同的基线长度,定位变化量和定向变化量的关系如图 D. 2 所示。

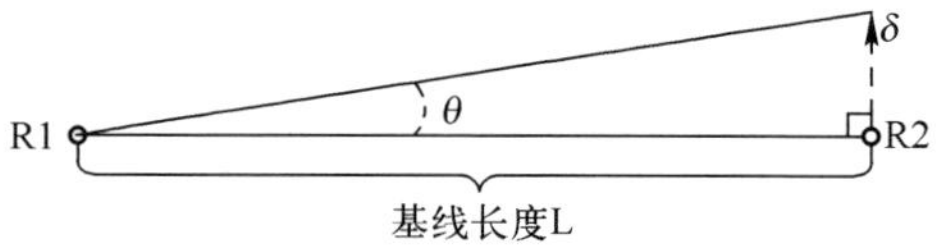

图 D. 1　定位精度与定向精度关系的原理图

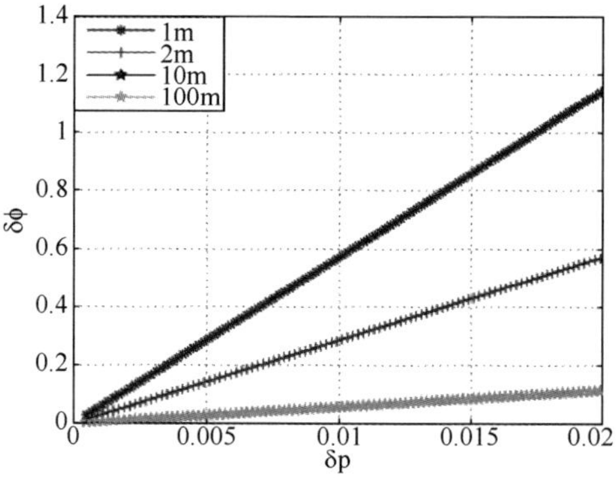

图 D. 2　位置变化量和方向角变化量的关系

从图 D. 2 可以看到,对于同样的位置变化量,基线长度越长,对方向角的影响越小,对于 2m 长度的短基线而言,1cm 的位置变化量将导致最大达到 0. 3°的方向角变化。因而在单历元模糊度解算成功,实现厘米级以内的相对定位后,可以实现 1°以内的定向精度,通过采用滤波等数据处理方式,可以达到更高的定向精度,目前的商用单基线定向系统通常可以实现$\frac{0.2}{L}$的定向精度。

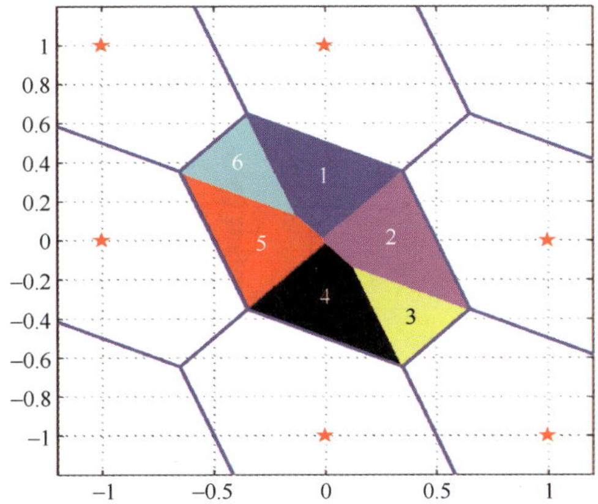

图 3.6　去相关后，最优解归整区域中的不同子区域所对应的次优解

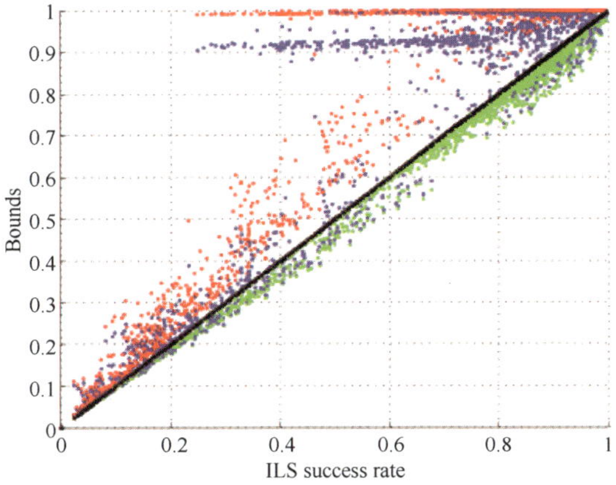

图 3.8　整数最小二乘的成功率及其上下限

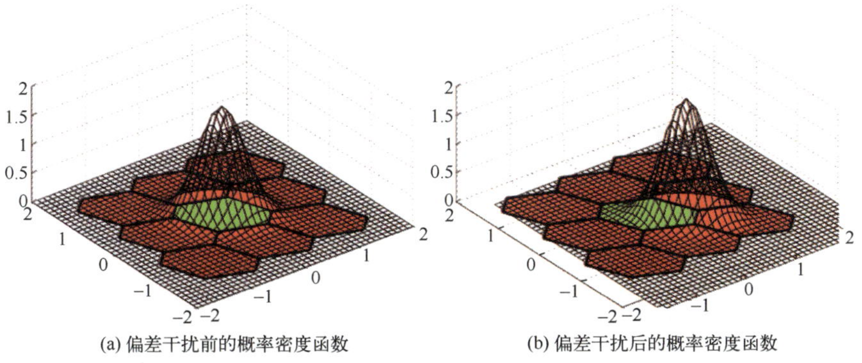
(a) 偏差干扰前的概率密度函数
(b) 偏差干扰后的概率密度函数

图 3.9　受偏差影响的浮点模糊度概率密度函数的图例，干扰向量[−0.4　0.4]

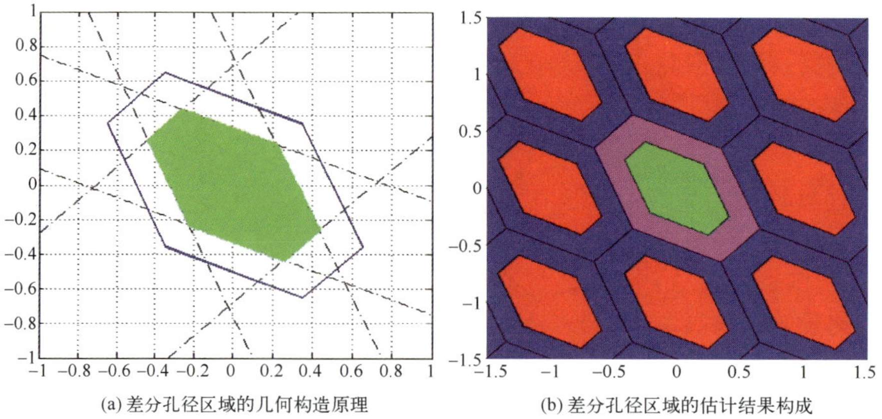

图 4.1　二维情况下差分孔径估计的几何构型和估计结果

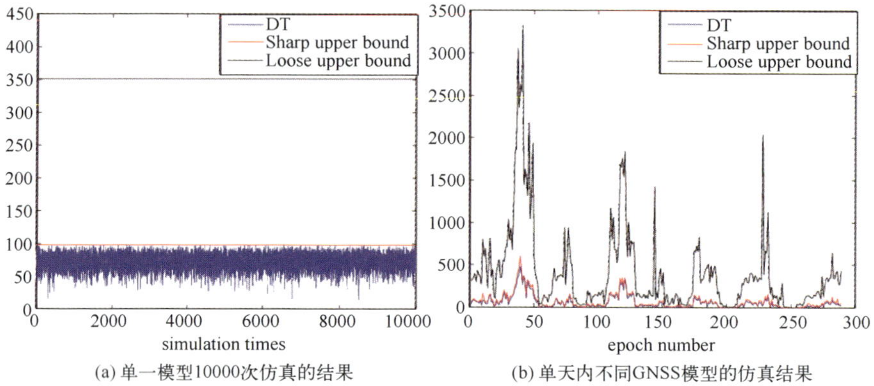

图 4.2　差分检测上界的约束效果检验

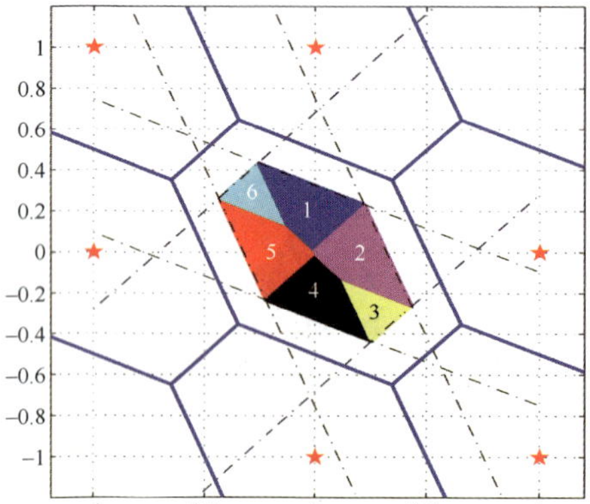

图 4.3　差分孔径估计归整区域的二维几何构型

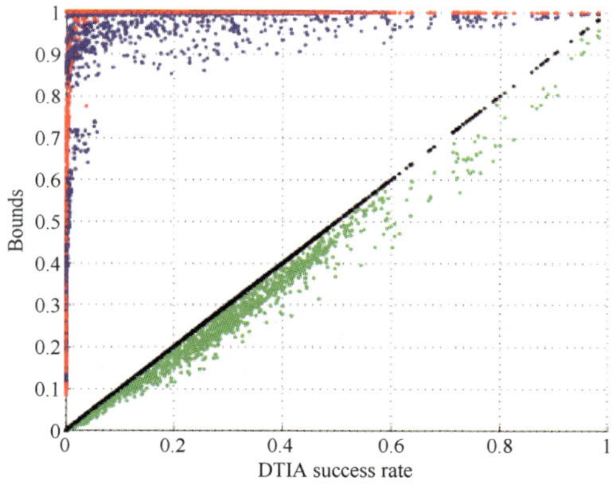

图 4.4　差分孔径估计成功率的不同上下界